U0274406

航天科技图书出版基金资助出版

航天器对抗轨道动力学

袁建平 侯建文 安效民 方群 等 著

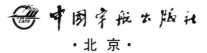

·北京·

图书在版编目（CIP）数据

航天器对抗轨道动力学 / 袁建平等著．-- 北京 ：
中国宇航出版社，2014

　　ISBN 978 - 7 - 5159 - 0636 - 2

　　Ⅰ．①航… Ⅱ．①袁… Ⅲ．①航天器轨道–轨道力学
–动力学–研究　Ⅳ．①V412.4

中国版本图书馆 CIP 数据核字（2014）第 031222 号

责任编辑　马　航
责任校对　祝延萍　　　　　　　**封面设计**　宇星文化

出　版 **发　行**	中国宇航出版社	
社　址	北京市阜成路 8 号	**邮　编**　100830
	(010)60286808	(010)68768548
网　址	www.caphbook.com	
经　销	新华书店	
发行部	(010)60286888	(010)68371900
	(010)60286887	(010)60286804(传真)
零售店	读者服务部	
	(010)68371105	
承　印	北京画中画印刷有限公司	
版　次	2014 年 2 月第 1 版	2014 年 2 月第 1 次印刷
规　格	880×1230	**开　本**　1/32
印　张	12	**字　数**　323 千字
书　号	ISBN 978 - 7 - 5159 - 0636 - 2	
定　价	98.00 元	

本书如有印装质量问题，可与发行部联系调换

前言

空间对抗的存在是一个不争的事实。这不仅是人类活动的必然、疆土对抗的延伸，也是空间独特的物理环境、战略地位所决定的必争高地。美国前总统肯尼迪说过，谁控制了空间谁就控制了地球。作者并不是热衷于推动太空的军事化，也不涉及空间武器或其使用，但不能对存在的事实视而不见。为了帮助相关专业人员了解对抗轨道的动力学特征，作者将近年来本团队的研究成果及散见于国内外公开文献的资料集于此册，以使其系统化。

在过去的 60 年里，空间科学和技术迅猛发展，推动了科学发现，提高了安全水平，增强了国际关系，改善了人们的生活。空间系统在应对天灾人祸、监测长期环境趋势方面不可或缺。空间系统支撑了信息社会的构建，使人们看得更清晰，沟通更顺畅，导航更精确，作业更有保障。美国国防部 2011 年 2 月 4 日公布的《国家安全太空战略》指出，空间能力为美国及其盟友在国家决策、军事行动和本土安全方面提供了史无前例的优势。空间系统能够为应对各种各样的全球性挑战提供快速而又恰如其分的响应，从而为国家安全的决策者提供了不受限制的全球进出能力，创造了决策优势。维护美国在空间的既得利益是其国家安全的一个重心。但是，战略环境的不断演变对美国的空间优势形成了越来越大的挑战。空间——这个不为任何国家所拥有却被所有国家所依赖的疆域——正在变得越来越拥挤，越来越具有对抗性，越来越具有竞争性。

对抗是人类活动的本能和特征之一，凡有人群活动的地方就有对抗，它与合作同时存在，空间当然不能例外。自从人造飞行器进入空间，就开始了竞争、合作、对抗。美苏的空间对抗活跃期是冷战时期的空间竞赛，也是他们争霸全球的重要部分，包括战略的威慑、技术的领先，甚至是空间事件的全球轰动效应对民众和盟友的激励。

空间对抗，无论人的直接参与或间接参与，都需借助于空间设施，即空间飞行器。为了部署或执行相应的任务，飞行器需要到达相应的空间位置和/或相应的速度，亦即运作于相应的轨道。因此，空间对抗是航天器的一种应用，是一种具有对抗目的的特殊应用。各种轨道的航天器都可能用于对抗，但是专门用于对抗的那些航天器，其轨道有自己的特征。首先，对抗要有应急性，无论是主动攻击还是被动防御的航天器，都要求快速机动，作者的文献《航天器轨道机动动力学》（2010）专门研究了机动轨道。其次，对抗要针对具体目标，轨道运动具有相对性，包括交会、拦截、发射，甚至是多航天器协作，作者的文献《航天器相对运动轨道动力学》（2013）专门研究了相对运动轨道。再则，对抗轨道运动要求自主和准确，在无人参与时完成任务，文献《航天器自主操作的测量与控制》（2011）所述正是。

本书基于太空对抗这个存在的事实，以帮助相关专业人员了解对抗轨道的动力学特征为指导思想，针对航天器的隐蔽、规避、悬浮、拼接、分离、发射、拦截及可达范围等问题，搜集整理最近几年散见于公开文献的资料，将其系统化为9章，第1章首先从人类活动的必然、陆海空对抗的延伸、太空特有的位置和环境等角度叙述了太空对抗的必然性，并对美国、俄罗斯（苏联）伴随人类空间活动的空间对抗事实进行了综述；第2章是对空间隐蔽轨道的初步研究，包括隐蔽轨道的概念、分类及不同隐蔽轨道的形成；第3章是关于拦截轨道的设计以及相关的拦截制导律、追踪区和摧毁区设计；第4章研究了规避轨道以及规避区判定、规避策略等；第5章是在轨释放与发射动力学、轨迹规划等；第6章则是关于两种在轨发射系统的设计及其地面试验；第7章叙述了在轨分离后飞行器的特殊制导与控制理论和方法；第8章论述了对特定目标的悬浮、编队、轨道拼接等；第9章研究了航天器轨道的可达性，包括数学可达性、物理可达性、工程约束的可达性。第1、3章由袁建平、方群完成，第2章由李恒年、张智斌完成，第4章由方群、袁建平完成，第5章由安效民、阎循良、汤一华完成，第6、7章由侯建文、贺亮完成，第8章由安效民完成，第9章由赵育善、郑伟完成。袁建平承担了全书的策划和统稿工作，和兴锁审阅了全书。

作者

2014年1月

目　录

第1章 绪论——空间对抗及其轨道特征

1.1 空间对抗的存在和其必然性

空间对抗是一个不争的事实。作者并不是赞成或推动空间的军事化，也不涉及空间武器或其使用，但不能对存在的事实视而不见。为了帮助相关专业人员了解对抗轨道的动力学特征，作者将近年来本团队的研究成果及散见于国内外公开文献的资料集于此册，以使其逻辑化、系统化。

在过去的60年里，空间科学、技术、应用迅猛发展，对全球经济做出了极大贡献，提高了国家安全水平，增强了国际关系，推动了科学发现，改善了人们的生活方式。空间系统在应对天灾人祸、监测长期环境趋势方面，也不可或缺。空间系统使人们看得更清晰，沟通更顺畅，导航更精确，作业更有保障。美国国防部在2011年2月4日公布的《国家安全太空战略》[1]中指出，空间能力为美国以及其盟友在国家决策、军事行动和本土安全方面提供了史无前例的优势。空间系统能够为应对各种各样的全球性挑战提供快速而又恰如其分的响应，从而为国家安全决策者们提供了不受限制的全球进出能力，创造了决策优势。维护美国在空间中的既得利益是其国家安全的一个重心。但是，随着战略环境的不断演变，美国的空间优势面临着越来越大的挑战。空间——这个不为任何国家所拥有却被所有国家所依赖的疆域——正在变得越来越拥挤，越来越具有对抗性，越来越具有竞争性。

1.1.1　空间对抗是人类活动的必然

有人群活动的地方就有对抗，它与合作同时存在。这是一个哲学的命题，空间当然不能例外——自从人造飞行器进入空间，就开始了竞争、合作、对抗。因而，空间对抗首先不是人为制造的，而是不可避免的事件，但它后来又是人为制造的、推动的每一个事端。在战略层面上，由于空间的开放性、空间活动的轰动效应和空间安全对国家安全的主导地位，空间对抗相比其他领域的对抗就更加重要；在技术层面，由于空间技术的前沿性、带动性和对其他行业的扩散性，也始终是各国政府和社会团体关注的焦点。因此，对空间对抗的有关知识我们应该有所准备。

1.1.2　空间对抗是疆土延伸的必然

人类历史上的所有对抗活动都是以争夺资源和疆土开始的，大到国家之间的战争，小到兄弟姐妹的争斗。最初人类的活动只在陆地，对抗活动从石块、弓箭、长矛发展到坦克、火炮、导弹。当飞机开始为长途出行提供方便的同时，对抗活动就延伸到天空，制空权是第二次世界大战后人们对大小战事的共识和结局的主宰。当人造卫星为人类提供通信、气象、电视广播等时，这些技术毫不延迟地被用于军事，甚至很多新的发明首先是为了军事目的。现在又出现了制天权、空间控制，世界各国争相布置空间设施，争夺太空。因此，空间对抗是继陆地、空中之后，人类对抗活动的必然延伸。

1.1.3　空间对抗是其特殊性质的必然

空间对抗比陆地、海洋、空中对抗更具有战略性和主导性，是因其特殊的地位和性质：

1）空间的高远位置。作用于观测、监视、通信、广播、运输、防御、打击都优于陆地、海洋、空中。

2）地球的包围带。作为包围着陆地和海洋的无限空间带，其位置对陆海空不仅形成无缝监视，还对陆海空对抗产生威慑和主宰。

　　3）电磁空间的载体。在信息主导现代战事的年代，信息传播在空间，信息节点设施在空间，因而信息对抗也发生在空间。

　　4）特殊的物理环境。已经认识到空间的高远位、微重力、强辐射等性质，正在被用来开发地面无法生产的新材料、新产品。其中不乏用于对抗目的。

　　5）取之不尽的资源和能源。地球的资源和寿命是有限的，而空间是无垠的。我们正在认识和利用太空的资源，特别是新能源。

1.1.4　空间对抗是美俄一贯的国策

　　对空间对抗必然性的认识是一致的，只是美国和俄罗斯在其强大的国力和领先的技术支撑下率先制定了一系列占据空间对抗优势的政策，发展了一系列从事空间活动的系统和设施。

　　早在 1945 年 10 月，美国海军航空局成立了航天火箭可行性评估委员会，该委员会建议把卫星研制作为高度优先的项目。受军方委托的兰德公司在《实验性环绕地球的航天器初步设计》报告中谈到了卫星的军事应用——侦察、气象观测、通信中继、导弹制导、炸弹落点定位，以及作为观测武器等。1948 年 3 月，美国国防部研究与开发委员会提交了对军用卫星的建议案，将进一步研究的重点放在了太空侦察上。到 1960 年 8 月，美国已经发射了第一颗照相侦察卫星、第一颗气象卫星、第一颗导航卫星、第一颗信号情报卫星、第一颗导弹预警卫星、第一颗通信卫星。

　　20 世纪 80 年代，里根政府提出的"战略防御倡议（SDI）"使太空成为无可争议的战略制高点。

　　1996 年，布什对其航天政策总的指导思想提出了更详细的内容：慑退、警告，必要时抵御敌人进攻；确保敌对武装力量无法阻止美国使用太空；必要时阻止对太空的敌意运用；维持执行太空控制与武力运用等方面任务的能力。当时的国防部长拉姆斯菲尔德主持提交的《美国国家安全太空管理与组织评估委员会报告》指出：与海洋、陆地、天空相同，太空也是一种媒介，美国将进行往返、驻留和经由太空的各种运作项目，以维护其在地球和太空的国家利益。

新世纪以来，美国接连发布了《空间安全 2003》、《空间安全 2004》和《空间安全 2006》。2011 年 2 月公布的《国家安全太空战略》分析了太空的战略环境，指出其越来越拥挤，越来越具有竞争性，越来越具有对抗性。因此要不断提升美国的太空能力，防止并慑退那些针对美国安全的侵犯行为。

1.2　美俄的空间对抗活动

美国和俄罗斯（苏联）的空间对抗由来已久。我们不可能了解其全部内容，也没有必要列出其每个计划或项目，只是从公开的材料中介绍有代表性的事件以关联轨道动力学问题。

1.2.1　美国

美国一直将其在空间领域的优势看成国家安全的一部分，并在不同时期确立了不同的战略目标，并制定了相应计划，全面研究和验证相关技术。目前，美国主要关注点在于发展跟踪与监视地面和空间目标的能力、空间反卫星能力和空间对地攻击能力。此外，还重启了登月计划、深度撞击、轨道快车等民用项目，这些项目中都含有可用于对抗的技术。

1.2.1.1　反卫星技术

自 20 世纪 60 年代以来，美国、苏联等军事强国一直致力于"以导反星"、"以星反星"和"以能反星"等反卫星武器的研制，并把其作为控制太空、夺取制天权的重要武器装备。反卫星武器形形色色，但从其杀伤机理看，目前已经研制和正在研制的反卫星武器主要分为 4 种类型：

1）核导弹反卫星武器。利用核弹头在目标航天器附近爆炸产生强烈的热辐射、核辐射和电磁脉冲效应，将航天器结构部件与电子设备毁坏，或使其丧失工作能力。其作用距离远、杀伤半径大，在武器本身的制导精度较差的情况下仍能破坏目标。但核导弹反卫星武器的缺点是准确度低，附加破坏效应大，容易给己方卫星造成威胁，而且一旦使用，有引发核战争的危险。

2）动能反卫星武器。动能反卫星武器依靠高速运动物体的动量破坏目标，通常利用火箭推进的方式把弹头加到很高的速度，并使它与目标航天器直接碰撞将其击毁。同时，也可以通过弹头携带的高能炸药爆破装置在目标附近爆炸，产生密集的金属碎片或散弹击毁目标。采用这种杀伤手段的反卫星武器要求高度精密的制导技术，例如美国曾经研制的 F - 15 飞机发射的反卫星导弹就能直接命中目标。

3）定向能反卫星武器。定向能反卫星武器通过发射高能激光束、粒子束、微波束，直接照射与破坏目标。通常把采用这几种射束的武器分别称为高能激光武器、粒子束武器与微波武器。利用定向能杀伤手段摧毁空间目标具有重复使用、速度快、攻击区域广等优点，但技术难度较大，易受天气影响，毁伤目标的效果难以评估。

4）反卫星卫星。反卫星卫星是一种带爆破装置的卫星，它在与目标卫星相同的轨道上，利用自身携带的雷达红外寻的系统探测与跟踪目标，靠近到目标卫星数十米范围之内，将载有高能炸药的卫星战斗部引爆，产生大量碎片，将目标击毁。目前，美国陆军和空军都在加紧研制反卫星卫星。

1959 年，美国利用空中发射的弹道导弹率先进行了反卫星武器试验。到 20 世纪 60 年代，美国重点研制与试验了带核弹头的反卫星武器，并于 1964—1975 年在太平洋中部约翰斯顿岛部署了雷神陆基反卫星核导弹。由于这种武器的造价高、附加破坏效应大和使用受到限制，从 1978 年起美国转向研制小型的常规反卫星武器——空射反卫星导弹。该武器是一种带自动寻的弹头的两级固体导弹，故又称反卫星导弹。其全长 5.4 m，直径约 0.5 m，质量 1 179 kg，弹头部分装有小型拦截器，质量 16 kg，长 0.3 m，直径 0.33 m。整个导弹由 F-15 战斗机携带到高空发射，在第一、第二级助推器的推动下弹头相对速度达到约 13 km/s 时自动跟踪目标并与其相撞。美国在 1985 年 8 月利用改装的 F-15 战斗机在 1 万米高空发射了一枚反卫星导弹，将一颗在 550 km 上运行的目标卫星击毁，开创了人类第一次用反卫星武器击毁卫星的先例。1984—1985 年美国用反卫星导弹进行了 5 次实弹跟踪目标与打靶试验，原计划再经过 7 次飞行试验后即可装备部队。但是，鉴于苏联在 1983 年以后采取单方面停止向空间发射反卫星武器的行动，美国国会从 1985 年 12 月起已连续 3 年通过法规禁止美国空军进行反卫星导弹的打靶试验，迫使这项计划无法继续实施下去。于是，美国国防部于 1988 年 3 月宣布终止这项历时 10 年的机载反卫星导弹计划。

美国的天基反卫星武器计划主要是指其国防部 1991 年提出的针对有限攻击全球保护系统（GPALS）计划。该计划重点发展智能卵石拦截弹，这是一种天基动能反卫星武器，可以大量部署在 450 km 高的低地球轨道上（多达 1 000 枚），必要时依靠自身火箭发动机推进，自动寻的撞毁对方的卫星和来袭的弹道导弹。该弹长 1 m，直径 10～13 cm，净重只有几磅，具有体积小、质量轻的特点。它由美国劳伦斯·利弗莫尔国家实验室于 1988 年 8 月开始研制，1990 年首次进行亚轨道拦截空间飞行目标的试验。智能卵石拦截弹主要由导引头、高精度制导系统、惯性测量装置、数传通信系统、推进系统和弹头母舱组成。它采用可见光和紫外线传感器，制导探测用的高分辨率宽视场摄像机具有实时图像处理的能力，光学探测器探测距离远，可以看到数千千米外建筑物大小的目标。它的硬件信息处理能力相当高，相当于两台存储量巨大、运算速度每秒可达 1 亿次的小型计算机，具有一定的智能水平。拦截弹中后部装有径向发动机和多台推力器，可以实现快速控制。为确保碰撞精度，智能卵石拦截弹上设有可以折叠并能径向展开的伞型杀伤增强装置。这种装置在拦截弹向目标接近过程中展开成伞型，迎着近于法线的方向与目标碰撞，从而能增大碰撞面积。不仅如此，该伞型装置还采用穿透与冲击两级杀伤机理相互补充，以进一步提高杀伤概率。冲击机构是一个增强聚酯薄膜板，穿透机构则是分布在薄膜上的小球。这个可膨胀的聚酯薄膜与高密度小球组合使用，可达到穿透和压碎卫星或导弹结构、碰撞摧毁关键附属部件的目的。

1.2.1.2　X-37B 轨道飞行器

美国 X-37B 轨道飞行器又被称为空天飞机，以二十几倍声速飞行，空间滞留时间达一年以上，可以在 2 h 内攻击地球上任何目标，并且可以击毁或俘获敌国卫星。

X-37B 轨道试验飞行器全长为 8.8 m，宽度为 4.5 m，其载荷舱的尺寸为 4.5 m。其往返太空和地面，可重复使用。这种飞行器只携有航天发动机，发射方式与普通航天飞机无异。

美国 X-37B 轨道飞行器质量将近 5 t，与普通轨道飞行器使用氢氧燃料电池不同，X-37B 在轨时由砷化镓太阳能电池和锂离子蓄电池共同提供动力。

2010 年 4 月 23 日，X-37B 成功发射升空，宇宙神-5 火箭执行了此次发射任务。试验期间进行了 225 天的在轨停留，最终在太平洋上空启动自动驾驶仪，并于加利福尼亚州范登堡空军基地的特制跑道上准确着陆。X-37B 在战时，有能力对敌国卫星和其他航天器进行军事行动，包括控制、捕获和摧毁敌国航天器，对敌国进行军事侦察等。

2011 年 3 月 5 日，X-37B 飞行器乘坐宇宙神-5 火箭再次升空，于 2012 年 6 月 16 日在范登堡空军基地着陆，在轨任务时间为 469 天。

1.2.1.3　轨道快车计划

轨道快车（Orbital Express，OE）计划用于研发支持未来美国国家安全和商业航天卫星的在轨补给及重构技术，并探索下一代卫星的设计理念和技术。轨道快车计划的目的是用来验证自主进行在轨服务，自动在轨对卫星进行重新加注推进剂、组装、重新配置和修复等操作。该计划所试验的自主交会对接技术对在轨修复服务系统和空间对抗都具有重要的发展前景。

轨道快车计划验证的轨道技术主要涉及交会对接过程中远程段、近程段、逼近段和对接段等的轨道机动技术。在远距离机动交会段，自主空间转运和机器人轨道器（Autonomous Space Transfer and Robotic Orbiter，ASTRO）根据地面提供的补给星和下一代卫星（Next Generation Satellite，NEXTSat）位置信息依次进行调相机动和调高机动，包括共椭圆机动、调高机动、调相机动、末段交会，最后将 ASTRO 定位在目标星的前方 120 m 左右准备接近操作。交会过程中涉及的轨道机动关键问题是 ASTRO 完成轨道相位、平面和高度机动的方法。

1.2.1.4　空间机动飞行器计划

空间机动飞行器（Space Maneuverable Vehicle，SMV）和空间作战飞行器及通用空天飞行器（Common Aerospace Vehicle，CAV）一起，构成了美国空军从地基到高轨的全空域控制能力。空间机动飞行器这一概念由美国空间司令部于 1998 年 4 月公布的《长期规划》中提出，是一种无人驾驶小型军用空天飞机，既可执行战术侦察和空间物体识别与监视任务，也可以对在轨卫星进行维修和加注推进剂，还可以在空间长期停留，并能从轨道上快速返回。根据美国空军的设想，SMV 能够快速地改变轨道倾角或轨道高度，具备很强的战术能力。执行对地侦察任务时，能够提供比侦察卫星更快的反应能力；执行空间控制任务时，可通过共轨机动，利用多种传感器近距离观察可疑的空间目标，摧毁敌对卫星；作为常规卫星使用，可以充当 LEO 星座的短期填充卫星。而且，还能够快速组成 SMV 的星座。

1.2.1.5　空间作战飞行器计划

空间作战飞行器（Space Operation Vehicle，SOV）是军用空间飞机（Military Space Plane，MSP）计划中最主要的飞行器，它的上面级包括可重复使用的 SMV、CAV、模块插入级（Modular Insertion Stage，MIS）和轨道转移飞行器（Orbital Transfer Vehicle，

OTV）。它将上面级送入轨道后，还具有滞留轨道待命和轨道机动的能力。

在未来的对抗中，空间作战飞行器能在飞机和卫星的飞行高度之间完成多种作战任务，可与飞机、卫星等构成完整的空中立体攻防体系，发挥战略威慑和实战双重作用。空间作战飞行器作为一种空间攻击平台，可以不受国界和领空限制，长时间在空间轨道上飞行，一旦需要，可以快速机动到指定空域，在空间迅速实施打击。这种居高临下的打击，可极大地提高突防能力。

空间作战飞行器还可以作为空间武器发射平台，携带和发射对地攻击武器或本身作为自杀性武器，对敌方地面重要目标进行攻击。

空间作战飞行器也可作为航天运输工具，将卫星送入预定轨道；也可在轨道上捕捉卫星进行维修或补充推进剂，或者把失效的卫星带回地面。

1.2.1.6　RLV 计划

1995 年开始，美国政府和 NASA 发起了研制以火箭发动机为动力的单级入轨可重复使用运载器计划，即 RLV 计划。RLV 技术计划主要由 X - 33 先进技术验证机、X - 34 小型重复使用运载器、X - 37 试验飞行器、改进型 DC - XA 火箭和 RLV 关键技术等计划组成，其中以 X - 33 计划为核心。美国计划在 2010 年左右实现以火箭发动机为动力的单级入轨 RLV，将进入空间的成本降低一个数量级。

Kistler 航宇公司设计的两级型 K - 1 可重复使用运载器长约36.9 m，直径为 6.7 m，起飞质量为 381 t。两级都可重复使用，每级都有其自己的电子设备，而且操作都是全自动的。第一子级是发射支持平台，采用 3 台经过改进的俄罗斯 NK - 3 液氧/煤油发动机，3 台发动机在发射时提供 4 537 kN 的推力，在发射 130 s 之后将 K - 1 火箭送到离地面 41 km 的高度。第二子级称为轨道运载器，直径4.3 m，采用 1 台经过改进的俄罗斯 NK - 43 发动机。该发动机推力1 757 kN，能将 4 500 kg 的有效载荷送入 185 km 的低地球轨道。轨道运载器与发射支持平台分离后，发动机点火，将其送入一个椭圆轨道，经过惯性飞行到达远地点后，轨道机动系统（OMS）的发动机点火，将轨道圆化，完成典型的霍曼转移。随后轨道运载器将调整姿态，打开有效载荷舱，释放并部署有效载荷。为了避免和有效载荷相撞，轨道运载器将减速停留一段时间。之后，OMS的发动机再次点火，将轨道运载器送入过渡轨道，并调整时间准备再入。在经过24 h的惯性飞行后，轨道运载器重新定向，OMS的发动机点火进行脱离轨道操作，并在热防护系统的保护下再入地球大气层。轨道运载器利用降落伞和气囊能够精确自动地在发射场着陆。之后将检测回收火箭的第一、二子级，更换一些一次性使用的部件后，重新装配，为下一次发射做准备。

可重复使用运载器的研究目前还只限于概念，但最可能的，它将作为一种大型的太空作战平台出现，也有可能作为小型航天器的运输、起降平台，这种巨无霸型的武器将很有可能在未来的太空战争中起主导作用，将会导致现有的作战模式、作战理论发生质的变化。

1.2.1.7　试验性卫星系统计划

试验性卫星系统（eXperimental Satellite System，XSS）计划的主要目的是为美国空军研究实验室的"模块化在轨服务"（Modular On—orbit Servicing，MOS）概念进行相关关键技术的演示验证。总体目标是研制一种全自主控制的微型空间飞行器，具有在轨检查、交会对接以及围绕轨道物体的近距离轨道机动能力。由于XSS搭载能力和空间机动能力的限制，美国将主要利用其研究空间自主轨道转移和飞行器接近、伴飞等技术，而这些技术正是研究空间转移平台的基础。

在第一阶段XSS将验证的轨道机动关键技术包括：

1）根据目标的视觉特征，对目标进行270°的环绕机动；

2）在星载和地面指令的控制下，自主接近、绕飞另外一个空间物体的可能性。

1.2.1.8　深度撞击计划

深度撞击计划是NASA进行的一项深空探测计划。2005年7

月，深度撞击探测器在飞行了 173 天、4.31 亿千米之后，其撞击舱以 10.2 km/s 的相对速度与坦普尔 1 号彗星成功碰撞。从技术角度来看，深度撞击计划体现了美国自主导航、远程机动和精确控制等空间技术领域的强大实力。

继美国"深度撞击"后，国际上掀起了一股"撞击热"。2006 年 9 月 3 日，欧洲的 SMART – 1 探测器成功撞击月球。探测器在飞行过程中成功实现空间激光通信联络、太阳能离子发动机测试，实现了近距离观察月球，并以小角度撞击月表，使月表下 1 m 物质溅射空中以便地面观测。另据报道，印度空间研究组织（ISRO）正在设计一个重 30 kg 的撞击器撞击月球，激起月球土壤，获取矿物质和水的科学数据。据 2006 年 10 月的报道，美国 NASA 接受高校建议，决定于 2009 年使用深度撞击航天器，采用飞越方式探测 Boethin 彗星，利用它携带的仪器对其进行近距离观测。

深度撞击的成功和深度撞击热的出现，表明多个国家已经验证和掌握了远距离轨道机动控制技术、先进推进技术、空间精确拦截和打击技术等，而这些技术正是军事航天领域空间对抗的核心技术。

1.2.1.9 自主交会技术验证计划

NASA 的自主交会技术验证（Demonstration of Autonomous Rendezvous Technology，DART）试验卫星计划，其目标是验证自主交会对接以及与被动目标接近的闭环逼近控制精度，验证在轨航天器自主交会对接的核心硬件和软件。

DART 计划所验证的主要轨道机动过程包括：主动航天器首先远距离接近到目标航天器并进行站位保持；此后进行近距离强迫运动并作最后接近，在近距离接近过程中主动航天器启动被动防撞机动。该计划验证的自主交会相关技术在未来可应用于自动运送飞船至国际空间站，以及与航天器之间的自主对接、卫星维护等在轨服务工作。该技术的突破将表明美国在自主交会能力上迈出了关键性的一步。

1.2.1.10 美俄卫星相撞事件

2009 年 2 月 10 日，一次惊人的卫星相撞引起人们对太空安全的更多议论，美国一颗为私营公司所有的商用通信卫星与俄罗斯一颗已经报废的卫星在西伯利亚上空相撞，这是太空中首次发生完整的在轨卫星相撞事件。在卫星碰撞后的数天里，美军太空战略司令部便启动了庞大的陆基和海基早期太空预警雷达网，对卫星碎片进行搜索跟踪，同时对本国卫星进行变轨。美军希望以此为契机，检验自己太空监视系统的可靠性，以便提高对所有外层空间目标的实时探测、识别和跟踪的能力。这对强化美国国家导弹防御系统至关重要，美军能检测到卫星碎片，同样也能探测到进出大气层的别国远程导弹弹头。

此外，据透露美国太空战略司令部正研制激光扫帚计划，利用陆基和空基大型激光武器清理国际太空站运行轨迹上直径在 $1 \sim 10$ cm 大小的太空垃圾。军事分析人士指出，这种激光扫帚利用激光脉冲锁定太空垃圾，使其减速，然后"扫出"航天器的运行轨道，而既然激光扫帚可以扫除太空垃圾，同样也就可以清除卫星等航天器。

1.2.1.11　登月计划

美国是人类最早登上月球的国家，即阿波罗计划（Apollo Project），又称阿波罗工程，该计划是美国从 1961 年到 1972 年从事的一系列载人登月飞行任务。工程开始于 1961 年 5 月，至 1972 年 12 月第 6 次登月成功结束，历时约 11 年，耗资 255 亿美元。在工程高峰时期，参加工程的有 2 万家企业、200 多所大学和 80 多个科研机构，总人数超过 30 万人。

美国最早于 1958 年 8 月 18 日发射月球探测器，但由于第一级火箭升空爆炸，半途夭折了。随后又相继发射 3 个先锋号探测器，均告失败。直到 1964 年 1 月 30 日发射的徘徊者 6 号才在月面静海地区着陆。但由于电视摄像机出现故障，没有能够拍回照片。同年 7 月 28 日，徘徊者 7 号发射成功，在月面云海着陆，拍摄到 4 308 张月面特写照片。随后 1965 年 2 月 17 日发射的徘徊者 8 号和 3 月 24 日发射的徘徊者 9 号，都在月球上着陆成功，并分别拍回 7 137 张和 5 814 张月面近景照片。1966 年 5 月 30 日发射勘测者 1 号新型探测器，经过 64 h 的飞行，在月面风暴洋软着陆，向地面发回 11 150 张月面照片。到 1968 年 1 月 1 日发射的 7 个勘测者探测器中，有 2 个失败，5 个成功。后来，美国又发射了 5 个月球轨道环行器，为阿波罗载人登月选择着陆地点提供探测数据。经过这一系列的无人探测之后，月球的庐山真面目显露出来了。

1966—1968 年，美国进行了 6 次不载人飞行试验，在近地轨道上鉴定飞船的指挥舱、服务舱和登月舱，考验登月舱的动力装置。1968—1969 年，发射了阿波罗 7、8、9 号飞船，进行载人飞行试验。主要作环绕地球、月球飞行和登月舱脱离环月轨道的降落模拟试验、轨道机动飞行和模拟会合、模拟登月舱与指挥舱的分离和对接。按登月所需时间进行了持续 11 天的飞行，检验飞船的可靠性。1969 年 5 月 18 日发射的阿波罗 10 号飞船进行了登月全过程的演练飞行，绕月飞行 31 圈，两名航天员乘登月舱下降到离月面 15.2 km 的高度。

1969 年 7 月 20—21 日，阿波罗 11 号飞船载着 3 名航天员飞往月球，其中阿姆斯特朗与奥尔德林成功登上月球，首次实现人类踏上月球的理想。此后，美国又相继 6 次发射阿波罗号飞船，其中 5 次成功。总共有 12 名航天员登上月球。

阿波罗 11 号飞船登月飞行由土星 5 号火箭运载升空。第三级火箭熄火时将飞船送至环绕地球运行的低高度停泊轨道。第三级火箭第 2 次点火加速，将飞船送入地—月过渡轨道。飞船与第三级火箭分离，飞船沿过渡轨道飞行 2.5 天后开始接近月球，由服务舱的主发动机减速，使飞船进入环月轨道。航天员阿姆斯特朗和奥尔德林进入登月舱，驾驶登月舱与母船分离，下降至月面实现软着陆。另一名航天员仍留在指挥舱内，继续沿环月轨道飞行。登月航天员在月面上展开太阳电池阵，安设月震仪和激光反射器，采集月球岩石和土壤样品 22 kg，然后驾驶登月舱的上升级返回环月轨道，与母船会合对接，随即抛弃登月舱，启动服务舱主发动机使飞船加速，进入月—地过渡轨道。在接近地球时飞船进入载人走廊，抛掉服务舱，使指挥舱的圆拱形底朝前，在强大的气动力作用下减速。进入低空时，指挥舱弹出 3 个降落伞，进一步降低下降速度。阿波罗 11 号飞船指挥舱于 7 月 24 日在太平洋夏威夷西南海面降落。

　　阿波罗 12～17 号飞船从 1969 年 11 月至 1972 年 12 月完成飞行，其中除阿波罗 13 号因服务舱液氧箱爆炸中止登月任务（三名航天员驾驶飞船安全返回地面）外，均登月成功。

1.2.2　俄罗斯

　　作为传统的航天强国，俄罗斯（苏联）在很多领域领先于美国，为保证有限的经费得到最大限度的发挥，俄罗斯（苏联）重点加强了 3 个技术优势领域的发展：

　　1）空间站技术。空间站是长时间环绕地球航行的大型载人航天器，是综合的空间基地。从空间站出现的第一天开始，苏联就已经树立了遥遥领先于美国的地位。

　　2）加紧在太空装备新型反卫星武器（也叫天雷或太空雷）。这一技术苏联从 20 世纪 60 年代开始研制，70 年代取得突破并且进行了实战部署，成为世界上第一个拥有实战型反卫星武器的国家。在同一轨道上拦截卫星可以采用同向运行追击摧毁方式，也可以使用反向迎击摧毁方式。目前这两种方式俄罗斯均已掌握，实际部署的反卫星武器以追击方式为主。

　　3）积极发展定向能武器。定向能武器是一种对特定目标辐射高能电磁波或高能粒子束的武器，也称为射束武器或能束武器。这种能量束可以是激光、微波、电磁波等，这些武器能量高度集中，以光速直接击中目标，作战效果好，反应速度快，目前比较成熟的是高能激光武器。

　　在主张和维护太空非军事化的同时，全力打造"天军"，以应对可能长期存在的太空对抗，是俄对抗美国在太空霸权政策的重要举措。对付美国部署的太空作战武器，最直接的办法就是用武器直接摧毁它。虽然俄罗斯一直坚持不在太空部署武器，然而其太空作战装备和技术丝毫不逊于美国。

1.2.2.1　杀手卫星研制背景

1960 年 5 月 1 日，苏联防空导弹击落了美国执行对苏联侦察监视任务的 U‑2 侦察机，这一事件给美国带来了外交和军事上的双重打击，成为当时美国的一大丑闻，这使得当时的美国总统艾森豪威尔下令不再准许美国的军用飞机通过苏联的领空，以免造成更大的政治被动。U‑2 飞机在苏联停止执行任务给美国情报部门带来了很大不便，因为在此之前空中侦察一直是美国收集苏联洲际导弹发展情报的重要手段。这一事件之后，很自然地，卫星侦察成为美国情报部门获取情报的重要手段，情报部门希望通过卫星对苏联的洲际导弹发展和导弹发射场情况进行监视。在这种情况下，苏联决定发展相应的武器以对抗来自空间的监视行为。

苏联试图通过外交努力将大气层外的空域也作为国家的所属范围，从而制止美国卫星通过，但是没有得到国际社会的积极响应。于是，苏联最高领导人赫鲁晓夫接受了来自工业部门的建议，即发展反卫星武器来直接摧毁敌方卫星。切洛梅被赫鲁晓夫任命领导完成这一计划，他所在的 OKB‑52 设计局是赫鲁晓夫时代主要的空间飞行器研制部门。

最新出版的资料指出，切洛梅关于杀手卫星的构思开始于 1959 年，杀手卫星采用半自主制导的星载爆炸物的工作方式。杀手卫星可以提供大范围的轨道机动，其中包括非常消耗能量的改变轨道倾角的机动。事实上，早在 1956 年，OKB‑1 设计局就开始了一种类似的伴随卫星的研制工作。

1960 年 4 月上旬，在赫鲁晓夫夏季官邸召开的国防工业问题会议上，切洛梅汇报了新的运载和航天器计划，并和科罗廖夫（Korolev）及他的设计局展开了竞争。会议确定了发展 UR‑200 火箭的计划，该火箭是一种多用途运载器，切洛梅提出将这种火箭既作为洲际导弹的推进器又作为航天器的运载器，并发展其有效载荷技术，其中就包括了杀手卫星。

1.2.2.2　反卫星系统

俄罗斯的反卫星系统继承了前苏联的研究成果，即 IS 卫星（Istrebitel），或卫星杀手（killer of Satellites）。

直到今天，我们对这两种卫星仍然所知甚少。在这一类型卫星的研制时期，一共有两种卫星用于试验，一种是主动的杀伤器，即杀手卫星，另一种是被动的合作目标。

杀手卫星首次试验的行动代号是 Polyot。Polyot‑1 试验于 1963年进行，1964 年进行了第二次试验（Polyot‑2），前两次试验的主要目的是试验轨道机动性能和发动机的多样式点火功能。

随后，俄罗斯一共进行了 19 次合作目标试验和 22 次杀手卫星试验，这些试验一直进行到 1982 年 6 月 18 日，整个系统于 1972 年定型。

整个系统除了包括杀手卫星和合作目标外，还包括用于空间环境控制的地基雷达系统、目标地基指挥控制中心等。整个系统设施的建造在 1972 年完成。

20 世纪 80 年代初，美国政府开始实施星球大战计划（Strategic Defense Initiative，SDI），为避免空间竞赛，1983 年 3 月 23 日，苏联宣布将停止反卫星系统的研制。由于星球大战计划持续实施，苏联在 1986 年重新启动该项目。直到 1988 年美国才终止星球大战计划。事实上，1982 年以后，苏联就没有再进行新的反卫星系统试验了，但是，1991 年 4 月俄罗斯政府批准发展新的反卫星系统。

20 世纪 70 年代，苏联杀手卫星系统的发射准备时间为 90 min，使用旋风号（Tsiklon）系列火箭进行发射，接近目标所用的时间为 40～50 min，打击精度约为 1 km。除前两次试验外，杀手卫星的后继试验以宇宙号（Kosmos）命名，包括一系列试验。值得一提的是，Kosmos‑1379 杀手卫星成功摧毁了一颗仿制的美国通信卫星 Transit。

目前，俄罗斯的反卫星技术最为成熟。最早的反卫星攻击系统，是用 20 世纪 60 年代就开始部署在莫斯科周围和哈萨克斯坦萨里—夏根反弹道导弹靶场的反弹道导弹改装的卫星拦截器。由苏联基苏尼科第一设计局研制的拦截器用的是 Gorgan 和 Gazelle 两种导弹携具，加装特别的反卫星核弹头组成。不过，这种必须在发射井里进行发射拦截的拦截器，只能在设在普希金若的"药盒"相控阵雷达的配合下，才能对付在数百千米低轨道上运行并且飞临莫斯科上空的卫星，所以能威胁到的敌方卫星的数量十分有限。加上用核弹头在莫斯科上空数百公里对付敌方卫星的结果，对于莫斯科自己来说也是一场灾难，所以投入实战的可能性不大。20 世纪 70 年代，苏联开始研制并试验成功共轨式杀伤卫星和天雷反卫星卫星。真正成熟的反卫星武器是 80 年代研制的共轨反卫星卫星。这种杀手卫星是由苏联萨尔文研究院研制的，从 1968 年 10 月到 1982 年 6 月先后进行了 20 多次试验。每次试验的时候，总是先把所要攻击的目标（刚开始时是 Tsyklon-2 火箭，后来是 Kosmos-3M 火箭）发射到地球的轨道上，这种目标是质量达 650 kg 的多面体，然后再由从拜科努尔航天发射场发射的革命-1 和革命-2 运载携带的反卫星卫星进行拦截。这种反卫星卫星直径 1.8 m，长 4.2 m，总质量 3 000 kg，可以在发射后 90～200 min 内对飞越欧洲上空的敌方卫星实施拦截炸毁。在 1982 年的一次战略演习中发射了两颗反卫星卫星去摧毁假想的敌方卫星，卫星上有高能炸药碎片战斗部。在接近目标卫星时，其战斗部的自毁装置引起自爆，产生大量碎片，摧毁目标卫星，还可以由反卫星卫星发射精密制导火箭摧毁目标。它具有一定的轨道机动能力，可以在 5°～10°范围内改变轨道倾角，拦截 150～2 000 km 高度范围内的卫星。刚开始的时候，这种同轨反卫星卫星每天只能有 2 次对飞经上空的卫星进行拦截的机会。不过，在第一阶段的 7 次试验（1968 年至 1971 年）中，有 5 次成功拦截了目标，拦截的高度从 230 km 到 1 000 km 不等。从 1976 年到 1983 年期间，苏联又进行了 13 次试验，曾成功地拦截了距离地球表面 1 600 km 左右的模拟卫星目标。到了 1989 年，美国国防部长承认，根据美方掌握的情报，苏军已经拥有处于常年备战状态的反卫星卫星。1992 年，俄罗斯军方首度承认其已经拥有两种随时可以投入实战的反卫星卫星——杀伤卫星和天雷。其中，杀伤卫星在接近目标卫星的时候其战斗部位的自毁装置将引起自爆，摧毁目标卫星；天雷具有一定的轨道机动能力，拦截不同高度的敌方卫星。这些反卫星卫星的发射阵地具体分布情况是：两个发射平台在拜克努尔，每个发射平台每天可以实施数次作战发射任务；另一处发射平台在普列谢茨克发射场。目前，俄罗斯正准备恢复进行用特别改装的米格－31 战斗机进行反卫星发射的实验。这一实验如果成功，可以使敌方卫星在来不及做任何防备的情况下遭到致命的攻击。

1.2.2.3　激光武器

20 世纪 70 年代中期，苏联的地基反卫星激光武器开始进行试验。1975 年 10 月，两颗飞临西伯利亚上空、用以监视苏联洲际弹道导弹发射井的美国早期预警卫星的红外传感器忽然失效达 4 h 之久，据分析是遭到地基反卫星激光照射的结果。此举表明，苏联的地基反卫星激光器已经具备实战能力。同时，苏联也加强了天基激光武器的试验。1981 年，在宇宙系列卫星、飞船和礼炮号空间站上，苏联进行了一系列激光武器打靶试验，均获得成功。20 世纪 80 年代中期，苏联在其境内已经部署了地基反卫星激光武器系统，具有对1 500 km以下的低轨道卫星进行干扰和毁伤的作战能力。

1.2.2.4　月球探测计划

从 1958 年至 1976 年，苏联发射 24 个月球号探测器，其中 18个完成探测月球任务。1959 年 9 月 12 日发射的月球 2 号，两天后飞抵月球，在月球表面的澄海硬着陆，成为到达月球的第一位使者，首次实现了从地球到另一个天体的飞行。它载有的科学仪器舱内的无线电通信装置，在撞击月球后便停止了工作。同年 10 月 4 日，月球 3 号探测器飞往月球，3 天后环绕到月球背面，拍摄了第一张月球背面的照片，让人们首次看全了月球的面貌。世界上率先在月球软着陆的探测器，是 1966 年 1 月 31 日发射的月球 9 号。它经过 79 h的长途飞行之后，在月球的风暴洋附近着陆，用摄像机拍摄了月面照片。这个探测器质量达 1 583 kg，在到达距月面 75 km 时，质量100 kg 的着陆舱与探测器本体分离，靠装在外面的自动充气气球缓慢着陆成功。1970 年 9 月 12 日发射的月球 16 号，9 月 20 日在月面丰富海软着陆，第一次使用钻头采集了 120 g 月岩样，装入回收舱的密封容器里，于 24 日带回地球。1970 年 11 月 10 日，月球 17 号载着世界上第一辆自动月球车上天。17 日在月面雨海着陆后，月球车 1 号下到月面进行了 10 个半月的科学考察。这辆月球车质量 756 kg，长 2.2 m，宽 1.6 m，装有电视摄像机和核能源装置。它在月球上行程 10 540 m，考察了 8 000 m² 月面地域，拍摄了 200 幅月球全景照片和 20 000 多张月面照片，直到 1971 年 10 月 4 日核能耗尽才停止工作。1973 年 1 月 8 日发射的月球 21 号，把月球车 2 号送上了月面考察，取得了更多成果。最后一个月球 24 号探测器于 1976 年 8 月 9 日发射，8 月 18 日在月面危海软着陆，钻采并带回 170 g 月岩样品。至此，苏联对月球的无人探测宣告完成，人们对月球的认识更加丰富和完整了。

冷战期间美苏两国白热化的太空竞赛中，苏联人一度占尽优势。但出乎意料的是，最早登上月球的却是美国人。就在阿波罗 11 号航天员阿姆斯特朗在月球上率先跨出人类历史的一大步时，苏联人也一直在为载人登月而努力，不过由于致命设计缺陷，连续数次发射失败，让苏联人载人登月的梦想化为泡影。莫斯科航空学院一实验室公开了关于苏联载人登月计划一组珍贵的解密照片，照片显示了这项失败的登月计划中的主要设备，包括从未公开的 LK 月球飞船以及从未使用过的月球登陆车等。其实，就在肯尼迪总统宣称美国将争取率先将航天员送上月球时，苏联科学家仍然领先于美国同行。苏联人早在 1959 年就已将月球探测器月球 2 号送到了月球表面。此外，他们还于 1966 年发射了一颗环月轨道卫星。但 N-1 火箭的连续 4 次失败，最终让苏联不得不中止了载人登月。

1.3　对抗轨道的特征

对抗是航天器的一种应用，是一种具有对抗目的的应用。各种轨道的航天器都可能用于对抗，但是专门用于对抗的那些航天器，其轨道有自己的特征。

1）对抗要有应急性，航天器轨道要求快速机动，参考文献［2］专门研究了轨道机动动力学。

2）对抗要针对具体目标，轨道运动具有相对性，参考文献［3］专门研究了相对运动轨道动力学。

3）对抗轨道要求自主和准确，如参考文献［4］所述。

以上都是对抗轨道的物理特征。以下从应用的角度总结对抗轨道的分类。

1.3.1　隐身轨道

隐身轨道为其轨道参数不可被对方预测的航天器运动轨迹。本书提出了隐蔽轨道以及被动隐蔽轨道概念，研究与探讨了人造地球卫星的被动隐蔽轨道，其核心思想是设法在测控系统通过轨道预报进行定轨的时间段内实施特定的轨道机动，使得实际飞行轨道偏离预报轨道。本章提出了实现隐蔽轨道的两种轨道机动策略：

1）利用月球引力，仅需消耗少量推进剂即可改变飞越月球之后的飞行轨道，而飞越月球之后的飞行轨道一般难以准确预测；

2）考虑带电卫星在地球磁场中受到洛伦兹力从而改变飞行轨道，带电卫星受到的洛伦兹力一般未予建模从而无法实现准确的轨道预报。

通过对被动隐蔽轨道概念的研究，从轨道力学的角度对航天器"隐蔽与跟踪"开展了初步探讨，指出了隐蔽与跟踪的博弈关系。

1.3.2　规避轨道

航天器在轨运行时，为避免其他物体的跟踪和观测（绕飞、伴飞）、碰撞以及其他航天器的攻击等行为而需要做出机动，其机动轨迹便为规避轨道。

通常机动变轨的方式是给航天器一冲量——瞬时速度增量，使航天器偏离原来的轨道，机动到威胁区域外的安全位置。瞬时速度增量一般是给在沿迹方向（速度方向）、主法向（在轨道平面内垂直于速度的方向）、轨道面法向（垂直于轨道面方向）三者构成右手螺旋系的方向上。

航天器为了规避各种（绕飞、伴飞、碰撞）威胁，必须沿规避轨道进行机动变轨，使得在某一时刻，航天器与目标偏离一个距离。这种偏离可以是径向方向，也可以是沿迹方向上的偏离。

规避轨道的设计与控制将涉及到规避目标的判定与参数测量、航天器规避机动策略（包括机动方式的选择、机动时刻的确定、机动方向的确定）以及规避成功后如何以尽可能少的能量消耗返回原任务轨道等问题。

1.3.3　拦截轨道

基于空间拦截任务的轨道。空间拦截与空间交会相比，当两航天器相对距离为零时，前者对速度要求不严格，而后者则要求两航天器的相对速度为零。

空间拦截有很多种类型，例如由地基、海基、空基、天基等发射飞行器对目标进行拦截，而被拦截目标可以是在轨运行的航天器，也可以是导弹，或者其他飞行目标。针对卫星等在轨航天器的拦截方式主要有直接爬升式、共轨交会式和轨道交会式三类。直接爬升拦截是由地面发射导弹拦截目标卫星；共轨交会拦截是将拦截器送入与目标卫星轨道平面和高度均相同的轨道，然后实施轨道机动，在若干圈后与目标交会实现拦截；轨道交会拦截是拦截器停泊在不同于目标卫星轨道的另一条轨道上，在指定时间内通过机动与目标到达空间同一位置。对于天基飞行器对目标卫星进行空间拦截，可以是飞行器本身机动拦截目标，也可以是主飞行器释放一个高速运动的小型飞行器去拦截目标。轨道交会拦截分为共面拦截和异面拦截；根据拦截交会角的不同，又分为顺轨和逆轨拦截两类。

拦截轨道与拦截策略（霍曼轨道拦截、半切轨道、Lambert 轨道拦截等)、拦截方式（共面拦截、异面拦截、顺轨拦截、逆轨拦截等)、拦截任务要求（快速、固定时间等)、采用的轨道设计原理（开普勒轨道设计原理、非开普勒轨道设计原理、最优轨道设计原理等）密切相关。在拦截轨道设计中还要涉及到追踪区、摧毁区和可拦截区的设计问题，具体见第 3 章。

1.3.4　绕飞轨道

绕飞是指一个航天器（绕星）围绕另一个航天器（绕飞目标）的伴飞运动，即目标航天器位于视在相对轨道内部。绕飞只是相对运动形成的视觉效果，绕星和绕飞目标在各自独立的轨道上飞行互不影响，当绕星形成对绕飞目标的绕飞后，相对于绕飞目标时而在上，时而在下，时而在前，时而在后，看起来就像绕其飞行一样。绕飞轨道是绕星相对于绕飞目标的运动轨迹。

实现绕飞的首要条件是要保证绕星和绕飞目标的轨道周期相同。轨道周期表征了航天器绕地球飞行的快慢，相当于速度的概念。实现绕飞时绕星和绕飞目标形影不离，因此必然要具有相同的"速度"。

然而，仅仅周期相同还不够。假如一个在前，一个在后，那么后面的永远追不上前面的。因此实现绕飞还需要绕星和绕飞目标之间的距离足够近。

如果绕星和绕飞目标轨道完全相同，那么它们的前后和上下相对距离是不变的，也形不成绕飞，因此实现绕飞还需要绕星和绕飞目标轨道的偏心率或近地点幅角有所不同。

对于在同一个轨道面上飞行的绕星和绕飞目标，形成绕飞必须满足上述三个条件。当然，要形成大小、形状等满足要求的绕飞轨道，还需要精心设计变轨控制参数。

对于在地球中心引力场中运动的两个航天器来说，由于两者的轨道要素的微小差别而使一个飞行器相对于另外一个飞行器进行周期运动，这种相对运动只受到地球自然引力的作用，称为自然绕飞运动，相应的轨迹称为自然绕飞轨迹。绕飞轨迹是由于两者之间的相对运动而形成的视在轨道。自然绕飞轨迹的周期与两个航天器绕地球飞行的周期相同，也就是说在一个地球轨道周期内，伴随飞行器绕目标飞行器运行一周。对于两个存在自然绕飞运动关系的航天器来说，在不考虑摄动影响的情况下，它们之间相对运动的变化规律是确定的。

在地球中心引力场中，两个飞行器之间形成自然绕飞运动的充要条件是两者的地球轨道半长轴相等或两者的能量相等。

自然绕飞的周期（时间）很长，通常都在 1.5 h 以上。但针对某些任务，需要短时间内绕目标航天器作多圈绕飞，因此仅靠地球自然引力的作用是不可能实现的，为此需要对航天器施加多次冲量推力作用，以实现航天器在一个运行轨道周期内，对另一个航天器的多次绕飞。这种在推力控制作用下，且满足绕飞条件（周期相同，两航天器的距离足够近，两航天器的轨道偏心率或近地点幅角有所不同）的快速绕飞，称为强迫绕飞。通过对航天器实施多冲量推力，可以在其绕地球飞行的一个周期内对另一个航天器作多次绕飞。

1.3.5　伴飞轨道

伴飞是指一个航天器（伴飞航天器）在另一个航天器（目标航天器或参考航天器）附近的周期性视在相对运动。伴飞轨道是伴飞航天器相对于目标航天器运动的轨迹。根据运动轨迹的不同，伴飞运动的形式由很多种，常见的绕飞、跟飞即是伴飞的特例。

伴飞有被动伴飞（自然伴飞）和主动伴飞之分。根据轨道力学的自然特性，当两个航天器轨道的半长轴相同，其他轨道要素仅有微小差别，或两者的初始相对运动参数满足一定的约束条件时，两个航天器在围绕地球飞行的过程中，一个航天器在另一个航天器附近形成伴飞运动，将这种利用轨道力学自然特性的伴随飞行称为被动伴飞或自然伴飞。显然，被动伴飞的轨道周期与目标航天器的轨道周期相同。被动伴飞利用轨道特性，在无轨道控制和少量推进剂消耗的情况下能保持较长时间的伴随飞行。然而，由于各种摄动因素的影响和航天器轨道系数的差异，自然伴飞运动会逐渐受到破坏，若要维持自然伴飞轨道，就需要应用轨道保持技术，控制伴飞航天器长期沿伴飞轨道飞行。

由于自然伴飞轨道周期较长，因而不能满足空间快速响应要求伴飞轨道周期远小于其自身围绕地球运行轨道周期的需求。我们把根据需要可在短时间内（几分钟至几十分钟）内环绕目标飞行一周，或者在航天器的一个轨道周期内可在目标航天器附近形成多次周期性相对运动的飞行模式称为主动伴飞或快速受控伴飞。

主动伴飞是根据需要强迫控制伴飞航天器按照规划轨迹飞行的过程，需要相应的轨道机动，因此也称为强迫伴飞或机动伴飞。主动伴飞轨道的周期小于航天器的地球轨道周期（通常为 $0.1\sim0.5$ 倍航天器地球轨道周期）。要实施主动伴飞，首先需要把伴飞航天器机动到规划的相对距离较近的主动伴飞轨道上来，然后再进行机动伴飞轨迹控制。在主动伴飞任务完成后，还需要把伴飞航天器机动到其他轨道上去。因此，整个主动伴飞过程主要包括三个阶段：进入伴飞阶段、机动伴飞阶段和退出（撤离）伴飞阶段。在这些过程中，为了完成机动伴飞任务和进行设备的对准、校正及调整，还可能有站位保持或停靠阶段。

当两个航天器之间的相对距离在 $15\ \mathrm{m}\leqslant\Delta r\leqslant15\ \mathrm{km}$ 的范围内时，可视为近距离伴飞。当相对距离 $\Delta r\leqslant15\ \mathrm{m}$，可视为超近距离伴飞。

1.3.6 分离轨道

广义的航天器在轨分离包含航天器的分离与变轨两方面内容，涉及空间连接与分离、空间相对运动、轨道机动等多项技术。空间在轨释放强调空间环境下的分离与变轨过程。在轨分离可以看作是空间交会对接的反过程。组合在一起的航天器解锁分离后，或者搭载在空间平台上的任务载荷（如小卫星等）与平台分离后，为了避免碰撞（航天器从空间平台分离后，由于轨道参数改变很小，在相当长的一段时间内与空间平台保持相近的运动状态，即两者的相对距离将保持较小的水平）和保持作用力的平衡性，需要以一定的分离速度和相对姿态，沿分离轨道运动，而后通过机动变轨进入其任务轨道。

航天器在轨释放过程中，根据分离的对象、分离速度和分离精度的可控性要求，可以选择在不同的时间、位置，通过不同分离机构（弹簧、滚珠丝杠）、以不同的分离方式（弹射、爆轰）、分离速度（小冲量或零冲量、迹向分离、径向分离、切向分离）、分离相对姿态进行释放分离。其轨道设计将涉及到在轨分离、在轨发射和轨道机动动力学问题，分离窗口选择问题，终点约束的轨道优化问题，与停泊轨道的设计也不可分割。

参 考 文 献

［1］ 美国国防部.国家安全太空战略，2011.

［2］ 袁建平，和兴锁，等.航天器轨道机动动力学［M］.北京：中国宇航出版社，2010.

［3］ 袁建平，等.航天器相对运动轨道动力学［M］.北京：中国宇航出版社，2013.

［4］ 敬忠良，袁建平，等.航天器自主操作的测量与控制［M］.北京：中国宇航出版社，2011.

第 2 章　隐蔽轨道的概念设计

本章提出了隐蔽轨道以及被动隐蔽轨道概念，研究并探讨了人造地球卫星的被动隐蔽轨道，核心思想是在测控系统通过轨道预报进行定轨的时间段内，设法实施特定的轨道机动使得实际飞行轨道偏离预报轨道。实现隐蔽轨道有两种典型的轨道机动策略：一是利用月球引力，仅需消耗少量推进剂即可改变飞越月球之后的飞行轨道，而飞越月球之后的飞行轨道一般难以准确预测；二是利用带电卫星在地球磁场中受到洛伦兹力从而改变飞行轨道，由于带电卫星受到的洛伦兹力一般未予建模，因而无法实现准确的轨道预报。通过对被动隐蔽轨道概念的研究，从轨道力学的角度对航天器"隐蔽与跟踪"开展了初步探讨，指出了隐蔽与跟踪的博弈关系。

2.1　被动隐蔽轨道概念

隐蔽轨道概念的提出主要源自轨道力学专家们对航天器测控过程的深入认识与理解，并设法从航天器轨道动力学研究范畴的角度来探讨如何实现航天器隐蔽飞行，以此区别于通过其他方式实现隐蔽的技术手段。航天器从地面发射之时起就进入测控跟踪模式，通过地基或天基的观测手段以及准确的轨道预报，航天器将被持续跟踪，测控系统可获得其在任意时刻的位置与速度状态。一般而言，测控系统难以对航天器进行全天时、全天候的不间断观测，在没有观测量的飞行期间，主要依靠轨道预报来对航天器进行定轨。若在此期间，航天器改变自身轨道且轨道机动策略未知，就有可能偏离测控系统原定的预报轨道。在经过一段时间后，测控系统若仅依赖于原定的预报轨道而无法观测到航天器，可以说该航天器处于暂时失踪状态。在测控系统通过其他手段再次观测到该航天器之前，该航天器实现了一定时间段的隐蔽飞行。因此，为了实现隐蔽飞行，从轨道动力学研究的角度，需要在通过轨道预报进行定轨的时间段内，设法实施特定的轨道机动策略来改变预定轨道，相应的轨道机动及其前后相关的飞行轨道在本书中被称为隐蔽轨道。

如果用来实现隐蔽飞行的轨道机动无需消耗推进剂或仅需消耗少量推进剂，相应的隐蔽轨道称为被动隐蔽轨道；反之，若主要依靠消耗推进剂实现轨道机动，相应的隐蔽轨道称为主动隐蔽轨道。本书中，我们拟探讨地球轨道航天器的被动隐蔽轨道，主要包含两种轨道机动策略：

1) 利用月球引力，航天器仅需消耗少量推进剂就能改变近距离飞越月球之后的飞行轨道，近距离飞越月球一般难以准确建模从而影响后续轨道预报准确性；

2) 考虑带电卫星在地球磁场中受到洛伦兹力作用从而改变飞行轨道，带电卫星受到的洛伦兹力一般难以建模从而无法实现准确的轨道预报。

航天器在月球引力或洛伦兹力作用下将会偏离原定的预报轨道，有可能形成隐蔽轨道。当然，偏离轨道的程度受到月球引力或洛伦兹力的大小及方向的影响，也受到测控系统对目标的观测手段以及观测频率等因素的影响。此外，对于目前的工程技术手段是否能够实现上述机动策略还未开展详细的专门分析。本书提出地球轨道航天器的被动隐蔽轨道的概念，并对两种被动隐蔽轨道机动策略予以解释，期望能为后续深入研究提供参考。

2.2　月球借力被动隐蔽轨道概念

月球是地球唯一的天然卫星。从轨道力学的研究角度来说，月球是人造地球卫星唯一可以借力的天体。假设航天器轨道的远地点可以到达月球附近，就有可能借助月球引力改变预报轨道。本节首

先给出了基于 B 平面的飞越月球轨道，用以说明建立期望的月球近距离飞越状态仅需消耗少量推进剂；其次，介绍了航天器-月球共振轨道，在此类轨道上，航天器可以周期性地接近月球，从而获得周期性的月球借力机会。同时，利用月球引力能够有效地改变航天器飞越月球的共振周期，并可实现在不同共振轨道之间无推进剂消耗的转移，不同的共振轨道具有不同的轨道根数，从而有望实现潜在的隐蔽飞行。然而，本书并未对此类轨道的具体应用进行描述。

2.2.1　月球引力辅助的 B 平面分析

B 平面是针对航天器以双曲线轨道接近月球时所提出的概念。如图 2-1 所示，设 v_∞^- 矢量是接近月球的速度矢量，由于飞越轨道是双曲线轨道，因此也代表了双曲轨道渐进线的方向。B 平面定义为与 v_∞^- 矢量垂直的平面，月球的质心在 B 平面上。

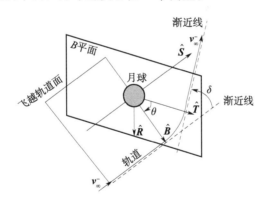

图 2-1　B 平面与双曲线轨道的几何关系

取以月球中心为原点的参考坐标系，如月球 $LVLH$ 坐标系（当地水平当地垂直坐标系）或惯性坐标系。在该坐标系中，一般取 $\hat{N} = \begin{bmatrix} 0 & 0 & 1 \end{bmatrix}^T$，作为月球参考坐标系中参考平面的法线。通过地心惯性系到月球参考坐标系的转换，可以得到月球参考坐标系中表示接近速度的矢量 v_∞^-。矢量 $\hat{S}$ 的起点位于月球中心，$\hat{S}$ 与 B 平面垂直

（或定义为 B 平面法线方向的单位矢量）。因此，$\hat{S}$ 定义如下

$$\hat{S} = \frac{v_\infty^-}{\parallel v_\infty^- \parallel} \tag{2-1}$$

在 B 平面上建立一个二维正交坐标系，坐标单位矢量利用 $\hat{T}$ 和 $\hat{R}$ 表示，定义如下

$$\hat{T} = \hat{S} \times \hat{R}, \ \hat{R} = \hat{S} \times \hat{T} \tag{2-2}$$

在 B 平面上，实际定义了一个正交坐标系 $[\hat{S}\ \hat{T}\ \hat{R}]$，该坐标系的定义主要依赖于航天器相对月球的接近速度 v_∞^- 以及 $\hat{N}$。

此外，定义矢量 $\boldsymbol{B}$ 是航天器双曲线轨道面和 B 平面的交线，矢量 $\boldsymbol{B}$ 的模值为月球质心到双曲线轨道渐近线的距离，因此，矢量 $\boldsymbol{B}$ 的定义如下

$$\boldsymbol{B} = b(\hat{S} \times \hat{N}_{\text{hyperbola}}), \ \hat{N}_{\text{hyperbola}} = \frac{\boldsymbol{r}_\infty \times v_\infty^-}{\parallel \boldsymbol{r}_\infty \times v_\infty^- \parallel} \tag{2-3}$$

式中　b——双曲线轨道短半轴；

　　　$\boldsymbol{r}_\infty$——航天器相对月球的位置矢量；

　　　$\hat{N}_{\text{hyperbola}}$——航天器双曲线轨道面法线的单位矢量。

如果航天器接近月球时，采用光学导航方式，可以测量 b 的值。加上通过其他测控方式得到的 $v_\infty = \parallel y_\infty^- \parallel$，可以计算出轨道角动量大小 h、偏心率 e 以及近地点半径 r_p（保证航天器不会撞上行星）分别为

$$h = bv_\infty \tag{2-4}$$

$$e = \sqrt{1 + \frac{v_\infty^4 b^2}{u^2}} \tag{2-5}$$

$$r_p = a(1 - e) \tag{2-6}$$

同样，双曲线轨道半长轴和真近点角不难计算。因此，给定 $\boldsymbol{r}_\infty$ 和 v_∞^-（或 v_∞^-、b 和飞越轨道面法向 $\hat{N}_{\text{hyperbola}}$），可以计算得出矢量 $\boldsymbol{B}$。矢量 $\boldsymbol{B}$ 在 $\hat{T}$ 和 $\hat{R}$ 上的投影分别为 B_T 和 B_R。

$$B_T = \boldsymbol{B} \cdot \hat{\boldsymbol{T}} , B_R = \boldsymbol{B} \cdot \hat{\boldsymbol{R}} \qquad (2-7)$$

因此，通过 B_T 和 B_R 的值可以表示出航天器接近月球的相对几何关系（当航天器轨道没有离开双曲线轨道渐近线的时候）。B_T 和 B_R 包含了飞越高度信息以及飞越轨道面法向信息，决定了飞越月球之后的速度 $\boldsymbol{v}_\infty^+$，$\boldsymbol{v}_\infty^+$ 计算如下

$$\boldsymbol{v}_\infty^+ = v_\infty [\hat{\boldsymbol{S}}\,\hat{\boldsymbol{T}}\,\hat{\boldsymbol{R}}] \begin{bmatrix} \cos\delta \\ \sin\delta \cos(\pi+\theta) \\ \sin\delta \sin(\pi+\theta) \end{bmatrix} = v_\infty [\hat{\boldsymbol{S}}\,\hat{\boldsymbol{T}}\,\hat{\boldsymbol{R}}] \begin{bmatrix} \cos\delta \\ -\sin\delta \cos\theta \\ -\sin\delta \sin\theta \end{bmatrix}$$

$$(2-8)$$

式中　θ ——可以任意选取（见图 2-1）；

　　　δ ——相对速度矢量飞越月球所偏转的角度，由飞越月球的轨道半径决定。

δ 满足

$$\sin(\delta/2) = \frac{\mu_{\text{moon}}}{v_\infty^2 R_{\text{LGA}} + \mu_{\text{moon}}} , \quad 0 \leqslant \delta \leqslant 180° \qquad (2-9)$$

式中　μ_{moon} ——月球引力常数，$\mu_{\text{moon}} = 4\,902.801\ \text{km}^3/\text{s}^2$；

　　　R_{LGA} ——飞越月球半径。

设 B_T 和 B_R 的目标值在当前取值处展开到一阶

$$\begin{bmatrix} B_T \\ B_R \end{bmatrix}_{\text{target}} = \begin{bmatrix} B_T \\ B_R \end{bmatrix} + \frac{\partial \boldsymbol{B}}{\partial \boldsymbol{v}_\infty}(\boldsymbol{v}_{\infty,\text{target}} - \boldsymbol{v}_\infty) \qquad (2-10)$$

式中，B_T 和 B_R 表示当前时刻的取值，下标 target 表示目标值。因此，在当前取值处展开到一阶，可得 B_T 和 B_R 的变化和 $\boldsymbol{v}_\infty$ 变化之间的关系

$$\begin{bmatrix} \delta B_T \\ \delta B_R \end{bmatrix}_{\text{target}} = \begin{bmatrix} B_{T,\text{target}} - B_T \\ B_{R,\text{target}} - B_R \end{bmatrix} = \left[\frac{\partial \boldsymbol{B}}{\partial \boldsymbol{v}_\infty}\right] \delta v_\infty = \left[\frac{\partial \boldsymbol{B}}{\partial \boldsymbol{v}_\infty}\right](\boldsymbol{v}_{\infty,\text{target}} - \boldsymbol{v}_\infty)$$

$$(2-11)$$

式（2-11）中，用 $\boldsymbol{v}_\infty$ 代替 $\boldsymbol{v}_\infty^-$（后同），$\boldsymbol{B}$ 对于 $\boldsymbol{v}_\infty$ 的偏导数矩阵表示如下

$$\frac{\partial \boldsymbol{B}}{\partial \boldsymbol{v}_\infty} = \begin{bmatrix} \dfrac{\partial B_T}{\partial v_{\infty,x}} & \dfrac{\partial B_T}{\partial v_{\infty,y}} & \dfrac{\partial B_T}{\partial v_{\infty,z}} \\[3mm] \dfrac{\partial B_R}{\partial v_{\infty,x}} & \dfrac{\partial B_R}{\partial v_{\infty,y}} & \dfrac{\partial B_R}{\partial v_{\infty,z}} \end{bmatrix} \qquad (2-12)$$

双曲线轨道的变轨可以归结为 B_T 和 B_R 从一个状态转换到另一个状态的转移轨道。以式（2 - 12）右侧矩阵中第 1 个元素为例，该数值可以采用数值微分方法近似计算

$$\frac{\partial B_T}{\partial v_{\infty,x}} \approx \frac{B_T(\boldsymbol{v}_\infty + [\Delta v_{\infty,x} \quad 0 \quad 0]^T) - B_T(\boldsymbol{v}_\infty)}{\Delta v_{\infty,x}} \qquad (2-13)$$

对于月球而言，可以计算出式（2 - 12）中的偏导数。当航天器以较大速度飞越月球时，计算结果表明偏导数均取较大值，这说明接近速度较小的改变可以引起 B_T 和 B_R 的较大变化，无论这种变化是要改变飞越高度还是飞越轨道面的朝向。因此，在双曲线轨道上，只需在引力影响球边界对速度作一个小的修正即可得到期望的 B_T 和 B_R。飞越月球后，由于航天器相对月球的速度方向发生了改变，最终航天器相对地球的速度也发生了变化，航天器无需消耗推进剂（或消耗很少）就实现了变轨，这种情况称为月球引力辅助。

上述分析表明，仅利用非常少量的推进剂消耗即可实现航天器从不同角度进入月球引力影响范围，并改变飞越高度以及飞越角度。因此，在初步轨道设计中，月球引力辅助是无需推进剂消耗（实际上消耗很少）的速度脉冲。如果矢量 $\boldsymbol{B}$ 在飞越月球之前确定得不够准确，飞越月球之后的飞行轨道也不易确定，而且矢量 $\boldsymbol{B}$ 的确定若存在较小的误差，则飞越月球之后的飞行轨道可能有较大的不同，这个轨道机制成为了被动隐蔽的潜在应用。

2.2.2　航天器-月球共振轨道

本小节将描述一大类能够周期性地接近月球的飞行轨道。一旦航天器能够近距离飞越月球，就能够设法改变 $\boldsymbol{B}$ 矢量从而改变飞越月球后的飞行轨道。航天器周期性地接近月球意味着能够获得多次隐蔽飞行的机会。本书采用地月系统二体模型来分析航天器-月球共振轨道的

基本特性。地月系统二体模型是指将地球、月球和航天器都简化为质点，月球以匀角速度 n 在半径为 384 748 km 的圆轨道上飞行，航天器在地月系统中以开普勒轨道形式飞行。当且仅当航天器与月球位置重合时，月球引力作用才瞬时改变航天器相对地球的速度，航天器与月球的相对速度变化满足式（2-8）的描述。地月系统的主要参数见表 2-1。

表 2-1 地月系统简化模型的相关参数

参数	数值
地球引力常数 μ	398 601.19 km^3/s^2
地月距离 r_{m}	384 748 km
月球引力常数 μ_{moon}	4 902.801 km^3/s^2
月球半径 R_{m}	1 738 km
月球轨道角速度 n	2.661 70×10^{-6} rad/s

若航天器与月球共振，它的轨道周期须与月球围绕地球的公转轨道周期呈正整数比。假设航天器与月球在某一点具有相同的位置，经过一段时间后，它们均回到该点重新相遇，在这段时间内，航天器经历了 p 个自身轨道周期，月球经历了 q 个自身轨道周期，那么航天器与月球形成 $p:q$ 共振，如图 2-2 所示。在地月系统二体模型中，p 与 q 均为正整数，共振轨道远地点高度需要达到月球附近甚至高于月球轨道，近地点高度可以低于部分人造卫星所在的地球轨道。

首先，考虑平面共振轨道。如图 2-3 所示，在飞越月球时刻航天器位置矢量与月球位置矢量相同，速度矢量不同，则共振轨道在飞越月球时刻的速度矢量可以表示为

$$v_{\mathrm{s}} = v_{\mathrm{m}} + v_{\mathrm{n}} \cdot \begin{bmatrix} \sin\alpha & \cos\alpha & 0 \end{bmatrix}^{\mathrm{T}} \qquad (2-14)$$

式中 v_{s} ——航天器相对地球的速度矢量；

      v_{m} ——月球相对地球的速度矢量；

      α —— v_{n} 与 v_{m} 的夹角；

      v_{n} ——速度矢量 v_{n} 的模值，其方向由角度变量 α 确定。

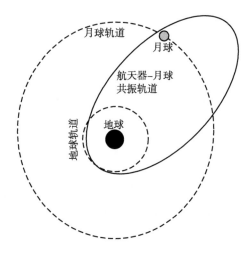

图 2-2　航天器-月球共振轨道示意图

此外，月球的轨道半径与轨道速度大小分别表示为 r_m 与 v_m 。

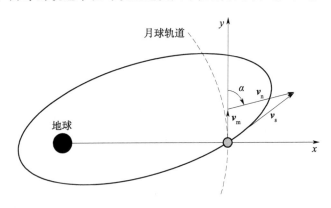

图 2-3　航天器-月球共振轨道飞越月球时刻轨道示意图

根据共振比 $p:q$，共振轨道半长轴为

$$a_s = \mu_1^{1/3} \left(\frac{q}{pn} \right)^{2/3} \tag{2-15}$$

式中　n——月球的轨道角速度，见表 2-1。

假设共振轨道偏心率为 e（$e \propto [0 \quad 1]$），仅考虑顺行轨道（航天

器飞行方向与月球公转方向相同），可以计算出共振轨道在飞越月球时刻的真近点角 ν。显然，真近点角可有 2 个取值

$$\nu = \pm \cos^{-1}\left[\frac{a(1-e^2)}{e r_{\mathrm{m}}} - \frac{1}{e}\right] \tag{2-16}$$

对于平面共振轨道，不考虑升交点赤经与轨道倾角，近地点幅角 ω 若以 x 轴作为参考零度，其值为

$$\omega = -\nu \tag{2-17}$$

共振轨道在飞越月球时刻的速度矢量表达式为

$$\boldsymbol{v}_{\mathrm{s}} = \begin{bmatrix} v_x & v_y & 0 \end{bmatrix}^{\mathrm{T}} \tag{2-18}$$

其中，速度分量 v_x 与 v_y 的表达式为

$$v_x = \frac{e \cdot \sin\nu}{1 + e \cdot \cos\nu} v_y \tag{2-19}$$

$$v_y = \frac{\sqrt{a(1-e^2)\mu}}{r_{\mathrm{m}}} \tag{2-20}$$

相对速度大小 v_{n} 以及相对速度矢量与月球速度矢量的夹角 α 为

$$v_{\mathrm{n}} = \sqrt{(v_{\mathrm{m}} - v_y)^2 + v_x^2} \tag{2-21}$$

$$\alpha = \pm \cos^{-1}\left(\frac{v_y - v_{\mathrm{m}}}{v_{\mathrm{n}}}\right) \tag{2-22}$$

假设航天器与地心的最近距离不小于 r_{p}，则偏心率 e 的取值范围为 $\begin{bmatrix} 0 & e_0 \end{bmatrix}$，$e_0$ 的表达式为

$$e_0 = 1 - r_{\mathrm{p}}/a \tag{2-23}$$

从以上分析可以看出，即使对应同一个共振比，共振轨道在偏心率、近地点幅角、真近点幅角的取值均不唯一。在平面共振轨道分析的基础上可以推断：如果相对速度矢量 $\boldsymbol{v}_{\mathrm{n}}$ 落在月球轨道面内（xy 平面），那么航天器轨道也在月球轨道面内；如果 $\boldsymbol{v}_{\mathrm{n}}$ 不在月球轨道面内，那么航天器轨道面与月球轨道面具有夹角，则航天器与月球围绕地球的轨道具有不同倾角。因此，月球引力辅助可以改变共振轨道的轨道根数，从而使得飞越月球前、后的轨道不再相同，且飞越前的轨道可以对应多条飞越后的轨道。这种变轨策略取决于 B 平面中 B_T 和 B_R 的期望值的设定，而 B_T 和 B_R 的期望值通过常规的

非合作测控并不容易获得准确值。若在飞越月球前后没有进行准确且持续的观测，飞越月球后的轨道是难以准确预报的。

2.2.3　基于航天器-月球共振轨道的隐蔽飞行

在 2.2.1 小节中所描述的引力辅助模型中，相对速度矢量 v_∞ 的模值在引力辅助前后并未发生变化，仅矢量方向发生了改变，由 v_∞^- 变为 v_∞^+。在此情况下，航天器相对地球的速度可能发生变化。假设这种速度变化仍保持 $p:q$ 共振约束，在引力辅助前后，p 与 q 可能取相同值，也可能取不同值。这样，可以生成一系列共振轨道，如果假设这些共振轨道均相交于一点，那么将该点作为飞越月球点时，不同共振轨道之间即可实现月球引力辅助转移，如图 2-4（a）所示。

如图 2-4（b）所示，式（2-21）所描述的引力辅助模型实际上是对相对速度矢量的旋转操作，旋转角度由飞越高度决定，见式（2-22）。以月球速度矢量 v_{moon} 的终点作为球心，航天器相对月球的速度矢量 v_∞ 模值作为球半径绘制球面，相对速度矢量的终点落在该球面上，该球面也称为"v_∞ 球面"。

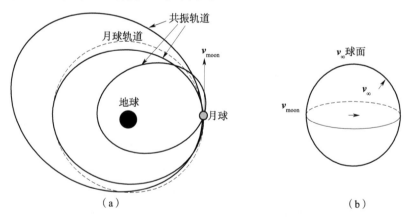

图 2-4　航天器-月球共振轨道及其之间转移示意图

每次月球引力辅助实际对应着 v_∞ 在球面上的一次跳跃。如果考虑月球引力辅助前后航天器轨道的半长轴不发生改变，即 v_∞ 矢量围

绕 v_{moon} 轴旋转，其终点落在一个垂直于 v_{moon} 的切面圆环上，该圆环实际上也对应着同一个 $p : q$ 的取值，如图 2-5（a）所示。如果要改变共振比 $p : q$，v_{∞} 矢量需要跳出这个切面，但需要保证 $p : q$ 是正整数比的约束，如图 2-5（b）所示。

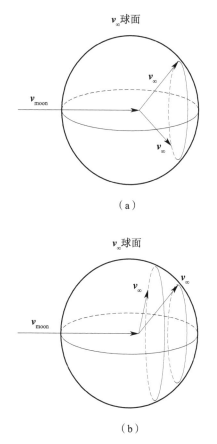

（a）

（b）

图 2-5　v_{∞} 在球面的跳跃示意图

设计一组共振轨道族的一个重要参数是航天器相对月球的速度大小 v_{n}，使得图 2-5 中的 v_{∞} 在球面上的跳跃可以实现。限于篇幅，对 v_{n} 的选择策略不再详述。本小节只给出一个例子，设航天器相对月球的速度为 0.8 km/s，可以选取的共振比范围为 1∶1、2∶1、3∶2，图 2－6 画出了具有不同共振比但轨道倾角相同的共振轨道族，图 2－7 画出了具有相同共振比但轨道倾角不同的共振轨道族。

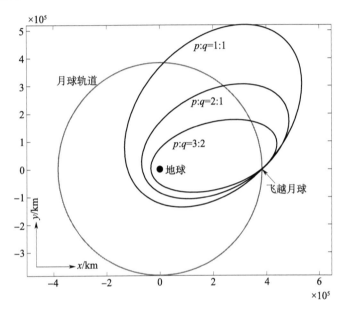

图 2－6　可实现转移的共振轨道族（共振比不同，轨道倾角相同）

综上可知，若保持航天器轨道周期与月球轨道周期成整数比，航天器可以周期性地经过月球并获得引力辅助，这种方式称为共振式引力辅助。不同周期的共振轨道之间有可能实现自由转移（圆锥曲线拼接模型），然而这些转移事先并未被测控方所知。若已知飞越月球前、后的相对速度，即可计算出式（2－21）与式（2－22）中的相对速度大小及相对速度矢量与月球速度矢量的夹角。按照 B 平面分析，实现飞越高度与旋转角的条件仅需少量推进剂。显然，飞越前后的相对速度矢量有多种选取方式，若所有的机动策略事先未知，那么难以进行预测，处于一种极不稳定的轨道运行状态，从而有望实现隐蔽飞行。

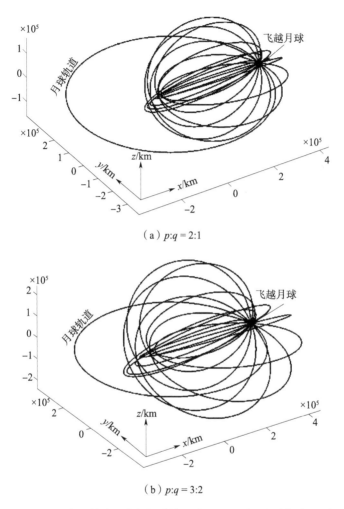

（a） $p:q = 2:1$

（b） $p:q = 3:2$

图 2 - 7   可实现转移的共振轨道族（共振比相同，轨道倾角不同）

2.3   洛伦兹力被动隐蔽轨道概念

本节主要考虑在轨飞行的带电卫星在地球磁场中受到洛伦兹力作用从而改变轨道的情况，带电卫星受到洛伦兹力无需消耗推进剂。

洛伦兹力一般是测控系统还未建模的受力情况，而且卫星带电量并未可能事先得知，所以即使建模也难以实现准确的轨道预报。另一方面，我们还将从一个新的视角来审视洛伦兹力对轨道的影响，即采用相对运动的概念进行分析。假设不受洛伦兹力的参考轨道为圆轨道，受到洛伦兹力的带电卫星偏离该圆轨道的相对运动状态成为我们需要关注的对象。若洛伦兹力使得带电卫星快速偏离该参考圆轨道，则有望形成隐蔽轨道。

2.3.1　卫星带电与洛伦兹力轨道机动概念

运动电荷切割磁力线会受到洛伦兹力是经典电动力学的基本原理之一。若电量为 q 的带电粒子相对于磁场 $\boldsymbol{B}$ 的运动速度为 v_r，那么该带电粒子受到的洛伦兹力为 $\boldsymbol{F}_L = q v_r \times \boldsymbol{B}$。基于这一基本物理原理以及人造地球卫星在轨充电现象（高轨道充电试验卫星[1]和星团卫星[2]都已经证实了卫星表面带电现象，并通过喷射电子和等离子体实现了卫星表面电量的主动调节），高速运动的带静电卫星（后文中均称为带电卫星）切割地球磁场磁力线会受到洛伦兹力作用，如图2-8所示。由于地球磁场是天然存在的，带电卫星利用洛伦兹力来控制其轨道成为潜在的、新型的、无需消耗推进工质的轨控手段。自从发射人造地球卫星以来，人们已经确认在轨卫星与空间等离子体的相互作用以及受到光电效应的作用会产生表面充电现象，这些事实在一定程度上支持了洛伦兹力轨道控制的应用。

洛伦兹力轨道控制概念由派克（Peck）首先提出[3]，此后一系列洛伦兹力辅助轨道控制的应用研究成果相继出现。斯特里特曼（Streetman）和派克提出了基于洛伦兹力的新型太阳同步轨道和近地点拱线同步轨道[4]，研究了利用洛伦兹力改变轨道半长轴、偏心率以及倾角的继电器式（bang-bang）控制律[5]，对洛伦兹力辅助问题也进行了研究[6]；艾奇逊（Atchison）和派克提出了洛伦兹力辅助的行星捕获控制策略[7]；波拉克（Pollack）等研究了洛伦兹力轨道倾角控制并将其应用于对地观测卫星的快速覆盖侦察任务[8-9]，

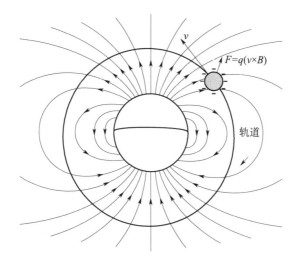

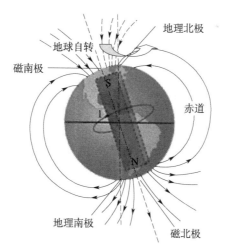

图 2-8　带静电卫星在地球磁场中受到洛伦兹力（上）和
倾斜的、旋转的地球磁场（下）

推导了描述带电卫星轨道运动的拉格朗日方程[10]；高扬对带电卫星
的轨道运动进行了初步总结并提出了一种洛伦兹力推进概念[11]。此
外，为了实现无需消耗推进剂的编队控制策略，学者们提出了利用

星间磁场力和库仑力的控制概念。江（Kong）等提出了磁场力卫星
编队控制的概念[12]，米勒（Miller）等研究了低轨道卫星编队重构
和保持的磁场力控制方案[13]；金（King）等提出了带电卫星所受到
的星间库仑力控制卫星编队的概念[14]；肖布（Schaub）对库仑力用
于维持卫星编队进行了研究[15]。同样，带电卫星与地球磁场相互作
用产生的洛伦兹力也可以应用于编队控制，派克等提出了利用洛伦
兹力实现编队飞行的概念[16]；与此同时，波洛克（Pollock）等利用
希尔-克洛赫西-威尔特（Hill - Clohessy - Wiltshire）方程分析了带
电卫星相对于圆形参考轨道的运动，提出了利用洛伦兹力实现交会
与绕飞的轨控策略[17]。彭超和高扬对洛伦兹力编队飞行概念开展了
研究[18-19]。虽然洛伦兹力轨道控制还处于概念研究阶段，但其新颖
的设想吸引了众多学者的关注。

　　考虑带电卫星相对参考圆轨道的运动，假设卫星带电量恒定，
从而在地球磁场中受到连续的洛伦兹力作用。本节首先给出了仅考
虑洛伦兹力的高斯方程，利用轨道平均法得到经典轨道根数的一阶
平均变化率；然后，基于经典轨道根数的平均变化规律以及轨道根
数差描述的卫星相对运动，提出了基于洛伦兹力快速漂移概念从而
有利于实现隐蔽飞行。本节主要内容建立在参考文献［18 - 19］的
研究基础上，在概念研究层面将洛伦兹力与被动隐蔽轨道联系起来。

2.3.2　洛伦兹力作用下的轨道运动方程

　　带电卫星在引力场和电磁场共同作用下的动力学方程一般形式
（在地心惯性参考系中）可以表示为

$$\ddot{\boldsymbol{r}} = -\frac{\mu}{r^3}\boldsymbol{r} + (q/m)(\boldsymbol{E} + \dot{\boldsymbol{r}} \times \boldsymbol{B}) + \boldsymbol{a}_{\mathrm{p}} \qquad (2-24)$$

式中　　$\boldsymbol{r}$, $\dot{\boldsymbol{r}}$, $\ddot{\boldsymbol{r}}$——航天器的位置、速度以及加速度矢量，$\boldsymbol{r} =$
　　　　　$\begin{bmatrix} x & y & z \end{bmatrix}^{\mathrm{T}}$，$\dot{\boldsymbol{r}} = \begin{bmatrix} \dot{x} & \dot{y} & \dot{z} \end{bmatrix}^{\mathrm{T}}$；

　　　　$\boldsymbol{a}_{\mathrm{p}}$——其他摄动加速度；

　　　　q/m——卫星所带电量与卫星质量之比，称为荷质比，单位

为库仑/千克（C/kg）；

　　E——电场（图 2-8 中未标出）；

　　B——磁场。

电场 E 主要源于地磁场旋转而产生（根据麦克斯韦方程组中的法拉第电磁感应定律 $\nabla \times E = \partial B / \partial t$）。本书将地磁场近似为 1 个磁偶极子，如图 2-9 所示。

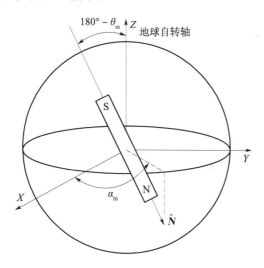

图 2-9　地球磁偶极子示意图

　　图 2-9 中的磁偶极子磁场强度的空间分布函数可以表示为如下形式

$$B = \frac{B_0}{r^3} \left[3(\hat{N} \cdot \hat{r}) \hat{r} - \hat{N} \right] \qquad (2-25)$$

式中　$\hat{r}$——卫星位置的单位矢量，r 为卫星到地心的距离；

　　　　B_0—— 地球磁矩强度，$B_0 = 8 \times 10^6 \ \text{T} \cdot \text{km}^3$；

　　　　$\hat{N}$——磁偶极轴的方向矢量，与地球自转轴不重合。

$\hat{N}$ 的表达式如下

$$\hat{\boldsymbol{N}} = \begin{bmatrix} \hat{N}_x \\ \hat{N}_y \\ \hat{N}_z \end{bmatrix} = \begin{bmatrix} \sin\theta_\mathrm{m}\,\cos\alpha_\mathrm{m} \\ \sin\theta_\mathrm{m}\,\sin\alpha_\mathrm{m} \\ \cos\theta_\mathrm{m} \end{bmatrix} \qquad (2-26)$$

式中　a_{G0}——基线时间 t_0 时刻格林尼治子午线的赤经，$\alpha_\mathrm{m} = a_{G0} + \omega_\mathrm{e}(t - t_0)$；

ω_e——地球的自转角速率，$\omega_\mathrm{e} = 7.292 \times 10^{-5}$ rad/s；

θ_m——磁北极与地理北极的夹角，$\theta_\mathrm{m} = 169.74°$。

在经典电动力学中，磁场 $\boldsymbol{B}$ 和电场 $\boldsymbol{E}$ 可以采用 1 个矢量 $\boldsymbol{A}$ 和 1 个标量 φ 函数表示[20]

$$\boldsymbol{B} = \nabla \times \boldsymbol{A}, \quad \boldsymbol{E} = -\nabla\varphi - \frac{\partial \boldsymbol{A}}{\partial t} \qquad (2-27)$$

对于近似为磁偶极子的地球磁场，取 $\varphi = 0$。矢量势函数 $\boldsymbol{A}$ 可表达如下[20]

$$\begin{aligned} \boldsymbol{A} &= \frac{B_0}{r^2}(\hat{\boldsymbol{N}} \times \hat{\boldsymbol{r}}) = \frac{B_0}{r^3}(z\hat{N}_y - y\hat{N}_z)\hat{\boldsymbol{i}} + \\ &\quad \frac{B_0}{r^3}(x\hat{N}_z - z\hat{N}_x)\hat{\boldsymbol{j}} + \frac{B_0}{r^3}(y\hat{N}_x - x\hat{N}_y)\hat{\boldsymbol{k}} \end{aligned} \qquad (2-28)$$

其中，$\hat{\boldsymbol{r}} = [\hat{\boldsymbol{i}}\,\hat{\boldsymbol{j}}\,\hat{\boldsymbol{k}}]^\mathrm{T} = [(x/r)\ \ (y/r)\ \ (z/r)]^\mathrm{T}$，同式 $(2-25)$。

利用式 $(2-28)$ 可以推导出式 $(2-25)$。与洛伦兹力相关的电磁势能函数可以表示为[21]

$$U_\mathrm{EM} = -(q/m)\boldsymbol{v}_\mathrm{r} \cdot \boldsymbol{A} \qquad (2-29)$$

$$\boldsymbol{v}_\mathrm{r} = \dot{\boldsymbol{r}} - \boldsymbol{\omega}_\mathrm{e} \times \boldsymbol{r} = \begin{bmatrix} \dot{x} + \omega_\mathrm{e}y \\ \dot{y} - \omega_\mathrm{e}x \\ \dot{z} \end{bmatrix} \qquad (2-30)$$

式中　$\boldsymbol{v}_\mathrm{r}$——带电卫星相对于旋转地磁场的相对速度。

$\boldsymbol{\omega}_\mathrm{e}$——地球磁场自转角速度矢量，大小近似等于地球自转速率 ω_e，且近似为恒定值。

考虑地球引力场和电磁场的共同作用，系统拉格朗日函数表达如下

$$L = T - U_{EM} = \frac{1}{2}(\dot{x}^2 + \dot{y}^2 + \dot{z}^2) - U_{gravity} + (q/m)(\boldsymbol{v_r} \cdot \boldsymbol{A})$$

$$(2-31)$$

式中　T——动能；

　　　$U_{gravity}$——引力场势能函数。

引力场势能函数 $U_{gravity}$ 只考虑了中心引力场

$$U_{gravity} = -\frac{\mu}{r} \qquad (2-32)$$

利用欧拉-拉格朗日方程 $\mathrm{d}(\partial L/\partial \dot{\boldsymbol{r}})/\mathrm{d}t - \partial L/\partial \boldsymbol{r} = 0$，地心惯性坐标系中的带电卫星动力学方程可以推导如下

$$\ddot{x} = -\mu\frac{x}{r^3} + a_{J_2 x} + a_{Lx}, \ddot{y} = -\mu\frac{y}{r^3} + a_{J_2 y} + a_{Ly}$$

$$\ddot{z} = -\mu\frac{z}{r^3} + a_{J_2 z} + a_{Lz} \qquad (2-33)$$

式（2-33）中的洛伦兹力加速度 $[a_{Lx} \quad a_{Ly} \quad a_{Lz}]$ 为

$$a_{Lx} = (q/m)\frac{B_0}{r^5}\begin{cases} [3x(z\dot{y} - y\dot{z} - xz\omega_e)]\hat{N}_x + \\ [3yz\,\dot{y} - (3y^2 - r^2)\dot{z} - 3xyz\omega_e]\hat{N}_y + \\ [(3z^2 - r^2)\dot{y} - 3yz\dot{z} - \omega_e x(3z^2 - r^2)]\hat{N}_z \end{cases}$$

$$(2-34)$$

$$a_{Ly} = (q/m)\frac{B_0}{r^5}\begin{cases} [(3x^2 - r^2)\dot{z} - 3xz\dot{x} - 3xyz\omega_e]\hat{N}_x + \\ [3y(x\,\dot{z} - z\,\dot{x} - yz\omega_e)]\hat{N}_y + \\ [3xz\dot{z} - (3z^2 - r^2)\dot{x} - \omega_e y(3z^2 - r^2)]\hat{N}_z \end{cases}$$

$$(2-35)$$

$$a_{Lz} = (q/m)\frac{B_0}{r^5}\begin{cases} [3xy\dot{x} - (3x^2 - r^2)\dot{y} + \omega_e(3xy^2 + 3x^3 - xr^2)]\hat{N}_x + \\ [(3y^2 - r^2)\dot{x} - 3xy\dot{y} + \omega_e(3y^3 + 3x^2 y - yr^2)]\hat{N}_y + \\ [3z(y\dot{x} - x\dot{y} + \omega_e(x^2 + y^2))]\hat{N}_z \end{cases}$$

$$(2-36)$$

　　显然，式（2-34）~式（2-36）具有高度非线性的特点，难以直接解析求解。若假设洛伦兹力较小，可以采用摄动方法对其进行分析。

　　仅考虑洛伦兹力作用的高斯方程可写为如下形式

$$\frac{\mathrm{d}\boldsymbol{x}_{\mathrm{oe}}}{\mathrm{d}t} = \boldsymbol{f}\left[\boldsymbol{X}_{\mathrm{oe}}, \boldsymbol{a}_{\mathrm{L}}(t)\right] \qquad (2-37)$$

式中　　$\boldsymbol{X}_{\mathrm{oe}}$——轨道根数，$\boldsymbol{X}_{\mathrm{oe}} = \left[a\ e\ i\ \Omega\ \omega\ M\right]^{\mathrm{T}}$，各变量依次为半长轴、偏心率、倾角、升交点赤经、近地点幅角以及平近点角；

　　　　$\boldsymbol{a}_{\mathrm{L}}(t)$——洛伦兹力加速度矢量，是荷质比（$q/m$）与轨道根数 $\boldsymbol{X}_{\mathrm{oe}}$、$\hat{N}_x$、$\hat{N}_y$、$\hat{N}_z$ 的函数，具体形式见参考文献[18]。

　　需要指出的是，在 Hill 旋转坐标系中（X 轴为径向，Z 轴为轨道面法向并与轨道角速度方向一致，Y 轴满足右手定则）的洛伦兹力加速度 $\boldsymbol{a}_{\mathrm{L}}(t)$ 的 3 个分量可以通过惯性坐标系中洛伦兹力加速度分量 $\left[a_{\mathrm{L}x}\ a_{\mathrm{L}y}\ a_{\mathrm{L}z}\right]$ [见式（2-34）~式（2-36）]转换得到，推导过程可见参考文献[18]。

　　假设洛伦兹力加速度远小于地球引力加速度，轨道根数在 1 个轨道周期内的变化很小，$\hat{N}_z$ 为常数且 $\hat{N}_x$、$\hat{N}_y$ 近似保持恒定，利用轨道平均方法（Orbital Averaging）可求出轨道根数的一阶平均变化率[18-19]

$$\frac{\mathrm{d}\hat{\boldsymbol{X}}_{\mathrm{oe}}}{\mathrm{d}t} = \frac{1}{T_1}\int_0^{2\pi} \frac{\mathrm{d}\boldsymbol{X}_{\mathrm{oe}}}{\mathrm{d}t} \cdot \frac{\mathrm{d}t}{\mathrm{d}f}\mathrm{d}f \qquad (2-38)$$

$$\frac{\mathrm{d}t}{\mathrm{d}f} \approx \frac{1}{n\sqrt{1-e^2}}\left(\frac{r}{a}\right)^2 \qquad (2-39)$$

式中　　f——真近点角；

　　　　T_1——轨道周期，$T_1 = 2\pi\sqrt{a^3/\mu}$；

　　　　$\hat{\boldsymbol{X}}_{\mathrm{oe}}$——单轨平均轨道根数，$\hat{\boldsymbol{X}}_{\mathrm{oe}} = \left[\hat{a}\ \hat{e}\ \hat{i}\ \hat{\Omega}\ \hat{\omega}\ \hat{M}\right]$。

对于前半周期带电、后半周期不带电的非恒定带电模式，单轨平均轨道根数的时间变化率为[19]

$$\frac{\mathrm{d}\boldsymbol{X}_{\mathrm{oe}}}{\mathrm{d}t} = \frac{1}{T_1}\left[\int_0^\pi \boldsymbol{f}(\boldsymbol{X}_{\mathrm{oe}}, \boldsymbol{a}_{\mathrm{L}}(t)) \cdot \frac{\mathrm{d}t}{\mathrm{d}f}\mathrm{d}f + \int_\pi^{2\pi} \boldsymbol{f}(\boldsymbol{X}_{\mathrm{oe}}, 0) \cdot \frac{\mathrm{d}t}{\mathrm{d}f}\mathrm{d}f\right]$$

$$(2-40)$$

由于 $\hat{N}_x$、$\hat{N}_y$ 的变化周期为 1 天，进一步利用轨道平均方法可以得到轨道根数 1 天的平均变化率

$$\frac{\mathrm{d}\overline{\boldsymbol{X}}_{\mathrm{oe}}}{\mathrm{d}t} = \frac{1}{T_1}\int_0^{T_2} \frac{\mathrm{d}\hat{\boldsymbol{X}}_{\mathrm{oe}}}{\mathrm{d}t}\mathrm{d}t \qquad (2-41)$$

式中　T_2——一恒星日（86 400 s）；

$\overline{\boldsymbol{X}}_{\mathrm{oe}}$——一天平均轨道根数，$\overline{\boldsymbol{X}}_{\mathrm{oe}} = [\bar{a}\ \bar{e}\ \bar{i}\ \overline{\Omega}\ \overline{\omega}\ \overline{M}]^{\mathrm{T}}$。

式（2-38）、式（2-40）和式（2-41）不可避免地引入了模型误差，若行星（或磁场）自转速率远小于卫星轨道周期，模型误差很小。仿真结果说明式（2-41）可以有效地反映洛伦兹力对轨道根数长期变化的影响[18]。最终，在卫星恒定带电模式下，对于小偏心率近圆轨道（$e \to 0$），洛伦兹力对轨道根数的长期影响（一天平均轨道根数的时间变化率）如下

$$\frac{\mathrm{d}\bar{a}}{\mathrm{d}t} = \frac{\mathrm{d}\bar{e}}{\mathrm{d}t} = \frac{\mathrm{d}\bar{i}}{\mathrm{d}t} = 0 \qquad (2-42)$$

$$\frac{\mathrm{d}\overline{\Omega}}{\mathrm{d}t} = (q/m)B_0\left(-\frac{1}{a^3} + \frac{\omega_{\mathrm{e}}}{\sqrt{\mu a^3}}\cos i\right)\hat{N}_z \qquad (2-43)$$

$$\frac{\mathrm{d}\overline{\omega}}{\mathrm{d}t} = (q/m)B_0\left[\frac{3}{a^3}\cos i - \frac{\omega_{\mathrm{e}}}{\sqrt{\mu a^3}}\left(\frac{1}{4}\sin^2 i\ \cos 2\omega + \cos^2 i\right)\right]\hat{N}_z$$

$$(2-44)$$

$$\frac{\mathrm{d}\overline{M}_0}{\mathrm{d}t} = (q/m)B_0\ \frac{\omega_{\mathrm{e}}}{\sqrt{\mu a^3}}\left(\frac{1}{2}\sin^2 i\ \cos^2\omega + \frac{3}{4}\sin^2 i - 2\right)\hat{N}_z$$

$$(2-45)$$

其中

$$\overline{M}_0 = \overline{M} - \bar{n}t, \bar{n} = \sqrt{\mu/a}$$

式（2-42）～式（2-45）的推导见参考文献［18］。

在卫星轨道为近圆的假设下，可以得到以下基本结论：恒定带电方式在改变升交点赤经和升交点幅角的同时，不改变半长轴、偏心率和倾角。为简便起见，后续内容中的轨道根数均为一天平均轨道根数，除特别说明外，各式中的上划线不再使用。从地心惯性系中表示的动力学方程式（2-34）～式（2-36），推导出高斯方程式（2-37），再利用轨道平均法推导出单轨平均轨道根数和一天平均轨道根数的微分方程，这一推导过程较为繁琐，具体可以见参考文献［18］。

2.3.3　基于快速偏离参考轨道的隐蔽飞行

卫星相对位置 $\begin{bmatrix} x_h & y_h & z_h \end{bmatrix}$（Hill 坐标系分量）可以采用经典轨道根数差（ $\delta a\ \delta e\ \delta i\ \delta\Omega\ \delta\omega\ \delta M$ ）以及参考轨道根数（ $a\ e\ i\ \Omega\ \omega\ M$ ）来近似表示[22]

$$
\begin{cases}
x_h(f) \approx \delta a - a\cos f\,\delta e \\
y_h(f) \approx a(\delta\omega + \delta M + \cos i\,\delta\Omega) + 2a\sin f\,\delta e \quad (2-46) \\
z_h(f) \approx a\,\sqrt{\delta i^2 + \sin^2 i\,\delta\Omega^2}\cos(\theta - \theta_z)
\end{cases}
$$

$$
\theta_z = \tan^{-1}\left(\frac{\delta i}{-\sin i\,\delta\Omega}\right) \quad (2-47)
$$

$$
\theta = \omega + f \quad (2-48)
$$

式中　f ——参考轨道真近点角。

由式（2-46）可知，在参考轨道为近圆形条件下，卫星相对轨迹在 X-Y 平面（主星 Hill 坐标系）可以形成长短半轴 2:1 的绕飞椭圆，且绕飞椭圆中心位于

$$
\boldsymbol{x}_{c.t.} = \delta a,\ \boldsymbol{y}_{c.t.} = a \cdot K \quad (2-49)
$$

$$
K = \delta\omega + \delta M + \cos i\,\delta\Omega \quad (2-50)
$$

绕飞椭圆短半轴为

$$
b = a\,\delta e \quad (2-51)
$$

Z 轴方向相对运动（参考轨道面法向）的振动幅度为

$$
A_z \approx a\,\sqrt{\delta i^2 + \sin^2 i\,\delta\Omega^2} \quad (2-52)
$$

式 (2-46) 所描述的几何特性是在二体中心引力场中得到的，若洛伦兹力以及其他摄动加速度远小于引力加速度，绕飞椭圆的几何特性仍然近似成立，但其轴长大小以及中心可能随时间发生变化。恒定带电模式可以有效地改变 Y 轴方向的漂移，从而可以通过调整绕飞椭圆中心实现远离虚拟中心的目的。

为了能够利用一天平均轨道根数的解析方程[式 (2-42) ～式 (2-45)]，我们采用副星一天平均轨道根数 $\hat{\boldsymbol{X}}_{\mathrm{oe,d}}$ 和主星平均轨道根数 $\hat{\boldsymbol{X}}_{\mathrm{oe,c}}$ 近似替代瞬时轨道根数，瞬时轨道根数差 $\delta\boldsymbol{X}_{\mathrm{oe}} = [\delta a\ \delta e\ \delta i\ \delta\Omega\ \delta\omega\ \delta M]$ 及其时间变化率可利用 $\hat{\boldsymbol{X}}_{\mathrm{oe,d}}$ 和 $\hat{\boldsymbol{X}}_{\mathrm{oe,c}}$ 近似表示为

$$\delta\boldsymbol{X}_{\mathrm{oe}} \approx \bar{\boldsymbol{X}}_{\mathrm{oe,d}} - \hat{\boldsymbol{X}}_{\mathrm{oe,c}}, \ \delta\dot{\boldsymbol{X}}_{\mathrm{oe}} \approx \dot{\bar{\boldsymbol{X}}}_{\mathrm{oe,d}} - \dot{\hat{\boldsymbol{X}}}_{\mathrm{oe,c}} \qquad (2-53)$$

式中　　$\bar{\boldsymbol{X}}_{\mathrm{oe,d}}$——受到洛伦兹力和 J_2 摄动的平均轨道根数；

$\hat{\boldsymbol{X}}_{\mathrm{oe,c}}$——仅受到 J_2 摄动的平均轨道根数，这里不再区分一天与单轨，二者相同。

将式 (2-53) 代入式 (2-46) ～式 (2-48)，即可分析卫星编队中的相对轨道。针对百米及公里尺度的卫星编队，采用平均轨道根数替代瞬时轨道根数引起的误差可以忽略。

为使绕飞椭圆中心发生变化，结合式 (2-49) ～式 (2-52)，可得 K 的时间变化率为

$$\dot{K} = \delta\dot{\omega} + \delta\dot{M} + \cos i\ \delta\dot{\Omega} = (\dot{\omega} + \dot{M}_0)_{\mathrm{d}} - (\dot{\omega} + \dot{M}_0)_{\mathrm{c}} + \cos i(\dot{\Omega}_{\mathrm{d}} - \dot{\Omega}_{\mathrm{c}})$$

$$(2-54)$$

式中，下标 d 表示副星，c 表示参考轨道（称为主星）。

根据式 (2-42) ～式 (2-45) 并考虑 J_2 项摄动，主、副星轨道根数（升交点赤经与卫星纬度幅角）的平均时间变化率如下（各式等号右边主星轨道根数不标注下标 c，将 J_2 项摄动影响考虑在内）

$$\dot{\Omega}_{\mathrm{c}} = -\frac{3}{2} J_2 n \left(\frac{R_{\mathrm{e}}}{p}\right)^2 \cos i \qquad (2-55)$$

$$(\dot{\omega} + \dot{M}_0)_c = n + \frac{3}{4} J_2 n \left(\frac{R_e}{p}\right)^2 (5 \cos^2 i - 1) +$$

$$\frac{3}{4} J_2 n \left(\frac{R_e}{p}\right)^2 \sqrt{1 - e^2} (3 \cos^2 i - 1) \qquad (2 - 56)$$

$$\dot{\Omega}_d = -\frac{3}{2} J_2 n_d \left(\frac{R_e}{p_d}\right)^2 \cos i_d + (q/m) B_0 \left(-\frac{1}{a_d^3} + \frac{\omega_e}{\sqrt{\mu a_d^3}} \cos i_d \right) \hat{N}_z \qquad (2 - 57)$$

$$(\dot{\omega} + \dot{M}_0)_d = n_d + \frac{3}{4} J_2 n_d \left(\frac{R_e}{p_d}\right)^2 (5 \cos^2 i_d - 1) +$$

$$\frac{3}{4} J_2 n_d \left(\frac{R_e}{p_d}\right)^2 \sqrt{1 - e_d^2} (3 \cos^2 i_d - 1) +$$

$$(q/m) B_0 \left[\frac{3}{a_d^3} \cos i_d - \frac{\omega_e}{\sqrt{\mu} a_d^3} (2 + \cos^2 i_d - \sin^2 i_d) \right] \hat{N}_z \qquad (2 - 58)$$

式中　p——半通径，$p = a(1 - e^2)$；

$\qquad$ J_2——二阶带谐项系数，$J_2 = 1.082\,6 \times 10^{-3}$；

$\qquad$ R_e——地球半径，$R_e = 6\,378.14$ km。

式（2-54）可以进一步简化为如下形式

$$\dot{K} = S + (q/m) \cdot D \qquad (2 - 59)$$

根据式（2-55）～式（2-58）可得

$$D = 2B_0 \frac{\cos i_d}{a_d^3} \hat{N}_z - B_0 \frac{\omega_e}{\sqrt{\mu a_d^3}} (1 + \cos^2 i_d) \hat{N}_z \qquad (2 - 60)$$

$$S = \cos i (A_d - A_c) + (B_d - B_c) \qquad (2 - 61)$$

其中，A 和 B 的表达式如下

$$A = -\frac{3}{2} J_2 n \left(\frac{R_e}{p}\right)^2 \cos i \qquad (2 - 62)$$

$$B = n + \frac{3}{4} J_2 n \left(\frac{R_e}{p}\right)^2 (5 \cos^2 i - 1) + \frac{3}{4} J_2 n \left(\frac{R_e}{p}\right)^2 \sqrt{1 - e^2} (3 \cos^2 i - 1) \qquad (2 - 63)$$

式（2-59）中右端第 1 项为主副卫星轨道根数差所引起的 J_2 项摄动之差所产生的漂移，第 2 项为洛伦兹力引起的漂移。式（2-

59）给出了 Hill 坐标系中 y 轴方向的相对轨迹漂移速率，若卫星带电的荷质比（q/m）取值越大，带电卫星偏离圆参考轨道越快，这意味着越容易实现隐蔽飞行；同时，轨道预报时间越长，带电卫星偏离参考轨道的程度越明显。需要指出的是，荷质比（q/m）取值越大，利用摄动方法分析的准确性将越低，但不影响我们得到带电卫星偏离圆参考轨道的结论。参考文献 [19] 还讨论了 bang-bang 带电模式，也能够引起 y 轴方向的相对轨迹漂移。对于带电卫星，若荷质比（q/m）与 bang-bang 带电模式可以任意选取，那么洛伦兹力对飞行轨道的影响是测控系统难以预测的。

2.4　航天器"隐蔽与跟踪"轨道的设计概念

隐蔽轨道的概念是以偏离预测轨道为出发点提出的，被动隐蔽轨道则是利用天体引力或无推进剂消耗手段实现隐蔽。本书从这两个视角对隐蔽轨道概念给予了解释，核心思想是在无直接测量期间改变轨道从而实现隐蔽飞行。实际上，轨道机动手段并不仅限于本书所描述的两种形式，为了实现隐蔽飞行，还会催生其他机动形式的研究。

月球借力本身并不是一个全新的概念，已经应用于一系列的空间探测任务中。然而，利用月球引力实现航天器隐蔽飞行的概念还是首次提出。进一步，作者提出了共振飞越月球的周期性飞行轨道，使得航天器能够周期性地接近月球，从而使得多次月球借力成为可能，进一步支持了被动隐蔽轨道概念。然而，本书并未对这种轨道隐蔽方式赋予任何应用背景。毕竟，应用型人造地球卫星还未大幅突破地球同步轨道的高度，而此类共振轨道已经可以达到月球附近。除此之外，当前月球共振轨道还是用圆锥曲线拼接模型来描述，真实的天体星历还未引入，这需要做进一步的研究工作。

对于洛伦兹力变轨，卫星的带电量是影响洛伦兹力大小的关键参数。然而，到目前为止，人们还没有提出合理可行的技术手段实现卫星稳定带电。派克认为目前技术仅能实现 0.03 C/kg 的带电量[1]（还有待进一步论证），这一带电量水平无法支持大多数洛伦兹力轨道控制需求，而且卫星的自然带电量一般远小于 0.03 C/kg。从轨道动力学研究的角度来说，较小的带电量引起的洛伦兹力加速度远小于引力加速度，可以采用经典的摄动方法分析洛伦兹力对轨道运动的影响。然而，对于隐蔽轨道，我们却需要尽可能大的洛伦兹力，即要求带电量不断增大。增大带电量一方面对现有技术实现提出了挑战，另一方面，利用经典的摄动方法分析的准确程度也将降低，同样也需要做进一步的研究工作。

对于隐蔽轨道概念，相反的含义为空间目标跟踪，即使航天器已经设法隐蔽，也能通过技术手段来实现跟踪。目前，测控系统主要依赖于各种探测手段实现跟踪，例如光学与微波。若从轨道动力学的角度来看，隐蔽与跟踪其实是一种博弈关系（非合作或合作），或者说是一种"猫捉老鼠"的场景。目标跟踪技术的提升可以使隐蔽手段失效，比如通过密集、不间断的观测以及设法认识和理解可能的隐蔽轨道机动策略，使得对方航天器采用的轨道机动策略失效，甚至有可能反演出事先未知的主动或被动的轨道机动策略；另一方面，利用测控的特点以及不足之处，航天器可以采用各种手段，甚至包括主动与被动机动的结合以及其他并非轨道动力学范畴的先进技术，来摆脱测控系统的跟踪，从而实现隐蔽飞行。随着航天器的功能越来越多样化以及航天科技的不断进步，部分卫星希望设法在非合作的测控系统中隐蔽自己的行为。与此同时，跟踪与隐蔽的博弈也将会在客观上促进先进概念的发展以及轨道机动策略的深入研究。从轨道力学研究角度来说，跟踪与隐蔽的博弈将促使传统上相对独立的测量定轨与最优轨道机动的研究逐步融为一体。

参 考 文 献

[1] Lai S T. An overview of electron and ion beam effects in charging and discharging of spacecraft [J] . IEEE Transaction on Nuclear Sciences, 1989, 36 (6): 2027 - 2032.

[2] Torkar K, et al. Active spacecraft potential control for Cluster - implementation and first results [J] . Annales Geophysicae, 2001, 19: 1289 -1302.

[3] Peck M A. Lorentz - actuated orbits: electrodynamic propulsion without a tether [R] . NASA Institute for Advanced Concepts, Phase I Final Report, May 2006.

[4] Streetman B, Peck M A. New synchronous orbits using the geomagnetic Lorentz force [J] . Journal of Guidance, Control, and Dynamics, 2007, 30 (6) : 1677 - 1690.

[5] Streetman B, Peck M A. General bang - bang control method for Lorentz augmented orbits [J] . Journal of Spacecraft and Rockets, 2010, 47 (3): 484 - 492.

[6] Streetman B, Peck M A. Gravity - assist maneuvers augmented by the Lorentz forc [C] . AIAA Guidance, Navigation and Control Conference and Exhibit, AIAA Paper 2007 - 6846, Hilton Heaom, 2007.

[7] Atchison J A, Streetman B, Peck M A. Prospects for lorentz augmentation in Jovian captures [C] . AIAA Guidance, Navigation, and Control Conference and Exhibit, AIAA Paper 2006 - 6596 , Keystone, Colorado, 2006.

[8] Pollock G E, Gangestad J W , Longuski J M. Responsive coverage using propellantless satellites [C] . Proceedings of the AIAA/6th Responsive Space Conference, Paper AIAA - RS6 - 2008 - 2002, Los Angeles, California, April 2008.

[9] Pollock G E, Gangestad J W, Longuski J M. Inclination change in low - Earth orbit via the geomagnetic Lorentz force [J]. Journal of Guidance, Control, and Dynamics, 2010, 33 (5): 1387 - 1395.

[10] Gangestad J W, Pollock G E, Longuski J M. Lagrange's planetary equations for the motion of electrostatically charged spacecraft [C]. Celestial Mechanics and Dynamical Astronomy, 2010, 108 (2): 125 - 145.

[11] 高扬. 洛伦兹力推进的带电卫星：轨道运动与推进概念 [C]. 中国空间学会探测专业委员会第 22 届学术会议，辽宁大连，2009 - 08.

[12] Kong E, et al. Electromagnetic formation flight for multi - satellite arrays [J]. Journal of Spacecraft and Rockets, 2004, 41 (4): 659 - 666.

[13] Miller D W, Ahsun U, Ramirez - Riberos J L. Control of electromagnetic satellite formations in near - Earth orbit [J]. Journal of Guidance, Control and Dynamics, 2010, 33 (6): 1883 - 1891.

[14] King L B, et al. Study of interspacecraft Coulomb forces and implications for formation flying [J]. Journal of Propulsion and Power, 2005, 19 (3): 497 - 505.

[15] Schaub H. Stabilization of satellite motion relative to a Coulomb spacecraft formation [J]. Journal of Guidance, Control and Dynamics, 2005, 28 (6): 1231 - 1239.

[16] Peck M A, et al. Spacecraft formation flying using Lorentz forces [J]. Journal of British Interplanetary Society, 2007, 60: 263 - 267.

[17] Pollock G E, Gangestad J W, Longuski J M. Analysis of Lorentz spacecraft motion about Earth using the Hill - Clohessy - Wiltshire equations [C]. AIAA/AAS Astrodynamics Specialist Conference and Exhibit, AIAA Paper 2008 - 6762, Honolulu, Hawaii, August 2008.

[18] Peng C, Gao Y. Lorentz - force - perturbed orbits with Application to J2 - Invariant Formation [J]. Acta Astronautica, 2012, 77: 12 - 28. doi: 10. 1016/j. actaastro. 2012. 03. 002.

[19] 彭超，高扬. 近圆参考轨道卫星编队洛伦兹力控制 [J]. 力学学报，2012, 44 (5): 851 - 860.

[20] Jackson J D. Classical Electrodynamics (3rd edn) [M]. America: John Wiley & Sons, Inc, 1999, 186.

[21]   Goldstein H, Poole C, Safko J. Classical Mechanics [M] . America:
        Pearson Education, 2002, 22.

[20]   Schaub H. Spacecraft relative orbit geometry description through orbit ele-
        ment differences [C] . Proceeding of 14th U. S. National Congress of
        Theoretical and Applied Mechanics Blacksburg, VA, 2002.

第3章 空间拦截轨道设计

空间拦截作为空间防御手段，是不同于空间交会的。空间交会可以简单概括为这样一个过程：卫星从原轨道某点获得速度脉冲进行变轨，在进入目标轨道后，再进行制动使卫星速度和目标轨道速度一致，从而实现变轨交会。与空间交会不同的是，空间拦截是在接近目标的过程中，拦截器直接实现与空间目标碰撞，即在目标点两个航天器具有不同的飞行速度。空间拦截轨道的设计涉及拦截策略、可拦截区域、拦截制导律等相关理论和技术问题。

3.1 空间轨道拦截策略

3.1.1 共面轨道拦截策略

3.1.1.1 霍曼轨道拦截

霍曼（Hohmann）轨道拦截采用霍曼转移或变轨来完成[1]，它是一种最简单的轨道转移方式，通过使用 2 次速度脉冲来实现，如图 3-1 所示。在初始时刻 t_0，空间飞行器在半径为 r_1 的圆轨道（称为停泊轨道）的 P 点，目标航天器在半径为 $r_2(r_2 > r_1)$ 的圆轨道的 T 点，且 T 超前于 P 一个圆心角 θ_H。空间飞行器用霍曼转移实现对目标拦截的条件是：空间飞行器从 P 到 A 的时间等于目标航天器从 T 到 A 的时间。需要说明的是，霍曼变轨在所有利用 2 次速度脉冲实现共面圆轨道转移的变轨方式中能量消耗最小，但转移时间并不是最优，而且对飞行器的位置和速度都有严格的要求。

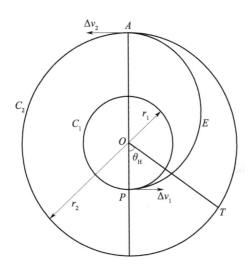

图 3 - 1　霍曼轨道拦截示意图

如图 3 - 1 所示，利用霍曼转移实现对目标拦截必须满足目标航天器和空间飞行器（注：空间飞行器作为平台携带有拦截器，下同）之间的超前圆心角

$$\theta_{H} = \pi\left[1 - \left(\frac{r_1 + r_2}{2r_2}\right)^{3/2}\right] \qquad (3-1)$$

如果目标航天器的超前圆心角不符合上述条件，例如为 $\theta_{H} + \Delta\theta$ 时，则空间飞行器必须在停泊轨道上等待一段时间 Δt_{w}，当 $\Delta\theta$ 消除时拦截器才开始转移。所需的等待时间为

$$\Delta t_{w} = \frac{\Delta\theta}{\Omega_1 - \Omega_2} \qquad (3-2)$$

式中　　Ω_1，Ω_2——目标航天器和空间飞行器的轨道角速度。

这时，整个转移时间（包括等待时间）表达式如下

$$\Delta t_1 = \begin{cases} \dfrac{\theta - \pi \cdot \left[1 - \sqrt{\left(\dfrac{r_1 + r_2}{2r_2}\right)^3}\right]}{\sqrt{\dfrac{\mu}{r_1^3}} - \sqrt{\dfrac{\mu}{r_2^3}}} + \pi \sqrt{\dfrac{1}{\mu}\left(\dfrac{r_1 + r_2}{2}\right)^3}, \\ \qquad\qquad\qquad\qquad \theta \geqslant \pi \cdot \left[1 - \sqrt{\left(\dfrac{r_1 + r_2}{2r_2}\right)^3}\right] \\ \dfrac{\theta - \pi \cdot \left[1 - \sqrt{\left(\dfrac{r_1 + r_2}{2r_2}\right)^3}\right] + 2\pi}{\sqrt{\dfrac{\mu}{r_1^3}} - \sqrt{\dfrac{\mu}{r_2^3}}} + \pi \sqrt{\dfrac{1}{\mu}\left(\dfrac{r_1 + r_2}{2}\right)^3}, \\ \qquad\qquad\qquad\qquad \theta < \pi \cdot \left[1 - \sqrt{\left(\dfrac{r_1 + r_2}{2r_2}\right)^3}\right] \end{cases}$$

$$(3-3)$$

式中　μ——地球引力常数，见表 2-1。

转移所消耗的能量为

$$\Delta V_1 = \sqrt{\frac{\mu}{r_1}}\left[\sqrt{\left(\frac{2r_2}{r_1 + r_2}\right)} - 1\right] \qquad (3-4)$$

3.1.1.2　半切轨道拦截

空间作战任务往往要求快速机动和拦截，霍曼轨道拦截难以满足该要求。因此，必须研究快速机动和拦截，这种拦截方式以节省时间为目的，拦截迅速，但是能量消耗大，适合执行有严格时间要求任务的飞行器。

考虑快速性时，可以采用速度增量和机动时间的折中方案——半切轨道拦截，即采用与内圆相切且与外圆相交的椭圆轨道作为拦截轨道。

这种拦截策略如图 3-2 所示，飞行器在 A 点，考虑施加的速度增量沿 A 点切线方向的情况，如果 A 点的速度增量越大（即施加的脉冲越大），则拦截时间越短，也就是说拦截器所经历的弧线 AB 长度越短。

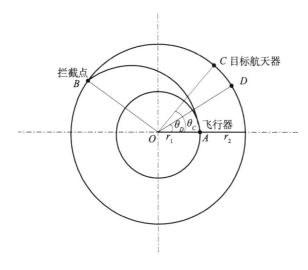

图 3 - 2　半切轨道拦截示意图

半切轨道拦截的过程描述如下：初始时刻飞行器在半径为 r_1 的圆轨道上 A 点，目标航天器在半径为 r_2 的圆轨道上 C 点，若此刻飞行器发射的动能拦截器以最大速度增量 $\Delta V_{\max}$ 转移，刚好在 B 点拦截目标，此时拦截时间为 Δt_1。但若目标在 D 点，则飞行器需要等待 Δt_2 时间，当目标运行到 C 点时，拦截器转移，正好在 B 点成功拦截，这时整个拦截时间 Δt 为

$$\Delta t = \begin{cases} \dfrac{\theta_D - \theta_C}{\sqrt{\dfrac{\mu}{r_1^3}} - \sqrt{\dfrac{\mu}{r_2^3}}} + \Delta t_1, \theta_D \geqslant \theta_C \\[4mm] \dfrac{\theta_D + 2\pi - \theta_C}{\sqrt{\dfrac{\mu}{r_1^3}} - \sqrt{\dfrac{\mu}{r_2^3}}} + \Delta t_1, 0 \leqslant \theta_D < \theta_C \end{cases} \qquad (3-5)$$

Lambert 轨道拦截如图 3 - 3 所示，假设出发点 A 和拦截点 B 均固定，则由 ABO 所确定的三角形的基本参数确定，此时如果拦截器以给定的最大速度增量从 A 点出发，要在 B 点拦截目标，速度增量作用方向不同，拦截曲线也不同，所用的拦截时间也就不一样。

以下是在固定的速度增量下使拦截时间 t 最小的出发速度方向角 η 的推导。

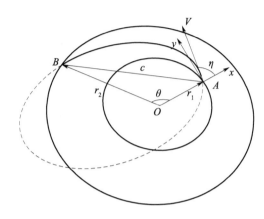

图 3 - 3　定点拦截示意图

根据三角形基本公式可得

$$\Delta V = \sqrt{V^2 - 2VV_{AO}\sin\eta + V_{AO}{}^2} \qquad (3-6)$$

其中

$$V = \sqrt{\mu\left(\frac{2}{r_1} - \frac{1}{a}\right)} \qquad (3-7)$$

从圆轨道上出发时，有[2]

$$V_{AO} = \sqrt{\frac{\mu}{r_1}} \qquad (3-8)$$

$$\sin\eta = \sqrt{\frac{p}{2r_1 - \dfrac{r_1{}^2}{a}}} \qquad (3-9)$$

$$p = \frac{4a(s-r_1)(s-r_2)}{c^2}\sin^2\left(\frac{\alpha\pm\beta}{2}\right) \qquad (3-10)$$

$$\sin\frac{\alpha}{2} = \sqrt{\frac{s}{2a}}$$
$$\sin\frac{\beta}{2} = \sqrt{\frac{s-c}{2a}} \qquad (3-11)$$

$$s = \frac{r_1 + r_2 + c}{2} \qquad (3-12)$$

于是式 (3-6) 可写作

$$\Delta V = f(a, r_1, r_2, c) \qquad (3-13)$$

由 A 定点出发，在速度增量大小相同的条件下，由于其作用方向不一样，造成速度矢量 V 与 X 轴的夹角 η 不同，导致过 B 点可以有许多轨道。对应同一个 $a(V)$，过 A、B 两点的拦截轨道有 2 条，其中一条飞行时间较短，另一条较长，可以选较短的一条。对应不同的 a，又有不同的飞行时间，找出 1 组 a 中最小的 t 对应的 a。得到 a 后，可由式 (3-7) 算出 V 和 η。最后由式 (3-14) 算出 ξ（速度增量与径向方向的夹角）

$$\cos\xi = \frac{V\cos\eta}{\Delta V} \qquad (3-14)$$

A、B 两点之间的拦截飞行时间 t 为

$$t = \frac{1}{\sqrt{\mu}} \int_{s-c}^{s} \frac{r\,\mathrm{d}r}{\sqrt{2r - r^2/a}} \qquad (3-15)$$

式 (3-15) 的积分限为给定值，被积函数随 a 的增大而减小。所以，A、B 两点之间的拦截飞行时间 t 随拦截轨道半长轴的增大而缩短。

3.1.1.3 共轨拦截

共轨拦截时，圆轨道和椭圆轨道的拦截方法是一样的，在此采用圆轨道模型。

如图 3-4 所示，飞行器和目标航天器均在 1 号轨道上，初始时刻飞行器在 A 点，目标在 B 点（真近点角为 θ），3 号轨道为飞行器所能转移的极限轨道，转移轨道必须大于 3 号轨道，否则飞行器会坠入大气层；1 号轨道上存在点 F（真近点角为 θ_1），当目标航天器从 F 点运行到 A 点时，飞行器正好沿 3 号轨道转移 1 周。

按照目标航天器与飞行器初始相对位置的不同，按照以下 2 种机动策略进行拦截。

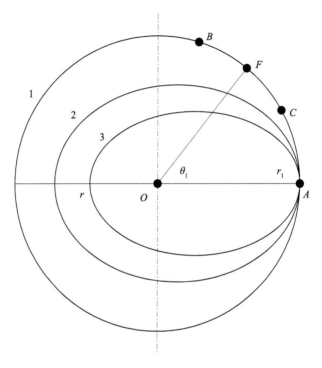

图 3 - 4　共轨拦截示意图

1）策略一：拦截器以小于 1 个目标轨道周期的时间拦截目标航天器，如图 3 - 5 所示。在这种情况下，目标在弧线 AF（对应图 3 - 4 中的劣弧）之间的 C 点（真近点角为 θ），即 $0 \leqslant \theta \leqslant \theta_1$ 时，其转移轨道是介于 3 号极限轨道和 1 号轨道之间的 2 号轨道。

2）策略二：拦截器以大于 1 个目标轨道周期的时间实现拦截目标航天器，如图 3 - 6 所示。在这种情况下，目标在弧线 FA（对应图 3 - 4 中的优弧）之外的 B 点（真近点角 θ），即 $\theta_1 < \theta < 2\pi$。这时，拦截轨道周期必须大于目标轨道周期，才有可能在飞行器运行完 1 个轨道周期到达拦截点后，目标航天器刚好运行到拦截点，达到拦截的目的。

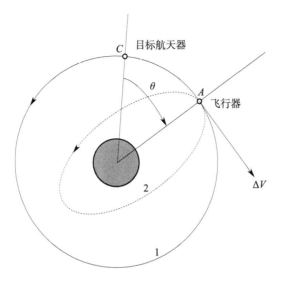

图 3 - 5　策略一拦截示意图

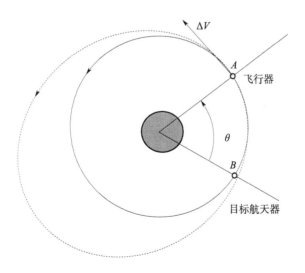

图 3 - 6　策略二拦截示意图

3.1.2　异面轨道拦截策略

将异面轨道拦截分为 3 种方式：先改变轨道高度后改变轨道面的异面拦截、直接变轨异面拦截、先改变轨道面后改变轨道高度的异面拦截。另外还有 1 种特殊的异面拦截方式——交点拦截，该方式只改变轨道高度，无需改变轨道面。接下来以更为一般的情况进行分析，即两异面轨道为椭圆轨道的情况。图 3-7 给出了两异面航天器轨道示意图。

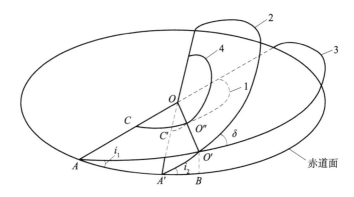

图 3-7　空间两异面轨道示意图

图 3-7 中，轨道 1 为飞行器停泊轨道，轨道 2 为目标航天器轨道，轨道 3 为飞行器轨道 1 在其轨道面上的延伸，点 O' 为目标轨道与飞行器轨道面的交点（即轨道 2 与轨道 3 的交点，这样的点有 2 个），O'' 为飞行器轨道与目标轨道面的交点，点 A 和点 A' 分别为轨道 3 和轨道 2 与赤道面的交点。点 C 和 C' 分别为轨道 1 和轨道 4 与赤道面的交点。2 号轨道面与 3 号轨道面的夹角为 δ。

假定 $u_{O'}$ 和 $u_{O'}$ 分别为飞行器和目标航天器在交点处的纬度幅角。由几何关系得

$$\cos(u_{O'}) = \sqrt{\dfrac{1 - k_2^2}{\dfrac{1}{k^2} - k_2^2}}, \cos(u_{O'}) = \sqrt{\dfrac{1 - k^2}{\dfrac{1}{k_2^2} - k^2}} \qquad (3-16)$$

其中

$$k_1 = \tan(i_2)/\tan(i_1)$$

$$k = \cos(\Omega_2 - \Omega_1) - k_1 \sin(\Omega_2 - \Omega_1)/[1 - k_1 \cos(\Omega_2 - \Omega_1)]$$

式中　Ω_1，Ω_2——飞行器和目标的升交点赤经；

　　　i_1，i_2——飞行器和目标的轨道倾角。

这样就可以求得点 O' 在空间的位置。

利用球面三角形公式，可得

$$\cos\delta = \cos i_1 \cos i_2 + \sin i_1 \sin i_2 \cos(\Omega_2 - \Omega_1) \qquad (3-17)$$

由式（3-17）知，若给定 i_1、i_2、Ω_1、Ω_2，则可以求出 δ。

3.1.2.1　先改变轨道高度后改变轨道面

先改变轨道高度后改变轨道面的异面拦截原理是指飞行器先进行同平面的转移，即改变轨道高度，转移到 3 号轨道，在点 O' 处改变轨道面，进入异面的 2 号轨道，然后实施共轨拦截。共轨拦截的策略可参见 3.1.1.3 小节。

飞行器从停泊轨道 1 上某初始点转移到 3 号轨道上的 O' 点，此过程相当于共面的 Lambert 转移。在 O' 点施加脉冲 Δv，使飞行器进入 2 号轨道。Δv 可以通过计算点 O' 在 2 号轨道和 3 号轨道上的速度矢量差得到。

3.1.2.2　直接变轨

直接变轨异面拦截原理是指飞行器从 1 号轨道上直接进行异面变轨，在距目标几十千米处发射拦截器，拦截 2 号轨道上的目标航天器。拦截轨道是空间的一条圆锥曲线。该变轨的实质就是进行空间 Lambert 变轨，即从空间一个点到空间另一个点的轨道转移。值得注意的是，该异面拦截方式也适用于飞行器不机动且在停泊轨道上发射拦截器进行异面变轨的情形，此时的拦截器具有远程初、中制导能力。

飞行器从 1 号轨道上某初始点直接进行异面变轨到达 2 号轨道上的目标航天器附近，所需脉冲可以采用求解 Lambert 问题的算法解得。

3.1.2.3　先改变轨道面后改变轨道高度

先改变轨道面后改变轨道高度的异面拦截原理是指飞行器先改变轨道面，即先改变轨道倾角后改变升交点赤经，或先改变升交点赤经后改变轨道倾角，亦或同时改变轨道倾角和升交点赤经，此时飞行器进入到 2 号轨道面与目标轨道共面，然后进行共面航天器的拦截。共面航天器的轨道拦截策略可参见 3.1.1 小节。

飞行器运行到点 O'' 处同时改变轨道倾角和升交点赤经，所需的脉冲可以通过计算点 O'' 在 1 号轨道和 4 号轨道上的速度矢量差得到。

3.1.2.4　只改变轨道高度

只改变轨道高度的异面拦截原理是指飞行器在目标轨道与飞行器轨道面的交点（这样的点有 2 个）附近发射拦截器实施对目标的拦截，这样飞行器只需在其轨道面上改变轨道高度，将异面拦截问题转化为共面拦截问题，大大降低了飞行器的推进剂消耗。但是，使用该方法只能从目标轨道与飞行器轨道面的 2 个交点中选择 1 个拦截点，拦截的时间窗口小，对动能拦截器的制导精度要求很高。值得注意的是，该拦截方式也适用于飞行器不机动且在停泊轨道上发射拦截器进行共面变轨拦截的情形，此时的拦截器具有远程初、中制导能力。拦截所需的脉冲只需求解共面 Lambert 问题即可得到。

3.2　追踪区、摧毁区和可拦截区的设计

如果在推进剂一定的情况下，飞行器携带拦截器对轨道目标实施远程、大范围拦截，此时飞行器停泊轨道上的追踪区、目标轨道上的可拦截区和摧毁区就成了拦截器作战能力分析的重要概念[3-4]。

3.2.1　追踪区设计

攻击任务的追踪区是指拦截器停泊轨道上的初始变轨点集，拦截器从这些变轨点集出发，可以在推进剂限制 ΔV_{max} 及固定飞行时间 Δt 已知的条件下拦截到目标航天器，具体描述如图 3-8 所示。飞行器初始时刻位于停泊轨道上的点 A 或 A'，点 A 对应的真近点角为 f_A，点 A' 对应的真近点角为 $f_{A'}$，目标航天器初始时刻位于目标轨道上的点 E 处，拦截器从停泊轨道上的点 A 或点 A' 处进行变轨，经过时间 Δt，在点 E' 处与目标航天器遭遇。追踪区即为飞行器停泊轨道上 2 个真近点角之间的一段弧，记为 $[f_A, f_{A'}]$，拦截器在这个区域内，可以在固定拦截时间 Δt 及推进剂限制 ΔV_{max} 的条件下变轨到遭遇点。

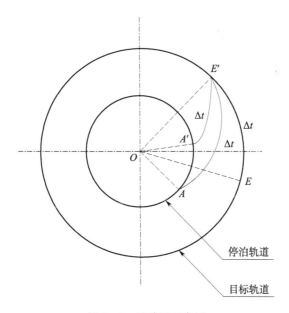

图 3-8　追踪区示意图

已知初始时刻飞行器的轨道根数、目标航天器的轨道根数，给定用于攻击任务的拦截器所允许的最大速度脉冲 ΔV_{max}。假设初始时刻飞行器处在停泊轨道的某一位置，真近点角为 f，利用求解 Lambert 变轨问题的解法求出相应的拦截转移轨道，以及初始变轨速度冲量 ΔV_1。通过在区间 $[0,360°)$ 寻找真近点角 f，可以确定停泊轨道上所有满足给定推进剂约束条件且拦截时间固定的区域，即追踪区。

3.2.2　摧毁区和可拦截区设计

攻击任务的摧毁区是指目标轨道上的一些点集，在推进剂限制 ΔV_{max} 及固定飞行时间 Δt 条件下，拦截器在这些点集实现对目标航天器的摧毁。摧毁区对应着目标航天器在目标轨道初始时刻的一些点集，称为可拦截区，具体描述可见图 3 - 9。飞行器初始时刻位于停泊轨道上的点 A，点 A 对应的真近点角为 f_A，目标航天器初始时刻位于目标轨道上的点 D 或 D' 处，拦截器从停泊轨道上的点 A 处进行变轨，经过时间 Δt，在 E 或 E' 点处拦截目标航天器。摧毁区为目标轨道上 2 个真近点角之间的一段弧，记为 $[f_E, f_{E'}]$，在固定拦截时间 Δt 及推进剂限制 ΔV_{max} 条件下，拦截器可以在 $[f_E, f_{E'}]$ 实现对目标航天器的摧毁。这段弧对应着另一段目标航天器在目标轨道初始时刻的真近点角区间 $[f_D, f_{D'}]$，即为本书所指的可拦截区。该问题的实质是以目标轨道上遭遇点的真近点角为变量进行全局搜索，寻得固定时间下，满足推进剂限制的真近点角区域。

已知初始时刻飞行器的轨道根数、目标航天器的轨道根数，给定用于攻击任务所允许的最大速度脉冲 ΔV_{max}。假设初始时刻飞行器处在停泊轨道的某一位置，利用求解 Lambert 变轨问题的解法求出相应的拦截转移轨道，以及初始转移速度冲量 ΔV_1。遭遇点真近点角记为 f，通过在区间 $[0,360°)$ 寻找真近点角 f，可以确定目标轨道上所有满足给定推进剂约束且拦截时间固定的遭遇区域，即摧毁区。对应的目标轨道初始时刻的区域，即可拦截区。在确定可拦截区过程中，用 Lambert 算法求解拦截转移轨道时可得到遭遇区。

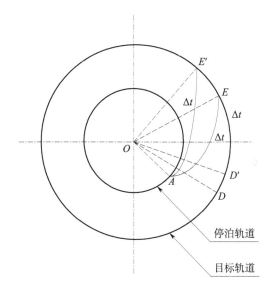

图 3 - 9　摧毁区和可拦截区

下面再给出摧毁区的另一种定义。摧毁区是指目标轨道上的一些点集，在推进剂限制 ΔV_{max} 及飞行时间限制 Δt 已知的条件下，拦截器在这些点集实现对目标航天器的摧毁。此处的拦截时间不再固定。如图 3 - 10 所示，飞行器初始时刻位于停泊轨道上的点 A，点 A 对应的真近点角为 f_A，目标航天器初始时刻位于目标轨道上的点 D，拦截器从停泊轨道上的点 A 进行变轨，经过时间 Δt_1（$\Delta t_1 < \Delta t$），在推进剂限制下变轨到点 E 实现拦截，此时拦截所需的冲量为 Δv_1；经过时间 Δt_2（$\Delta t_1 < \Delta t_2 \leqslant \Delta t$），在推进剂限制下变轨到点 E' 处实现拦截，此时拦截所需的冲量为 Δv_2。这样摧毁区为目标轨道上 2 个真近点角之间的一段弧，记为 $[f_E, f_{E'}]$，在拦截时间限制及推进剂限制下，拦截器可以在 $[f_E, f_{E'}]$ 实现对目标航天器的摧毁。该问题的实质是以时间为变量进行全局搜索，寻得满足拦截时间和推进剂限制的真近点角区域。

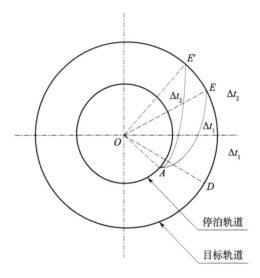

图 3 - 10   另一种形式的摧毁区示意图

3.3   空间快速拦截轨道设计

3.3.1   空间快速共面拦截轨道设计

空间共面圆轨道快速变轨的过程如图 3 - 11 所示。

假设武器平台轨道为圆轨道，在此情况下水平加速实现拦截。设初始攻击轨道为圆轨道，航天器由 A 点飞向拦截点 B，根据图 3 - 11 中的快速变轨方式，可以确定空间快速共面拦截轨道的设计如图 3 - 12 所示。

正如前面提到的与空间交会不同，拦截中快速变轨轨道设计过程中不需要考虑如图3 - 11中的 Δv，因此根据轨道力学原理可以计算出拦截所需要的时间，以及确定进行空间远程导引所需要的速度增量。

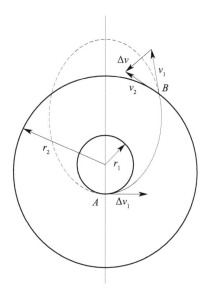

图 3 - 11　空间共面圆轨道快速变轨

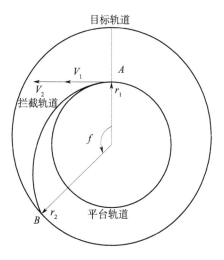

图 3 - 12　拦截轨道示意图

3.3.1.1　计算拦截时间

设由发射点 A 处水平加速，则 A 点为拦截椭圆轨道的近地点，于是有

$$\begin{cases} r_1 = a(1-e) \\ r_2 = \dfrac{a(1-e^2)}{1+e\cos f} \end{cases} \qquad (3-18)$$

由式（3-18）可以解出拦截椭圆轨道的参数 a 和 e 。过程如下，将式（3-18）相除得

$$\frac{r_2}{r_1} = \frac{(1+e)}{1+e\cos f} \qquad (3-19)$$

令 $k = r_2/r_1$ ，由式（3-19）有

$$e = \frac{k-1}{1-k\cos f} \qquad (3-20)$$

将式（3-20）代入式（3-18）的第 1 式可以解得半长轴为

$$a = \frac{r_1}{1-\dfrac{k-1}{1-k\cos f}} \qquad (3-21)$$

若已知椭圆拦截轨道的 a 和 e 以及拦截点的真近点角 f ，则拦截点 B 的偏近点角 E 为

$$\tan\frac{E}{2} = \left(\frac{1-e}{1+e}\right)^{\frac{1}{2}} \tan\frac{f}{2} \qquad (3-22)$$

$$M = E - e\sin E \qquad (3-23)$$

将 E 值代入式（3-23），求出 M 值。拦截时间 t 为

$$t = \frac{M}{n} \qquad (3-24)$$

其中，式（3-24）中 n 可由式（3-25）求出

$$n = \sqrt{\frac{\mu}{a^3}} \qquad (3-25)$$

式中　μ——地球引力场常数，$\mu = 3.986 \times 10^5 \text{ km}^3/\text{s}^2$ 。

将式（3-23）求得的 M 值代入式（3-24），即可求得拦截时间。

3.3.1.2　计算拦截速度增量

设拦截椭圆轨道近点的速度为 v_2 ，有

$$v_2^2 = \frac{\mu}{a}\left(\frac{1+e}{1-e}\right) \tag{3-26}$$

由于拦截发射点 A 处 Δv 为沿当地水平方向的速度增量，所以

$$v_2 = v_1 + \Delta v \tag{3-27}$$

式中　v_1——初始发射轨道的当地水平速度。

由此可得

$$v_2^2 = \frac{\mu}{a}\left(\frac{1+e}{1-e}\right) = (v_1 + \Delta v)^2 \tag{3-28}$$

因为

$$v_1 = \sqrt{\frac{\mu}{r_1}} \tag{3-29}$$

则由式（3-28）和式（3-29）解得

$$\Delta v = \sqrt{\frac{\mu}{a}\left(\frac{1+e}{1-e}\right)} - \sqrt{\frac{\mu}{r_1}} \tag{3-30}$$

式（3-24）与式（3-30）分别为实现空间共面水平拦截的拦截时间和速度增量。

3.3.2　空间快速共面拦截轨道分析

从拦截轨道的设计可以看出，当确定了空间两点的位置 r_1、r_2 以及两点与地心连线间的夹角 f，就可以确定拦截轨道在出发点的速度增量和拦截过程所用的时间。下面将分析拦截轨道的可拦截区域问题。

3.3.2.1　拦截轨道类型

位于武器平台轨道上的拦截器在获得一定的速度增量后，便可进入拦截轨道。由于地球引力场的作用，快速拦截轨道的形状可能为椭圆或其他形状。由轨道力学中 3 个常量的关系和偏心率的公式有

$$e = \frac{L}{\mu} = \sqrt{1 + \frac{2EH^2}{\mu^2}} \tag{3-31}$$

式中 L，E，H ——航天器轨道的 3 个常量。

由式（3-31）可见，偏心率 e 决定于 E 和 H。

因为

$$E = \frac{v^2}{2} - \frac{\mu}{r} \tag{3-32}$$

由式（3-32）可以得出拦截轨道形状的速度条件为

$$\begin{cases} v < \sqrt{\dfrac{2\mu}{r}} & e < 1 \\[3mm] v = \sqrt{\dfrac{2\mu}{r}} & e = 1 \\[3mm] v > \sqrt{\dfrac{2\mu}{r}} & e > 1 \end{cases} \tag{3-33}$$

由式（3-20）可以推导出拦截轨道为椭圆的条件为

$$\frac{k-1}{1-k\cos f} < 1 \tag{3-34}$$

由此可以解得 f 为

$$\cos f < \frac{2-k}{k} \tag{3-35}$$

同理，可以得出拦截轨道为双曲线的条件为

$$\cos f > \frac{2-k}{k} \tag{3-36}$$

由图 3-13 可知，初始武器平台轨道越低，真近点角越大，则拦截轨道为椭圆轨道的可能性越大；而初始武器平台轨道越高，真近点角越小，则拦截轨道为双曲线轨道的可能性越大。

取目标轨道高度为 $r_2 = 26\ 370\ \text{km}$，平台轨道取 $r_1 = 6\ 470\ \text{km}$，$7\ 370\ \text{km}$ 时，根据式（3-36）可得图 3-14。由图 3-14 可以看出，当真近点角小于 $120°$ 时，拦截轨道为双曲线轨道；当真近点角大于 $120°$ 时为椭圆轨道。具体是，当 $k = 4.07$，真近点角 $f = 120°$ 时，偏心率 $e = 1.011\ 5$；当 $k = 3.57$，真近点角 $f = 120°$ 时，偏心率为 $e = 0.922\ 8$。

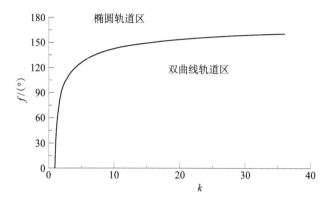

图 3 - 13 由 k 和 f 决定的拦截轨道类型

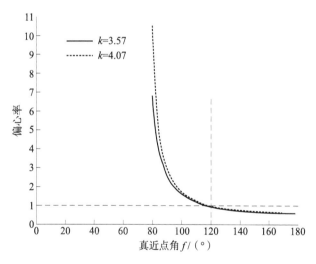

图 3 - 14 由 e 和 f 决定的拦截轨道类型

3.3.2.2 拦截区域

由上一节给出的轨道分类条件可知，当满足 $v < \sqrt{\dfrac{2\mu}{r}}$ 时，拦截轨道为椭圆轨道。考虑到拦截轨道设计中拦截轨道为椭圆轨道的条件是 $\dfrac{k-1}{1-k\cos f} < 1$，如图 3-13 所示，设拦截目标的轨道最大高度

为 36 000 km，平台初始轨道高度为 $r_1 = 7\,370$ km，即 $k_{max} = 4.88$。计算可知速度增量的最大值为 $\Delta v_{max} = 3.046$ km/s。由此，得出椭圆拦截轨道的区域如图 3-15 所示。

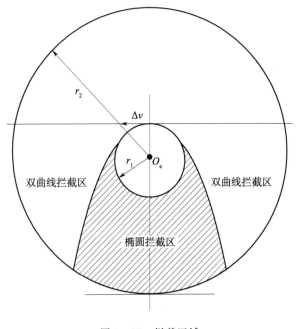

图 3-15　拦截区域

从图 3-15 中可以看出，当拦截目标的轨道高度在 36 000 km 以内时，可以通过调整初始发射点，实现利用椭圆拦截轨道的方式进行拦截。当 $\Delta v \to \infty$ 时，理论上就可以进行直线轨道拦截；当速度 $v > \sqrt{\dfrac{2\mu}{r}}$ 时，拦截轨道为双曲线轨道。

3.4　空间拦截末制导律设计

拦截器在变轨过程中由于受到各种摄动力、定轨误差、发动机工作误差等的影响，实际轨道将偏离理想轨道，最终在末端引起较大的偏差，最多可达几百千米甚至上千千米的数量级。为此，必须考虑采用制导方法对轨道进行修正。

3.4.1 坐标系及转换矩阵

制导律的设计必然涉及到建模与坐标系的确定或选择问题。

3.4.1.1 坐标系

（1）发射惯性坐标系 $o_0 x_0 y_0 z_0$

原点 o_0 选为航天器发射点，$o_0 y_0$ 沿地心到航天器的矢径方向，$o_0 x_0$ 位于发射点水平面内，指向速度方向。$o_0 z_0$ 与 $o_0 x_0$、$o_0 y_0$ 组成右手坐标系。

（2）平移坐标系 $oxyz$

原点位于航天器质心，ox、oy 和 oz 分别平行于 $o_0 x_0$、$o_0 y_0$ 和 $o_0 z_0$。

（3）地心惯性坐标系 $o_e x_e y_e z_e$

原点位于地心，$o_e x_e$、$o_e y_e$ 和 $o_e z_e$ 分别平行于 $o_0 x_0$、$o_0 y_0$ 和 $o_0 z_0$。将 $o_e x_e z_e$ 平面称为侧向平面，而所有与它垂直的平面均为纵向平面，$o_e x_e y_e$ 平面为一个纵向平面。

（4）航天器体坐标系 $ox_1 y_1 z_1$

原点位于航天器质心，ox_1 轴与器体纵轴重合，指向头部为正；oy_1 轴在器体纵向对称面内，垂直 ox_1 轴，指向上方为正；oz_1 轴方向由右手定则确定。

（5）航天器（目标）轨道坐标系 $ox_2 y_2 z_2$

原点位于航天器（目标）质心。ox_2 轴与速度矢量重合；oy_2 轴位于包含速度矢量在内的铅垂平面内，且垂直于 ox_2 轴，指向上方为正；oz_2 轴垂直于 $ox_2 y_2$ 平面，方向按右手定则确定。如图 3-16（a）所示。

（6）航天器速度坐标系 $ox_3 y_3 z_3$

原点位于航天器质心；ox_3 轴与器体质心速度矢量重合；oy_3 轴位于器体纵向对称平面内，与 ox_3 轴垂直，指向上方为正；oz_3 轴垂直

于 ox_3y_3 平面，方向由右手定则确定。

（7）视线坐标系 $ox_4y_4z_4$

原点位于航天器质心，ox_4 轴指向目标；oy_4 轴位于包含 ox_4 轴的纵向平面内，与 ox_4 垂直，指向上方为正；oz_4 轴按右手定则确定。显然，oz_4 轴位于侧向平面内。如图 3-16（b）所示。

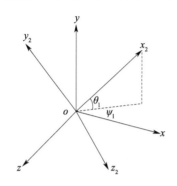
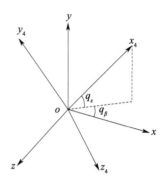

（a）平移坐标系与弹道坐标系　　　　　　（b）平移坐标系与视线坐标系

图 3-16　坐标系示意图

3.4.1.2　坐标转换矩阵

1）由平移坐标系到轨道坐标系的转换矩阵

$$C_{l1} = \begin{bmatrix} \cos\theta_l\cos\psi_l & \sin\theta_l & -\sin\psi_l\cos\theta_l \\ -\cos\psi_l\sin\theta_l & \cos\theta_l & \sin\theta_l\sin\psi_l \\ \sin\psi_l & 0 & \cos\psi_l \end{bmatrix} \quad (3-37)$$

式中　$l = m, t$，其中 m 表示航天器，t 表示目标；

θ_l ——航天器（目标）的速度矢量 v（ox_2 轴方向）与侧向平面的夹角，v 在侧向平面之上为正，反之为负；

ψ_l ——航天器（目标）的速度矢量 v（ox_2 轴方向）在侧向平面的投影与 ox 轴之间的夹角。由 ox 轴逆时针转到 ox_2 轴在侧向平面上的投影时，ψ_l 为正。

2）由平移坐标系转到视线坐标系的转换矩阵

$$C_2 = \begin{bmatrix} \cos q_\varepsilon \cos q_\beta & \sin q_\varepsilon & -\sin q_\beta \cos q_\varepsilon \\ -\cos q_\beta \sin q_\varepsilon & \cos q_\varepsilon & \sin q_\varepsilon \sin q_\beta \\ \sin q_\beta & 0 & \cos q_\beta \end{bmatrix} \qquad (3-38)$$

式中　　q_ε——视线（ox_4 轴）与侧向平面之间的夹角，视线在侧向平面之上为正，反之为负；

　　　　q_β——视线在侧向平面的投影与 ox 轴之间的夹角。由 ox 逆时针转到 ox_4 轴在侧向平面上的投影时，q_β 为正。

3.4.2　发动机模型

3.4.2.1　发动机布局

　　航天器的发动机布局问题关系到空间拦截末段导引律的设计。本书采用的发动机布局如图 3-17 所示。轨道控制发动机和姿态控制发动机不耦合，4 台轨道控制发动机安装在过质心的横截面上，沿周向均匀分布。轨道控制发动机根据指令单发工作，横向和纵向作用力相互独立。姿态控制发动机共有 6 台，安装面不过质心，姿态控制发动机 1 和 4 为姿态俯仰控制发动机，2、3、5 和 6 为姿态滚转控制发动机。

3.4.2.2　发动机推力曲线

　　安装在拦截器上的发动机分为 2 种，一种是轨道控制发动机，另一种是姿态控制发动机。由于 2 种发动机的工作过程是一样的，不同的是发动机的推力大小和安装位置，因此下面只讨论轨道控制发动机的推力曲线。设轨道控制发动机开机和关机时理想推力曲线如图 3-18 所示。

　　图 3-18 中，$F_{\max}$ 为轨道控制发动机的稳态推力，假设 $t=0$ 时刻发动机接到开机指令，τ 为推力延迟时间，T_1 为推力由零增至稳态值的时间，t_1 为发动机关机指令时间，T_2 为推力由稳态值降为零的时间。在 1 个时间长度为 T 的采样周期内，通过控制发动机的启动时刻 τ 和关闭时刻 t_1 可以获得与控制量 F 相同的控制效果。

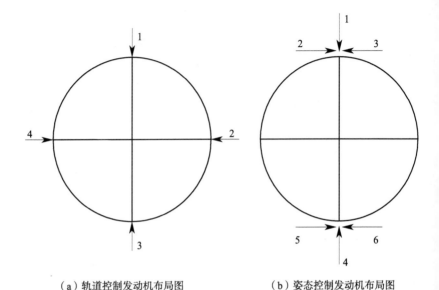

（a）轨道控制发动机布局图　　　　　（b）姿态控制发动机布局图

图 3 - 17　轨控和姿控发动机布局示意图

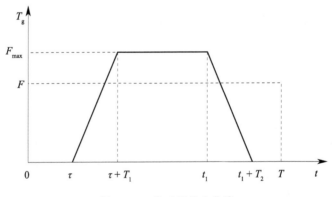

图 3 - 18　发动机推力曲线

发动机推力沿弹体坐标系 Oy_1 轴和 Oz_1 轴，分别为 T_{gy_1} 和 T_{gz_1}。由推力曲线图可得推力随时间的变化规律为

$$T_{g_{y_1}}, T_{g_{z_1}} = \begin{cases} 0 & 0 \leqslant t \leqslant \tau \\ \dfrac{F_{\max}}{T_1}(t-\tau) & \tau < t \leqslant \tau + T_1 \\ F_{\max} & \tau + T_1 < t \leqslant t_1 \\ F_{\max} - \dfrac{F_{\max}}{T_2}(t-t_1) & t_1 < t \leqslant t_1 + T_2 \end{cases}$$

$$(3-39)$$

3.4.3　空间拦截中的运动模型

在研究空间拦截末段导引问题中，为方便建立数学模型，可以做出以下假设：

1) 忽略地球扁率；

2) 航天器为刚体；

3) 空间拦截环境中，忽略气动力及力矩的影响；

4) 航天器质心运动的外力有地球引力和轨道控制系统推力；

5) 忽略地球的自转影响；

6) 在瞬时 t 认为航天器的参数固化；

7) 姿态控制系统对航天器质心运动的影响忽略不计；

8) 航天器轨道控制系统不产生影响姿态运动的扰动力矩。

3.4.3.1　航天器质心运动方程

$$\begin{cases} \dot{v}_m = g_{mx_2} + a_{mx_2} \\ v_m \dot{\theta}_m = g_{my_2} + a_{my_2} \\ -v_m \cos\theta_m \dot{\psi}_m = g_{mz_2} + a_{mz_2} \end{cases} \quad (3-40)$$

$$\begin{cases} \dot{x}_m = v_m \cos\theta_m \cos\psi_m \\ \dot{y}_m = v_m \sin\theta_m \\ \dot{z}_m = -v_m \cos\theta_m \sin\psi_m \end{cases} \quad (3-41)$$

式中　v_m, θ_m, ψ_m ——航天器的速度、轨道倾角和轨道偏角；

x_m, y_m, z_m ——航天器在发射惯性坐标系中的位置；

g_{mx_2}，g_{my_2}，g_{mz_2}——重力加速度在航天器轨道坐标系上的分量；

a_{mx_2}，a_{my_2}，a_{mz_2}——航天器机动加速度在拦截器弹道坐标系上的分量，由轨道控制发动机推力产生。

3.4.3.2　目标质心运动方程

$$\begin{cases} \dot{v}_t = g_{tx_2} + a_{tx_2} \\ v_t \dot{\theta}_t = g_{ty_2} + a_{ty_2} \\ -v_t \cos\theta_t \dot{\psi}_t = g_{tz_2} + a_{tz_2} \end{cases} \qquad (3-42)$$

$$\begin{cases} \dot{x}_t = v_t \cos\theta_t \cos\psi_t \\ \dot{y}_t = v_t \sin\theta_t \\ \dot{z}_t = -v_t \cos\theta_t \sin\psi_t \end{cases} \qquad (3-43)$$

式中　v_t，θ_t，ψ_t——目标的速度、轨道倾角和轨道偏角；

x_t，y_t，z_t——目标在发射惯性坐标系中的位置；

g_{tx_2}，g_{ty_2}，g_{tz_2}——目标重力加速度在目标轨道坐标系上的分量；

a_{tx_2}，a_{ty_2}，a_{tz_2}——目标机动加速度在目标轨道坐标系上的分量。

3.4.4　导引律设计

3.4.4.1　比例导引律

空间拦截工程主要采用的导引律一般为比例导引律及其修正形式。这样做的原因，一是因为比例导引律在工程上已经是成熟的导引方法，二是因为通过最优化方法设计出来的导引律从本质上来讲是优化比例导引律中各项的系数，而且由于本身解的复杂性和存在不能获得的情况，使得最优导引律在工程上不能得到广泛的应用。

（1）航天器和目标相对运动方程

设航天器和目标的相对距离为 R，目标视线高低角为 q_ε，目标

视线方位角为 q_β，目标的参数用下标 T 表示，航天器的参数用下标 I 表示。目标和航天器的相对运动可以用以下方程描述

$$\begin{cases} \dot{R} = V_T \left[\cos q_\epsilon \cos\theta_T \cos(q_\beta - \psi_{cT}) + \sin q_\epsilon \sin\theta_T \right] - \\ \qquad V_I \left[\cos q_\epsilon \cos\theta_I \cos(q_\beta - \psi_{cI}) + \sin q_\epsilon \sin\theta_I \right] \\ R\dot{q}_\epsilon = V_T \left[\cos q_\epsilon \sin\theta_T - \sin q_\epsilon \cos\theta_T \cos(q_\beta - \psi_{cT}) \right] - \\ \qquad V_I \left[\cos q_\epsilon \sin\theta_I - \sin q_\epsilon \cos\theta_I \cos(q_\beta - \psi_{cI}) \right] \\ - R\dot{q}_\beta \cos q_\epsilon = V_T \cos\theta_T \sin(q_\beta - \psi_{cT}) - V_I \cos\theta_I \sin(q_\beta - \psi_{cI}) \end{cases}$$

$$(3 - 44)$$

（2）比例导引律及其实现

由于比例导引律可以满足前向攻击目标的要求，而且易于实现，因此选用比例导引律，其导引关系式为

$$n_c = KV_c\dot{q} \qquad (3 - 45)$$

可见只有当目标与航天器存在相对视线转率 $\dot{q}$ 时，轨道控制发动机才能开机工作以消除 $\dot{q}$，并保持 $\dot{q}$ 约为零，导引律才能实现。由轨道控制发动机推力曲线可知，由于发动机推力的非线性，使得发动机只有稳态、梯形脉冲和三角形脉冲 3 种工作方式。若要保持 $\dot{q}$ 约为零，轨道控制发动机需要不断地以脉冲工作方式对轨道进行微调。这种理想方案会导致频繁的开机、关机，工程上难以实现。较为实际的导引律实现方案只能是实际加速度接近指令加速度。具体为选定制导指令的 2 个阈值 n_0、n_1，根据制导指令与阈值的关系来确定开机和关机的时刻。当制导指令小于 n_0 时，发动机关机；当制导指令大于 n_1 时，发动机开机

$$n_0 = \dfrac{\displaystyle\int_0^T \left(P_{gmax} - \dfrac{P_{gmax}}{T_2} t \right) \mathrm{d}t}{T} \qquad (3 - 46)$$

$$n_1 = \dfrac{\displaystyle\int_{\tau_1}^{T_1} \dfrac{P_{gmax}}{T_2} t\,\mathrm{d}t + \int_{T_1}^T P_{gmax}\,\mathrm{d}t}{T} \qquad (3 - 47)$$

选择 n_0 和 n_1 过小将频繁开机，过大则降低控制精度。当选择 n_0

使得它在 1 个指令周期内产生的速度增量等于轨道控制发动机关机后所产生的速度增量，选择 n_1 使得它在 1 个指令周期内产生的速度增量等于轨道控制发动机开机后所产生的速度增量，能够最逼近指令加速度。

飞行器体坐标系的 y_1 轴方向轨道控制发动机实际加速度，可根据该方向的制导指令 n_{y_1} 形成，见式（3 – 48）。z_1 轴方向的制导指令形成方法与 y_1 轴相似

$$a_y = \frac{T_{gy_1}}{m} \mathrm{sgn}(n_{y_1}) = \begin{cases} \dfrac{T_{gy_1}}{m} & n_{y_1} \geqslant n_1 \geqslant 0 \\[2mm] \approx 0 & n_0 \leqslant |n_{y_1}| \leqslant n_1 \\[2mm] 0 & |n_{y_1}| \leqslant n_0 \\[2mm] -\dfrac{T_{gy_1}}{m} & n_{y_1} \leqslant -n_1 \leqslant 0 \end{cases}$$

$$(3 - 48)$$

（3）姿态控制规律

由于比例导引律是通过改变速度矢量的方向从而减小视线角速率，因此加速度方向最好垂直于速度方向（纯比例导引律）。而由轨道控制发动机的安装方式，机动加速度方向沿飞行器体坐标系的 y_1 和 z_1 向，因此姿态控制的目的是将体轴稳定在速度矢量方向，并抑制飞行器的滚转，即法向姿态控制攻角为零，侧向姿态控制侧滑角也为零。

同样，由于姿态控制发动机推力的非线性，不可能完全跟踪控制指令，而且大气层外不存在气动阻尼，因此难以将动能航天器体轴坐标系控制到与速度坐标系完全重合，只能将两者之差限制在一定的范围内。

以俯仰控制为例，当 $(a + T\dot{a})$ 约为零时，在下一个指令周期内 a 将趋向于零，因此选取姿态控制规律形式为

$$A_z = k_z(a + T\dot{a}) \qquad (3 - 49)$$

选取开关门限值

$$A_0 = k_{A_0} (a + T\dot{a})$$

$$A_1 = k_{A_1} (a + T\dot{a}) \tag{3-50}$$

其中，$k_{A_1} > k_{A_0}$，选取适当的值可减少姿态控制发动机的开关次数。

综合轨道控制规律和姿态控制规律，可以得到完整的航天器控制系统。

3.4.4.2 基于非线性模型的末制导律设计

（1）用于空间拦截的非线性模型

在空间拦截的末制导过程中，假设航天器采用三轴稳定方案，发动机在航天器本体上的安装位置如图 3 - 19 所示。

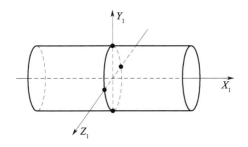

图 3 - 19 发动机安装示意图

定义描述 2 个运动体的机动策略引起 2 个物体连线（视线）变化规律的微分方程为视线动力学方程。

由图 3 - 19 可以推导出体坐标系矢量 $\begin{bmatrix} \boldsymbol{i} & \boldsymbol{j} & \boldsymbol{k} \end{bmatrix}^{\mathrm{T}}$ 与视线坐标系矢量 $\begin{bmatrix} \boldsymbol{i}' & \boldsymbol{j}' & \boldsymbol{k}' \end{bmatrix}^{\mathrm{T}}$ 之间的坐标变换关系

$$\begin{bmatrix} \boldsymbol{i} \\ \boldsymbol{j} \\ \boldsymbol{k} \end{bmatrix} = \begin{bmatrix} \cos\psi\cos\theta & -\cos\psi\sin\theta & \sin\psi \\ \sin\theta & \cos\theta & 0 \\ -\sin\psi\cos\theta & \sin\psi\sin\theta & \cos\psi \end{bmatrix} \begin{bmatrix} \boldsymbol{i}' \\ \boldsymbol{j}' \\ \boldsymbol{k}' \end{bmatrix} \tag{3-51}$$

式（3 - 51）等号两边分别对时间 t 求导，又由 $\dfrac{\mathrm{d}\boldsymbol{i}}{\mathrm{d}t} = \dfrac{\mathrm{d}\boldsymbol{j}}{\mathrm{d}t} = \dfrac{\mathrm{d}\boldsymbol{k}}{\mathrm{d}t} = \boldsymbol{0}$ 可以得到

$$\begin{cases} \dfrac{\mathrm{d}\boldsymbol{i}'}{\mathrm{d}t} = \dot{\theta}\boldsymbol{j}' - \dot{\psi}\cos\theta\boldsymbol{k}' \\[2mm] \dfrac{\mathrm{d}\boldsymbol{j}'}{\mathrm{d}t} = -\dot{\theta}\boldsymbol{i}' + \dot{\psi}\sin\theta\boldsymbol{k}' \\[2mm] \dfrac{\mathrm{d}\boldsymbol{k}'}{\mathrm{d}t} = \dot{\psi}(\cos\theta\boldsymbol{i}' - \sin\theta\boldsymbol{j}') \end{cases} \tag{3-52}$$

视线矢量可以表示为 $\boldsymbol{\rho} = \rho\,\boldsymbol{i}'$，$\boldsymbol{\rho}$ 对时间 t 求导数，可得

$$\dot{\boldsymbol{\rho}} = \dot{\rho}\,\boldsymbol{i}' + \rho\,\dot{\theta}\boldsymbol{j}' - \rho\,\dot{\psi}\cos\theta\,\boldsymbol{k}' \tag{3-53}$$

对式（3-53）求导有

$$\ddot{\boldsymbol{\rho}} = (\ddot{\rho} - \rho\,\dot{\theta}^2 - \rho\,\dot{\psi}^2\cos^2\theta)\boldsymbol{i}' + (\ddot{\theta}\rho + 2\dot{\rho}\,\dot{\theta} + \rho\,\dot{\psi}^2\cos\theta\sin\theta)\boldsymbol{j}' -$$
$$(\rho\,\ddot{\psi}\cos\theta + 2\dot{\rho}\dot{\psi}\cos\theta - 2\rho\,\dot{\theta}\dot{\psi}\sin\theta)\boldsymbol{k}'$$

$$\tag{5-54}$$

因为在视线坐标系下又有

$$\ddot{\boldsymbol{\rho}} = a_\varepsilon\boldsymbol{i}' + a_\eta\boldsymbol{j}' + a_\xi\boldsymbol{k}' \tag{3-55}$$

所以可得

$$\begin{cases} \ddot{\rho} - \rho\,\dot{\theta}^2 - \rho\,\dot{\psi}^2\cos^2\theta = a_\varepsilon \\[1mm] \rho\,\ddot{\theta} + 2\dot{\rho}\,\dot{\theta} + \rho\,\dot{\psi}^2\cos\theta\sin\theta = a_\eta \\[1mm] -\rho\,\ddot{\psi}\cos\theta - 2\dot{\rho}\,\dot{\psi}\cos\theta + 2\rho\,\dot{\theta}\dot{\psi}\sin\theta = a_\xi \end{cases} \tag{3-56}$$

考虑目标不作机动的情形，航天器轨道控制系统产生的加速度在视线坐标系中的分量

$$\begin{bmatrix} a_\varepsilon \\ a_\eta \\ a_\xi \end{bmatrix} = \begin{bmatrix} \cos\psi\cos\theta & -\cos\psi\sin\theta & \sin\psi \\ \sin\theta & \cos\theta & 0 \\ -\sin\psi\cos\theta & \sin\psi\sin\theta & \cos\psi \end{bmatrix}^{\mathrm{T}} \begin{bmatrix} 0 \\ a_{y_1} \\ a_{z_1} \end{bmatrix} \tag{3-57}$$

又假设航天器姿态控制系统保证 $\theta \to 0$，$\psi \to 0$，则由式（3-57）可得

$$a_\varepsilon = 0, \ a_\eta = a_{y_1}, \ a_\xi = a_{z_1}$$

由 $\theta \to 0$、$\psi \to 0$ 的假设及式（3-56）可得

$$\begin{cases} \ddot{\rho} - \rho(\dot{\theta}^2 + \dot{\psi}^2) = 0 \\ \rho\ddot{\theta} + 2\dot{\rho}\dot{\theta} = a_{y_1} \\ -\rho\ddot{\psi} - 2\dot{\rho}\dot{\psi} = a_{z_1} \end{cases} \tag{3-58}$$

式 (3-58) 即为视线坐标系下的三维相对运动学方程。

假设 $x_1 = \rho$，$x_2 = \dot{\rho}$，$x_3 = \dot{\theta}$，$x_4 = \dot{\psi}$，$u_1 = a_{y_1}$，$u_2 = a_{z_1}$，则式 (3-58) 可以写成状态方程的形式，则目标和航天器之间的相对运动关系可以描述为如下方程组

$$\begin{cases} \dot{x}_1 = x_2 \\ \dot{x}_2 = x_1(x_3^2 + x_4^2) \\ \dot{x}_3 = \dfrac{u_1}{x_1} - \dfrac{2x_2 x_3}{x_1} \\ \dot{x}_4 = -\dfrac{2x_2 x_4}{x_1} - \dfrac{u_2}{x_1} \end{cases} \tag{3-59}$$

（2）非线性系统的逆系统方法

式 (3-59) 所示的非线性系统通过非线性线性化理论可以转化为线性微分方程组，用线性最优控制理论进行最优制导律设计。这里采用逆系统方法进行非线性系统的线性化处理。

为了研究导引规律方便，可将式 (3-59) 分为 2 个平面运动，即纵向平面和横向平面的相对运动方程，分别为式 (3-60) 和式 (3-61)

$$\begin{cases} \dot{x}_1 = x_2 \\ \dot{x}_2 = x_1 x_3^2 \\ \dot{x}_3 = \dfrac{u_1}{x_1} - \dfrac{2x_2 x_3}{x_1} \end{cases} \tag{3-60}$$

$$\begin{cases} \dot{x}_1 = x_2 \\ \dot{x}_2 = x_1 x_4^2 \\ \dot{x}_4 = -\dfrac{2x_2 x_4}{x_1} - \dfrac{u_2}{x_1} \end{cases} \tag{3-61}$$

下面以纵向平面为例来设计导引规律。设系统式（3-60）的输出方程为

$$y_1 = x_3 \tag{3-62}$$

对式（3-62）求导则有

$$\dot{y}_1 = \dot{x}_3 = -\frac{2x_2 x_3}{x_1} - \frac{u_1}{x_1} \tag{3-63}$$

整理后有

$$u_1 = -x_1 \dot{y}_1 - 2x_2 x_3 \tag{3-64}$$

令 $\varphi = \dot{y}_1$，则伪线性系统的数学模型为

$$\dot{y}_1 = \varphi \tag{3-65}$$

设伪线性系统式（3-65）可写成状态空间形式

$$\begin{cases} \dot{z} = \varphi \\ y_1 = z \end{cases} \tag{3-66}$$

将式（3-64）整理可得

$$u_1 = -x_1 \varphi - 2x_2 z \tag{3-67}$$

由式（3-67）可以写出伪线性系统的性能指标为

$$J(z,\varphi) = \frac{1}{2}rz^2(t_b) + \frac{1}{2}\int_{t_0}^{t_b} \left[qz^2(t) + s\varphi^2(t) \right] dt \tag{3-68}$$

式中　r,q,s——加权系数；

　　　t_0——末制导初始时刻；

　　　t_b——进入末制导盲区时刻。

由式（3-63）和式（3-64）可以看出，只要适当选取加权系数，则当式（3-68）中伪线性系统的性能指标达到最小时，可使视线角速度 x_3 及控制 u_1 的绝对值减小，即可使某一组加权系数对应的式（3-67）达到最小，因此有

$$\varphi^*(t) = -\frac{1}{s}p(t)z^*(t) \tag{3-69}$$

其中，$p(t)$ 满足 Riccati 微分方程。

$$\dot{P}(t) = -A^{T}(t)P(t) - P(t)A(t) + \\ P(t)B(t)R^{-1}(t)B^{T}(t)P(t) - Q(t) \tag{3-70}$$

将系统式（3-66）中各项代入，则有

$$\begin{cases} \dot{p}(t) = \dfrac{1}{s}p^2(t) - q \\ p(t_b) = r \end{cases} \qquad (3-71)$$

通过求解式（3-71），可以解得

$$\varphi^*(t) = -\sqrt{\frac{q}{s}}\,\frac{(r+\sqrt{sq})+(r-\sqrt{sq})\exp\left[2\sqrt{\dfrac{q}{s}}(t-t_b)\right]}{(r+\sqrt{sq})-(r-\sqrt{sq})\exp\left[2\sqrt{\dfrac{q}{s}}(t-t_b)\right]}x_3^*(t)$$

$$(3-72)$$

将式（3-72）代入式（3-69）则有纵向平面的非线性最优导引律

$$u_1^*(t) = -\sqrt{\frac{q}{s}}\,\frac{(r+\sqrt{sq})+(r-\sqrt{sq})\exp\left[2\sqrt{\dfrac{q}{s}}(t-t_b)\right]}{(r+\sqrt{sq})-(r-\sqrt{sq})\exp\left[2\sqrt{\dfrac{q}{s}}(t-t_b)\right]}x_1^*x_3^* - 2x_2^*x_3^*$$

$$(3-73)$$

由式（3-73）可以看出，采用逆系统方法设计的空间拦截制导律控制量较为复杂。

3.4.4.3　利用最优控制理论设计空间拦截末制导律

在空间拦截末制导过程中，性能良好的导引律应该保证末段 $\dot{q}$ 的变化不大。由于空间拦截过程中，航天器空间运动的切向速度远大于法向速度，故取相对于初始视线在剩余时间的位移偏量作为脱靶量。由此建立航天器与预测命中点的偏差方程，作为导引律设计的基本模型。将目标的运动归结为预测命中点，给最优导引律在工程中的应用提供了便利。

在导引律的推导过程中，为了使推导出的导引律更具有工程上的价值，不引入控制回路理想工作的假设条件。

根据图 3-20，前置角为

$$\eta = \theta - \varepsilon \qquad (3-74)$$

取横向位移偏差为 y，则有

$$\dot{y} = -V_{\mathrm{I}}\sin(\theta - \varepsilon) = -V_{\mathrm{I}}\sin\eta \qquad (3-75)$$

将式（3-75）进行微分，则有

$$\ddot{y} = -\dot{V}_{\mathrm{I}}\sin\eta - V_{\mathrm{I}}\dot{\eta}\cos\eta = -\dot{V}_{\mathrm{I}}\sin\eta - a_{\mathrm{I}}^{n}\cos\eta \qquad (3-76)$$

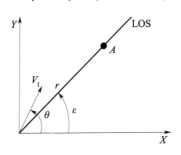

图 3-20　导引示意图

考虑弹体及自动驾驶仪的一阶延迟环节，则有

$$\frac{\mathrm{d}a_{\mathrm{I}}^{n}}{\mathrm{d}t} = \frac{1}{\tau}(u - a_{\mathrm{I}}^{n}) \qquad (3-77)$$

将式（3-76）和式（3-77）改写为规范形式

$$\dot{\boldsymbol{X}} = \boldsymbol{A}\boldsymbol{X} + \boldsymbol{B}u + \boldsymbol{D}(t)$$

其中

$$\boldsymbol{X} = (y, \dot{y}, a_{\mathrm{I}}^{n})^{\mathrm{T}} = (x_1, x_2, x_3)^{\mathrm{T}}$$

$$\boldsymbol{A} = \begin{bmatrix} 0 & 1 & 0 \\ 0 & 0 & -\cos\eta \\ 0 & 0 & -\dfrac{1}{\tau} \end{bmatrix}, \boldsymbol{B} = \begin{bmatrix} 0 \\ 0 \\ \dfrac{1}{\tau} \end{bmatrix}, \boldsymbol{D}(t) = \begin{bmatrix} 0 \\ -\dot{V}_{\mathrm{I}}\sin\eta \\ 0 \end{bmatrix}$$

$$(3-78)$$

在拦截末段，根据碰撞线理论，可以得出 $-\cos\eta \approx -1$，由此可以将矩阵 $\boldsymbol{A}$ 简化为

$$\boldsymbol{A} = \begin{bmatrix} 0 & 1 & 0 \\ 0 & 0 & -1 \\ 0 & 0 & -\dfrac{1}{\tau} \end{bmatrix}$$

由于在空间拦截中，脱靶量是衡量导引律性能的关键因素，且在拦截过程中，航天器的加速度受可用过载限制。故选取性能指标为

$$J = \frac{\alpha^2}{2} \boldsymbol{X}^2(t_f) + \frac{\beta^2}{2} \int_{t_0}^{t_f} u^2 \, \mathrm{d}t \tag{3-79}$$

式中 α^2, β^2——加权系数。

则哈密尔顿函数为

$$H = \frac{\beta^2}{2} u^2 + \boldsymbol{\lambda} (\boldsymbol{AX} + \boldsymbol{B}u + \boldsymbol{D}) \tag{3-80}$$

式中 $\boldsymbol{\lambda}$——协态变量。

根据极大值原理可知，最优控制 u^* 须满足

$$\frac{\partial H}{\partial \boldsymbol{\lambda}} = 0 \tag{3-81}$$

即

$$\beta^2 u + \boldsymbol{B}^{-1} \boldsymbol{\lambda} = 0 \tag{3-82}$$

由此可得

$$u^* = \frac{-1}{\beta^2} \boldsymbol{B}^{-1} \boldsymbol{\lambda} \tag{3-83}$$

协态变量满足

$$\dot{\boldsymbol{\lambda}} = -\frac{\partial H}{\partial \boldsymbol{x}} = -\boldsymbol{A}^{\mathrm{T}} \boldsymbol{\lambda} \tag{3-84}$$

横截条件为

$$\boldsymbol{\lambda}(t_f) = \alpha^2 \boldsymbol{X}(t_f) \tag{3-85}$$

因为式（3-85）为一阶齐次微分方程组，由线性系统理论可知，方程组的解为

$$\boldsymbol{\lambda}(t_f) = \boldsymbol{\phi}_\lambda(t, t_f) \boldsymbol{\lambda}(t_f) \tag{3-86}$$

其中 $\boldsymbol{\phi}_\lambda(t, t_f)$ 为微分方程的状态转移矩阵，且为

$$\boldsymbol{\phi}_\lambda(t) = \mathrm{e}^{-\boldsymbol{A}^{\mathrm{T}} t} = L^{-1} [(s\boldsymbol{I} + \boldsymbol{A}^{\mathrm{T}})^{-1}] \tag{3-87}$$

由 $\boldsymbol{A}$ 的表达式可得

$$\boldsymbol{\phi}_{\lambda}(t) = \begin{bmatrix} 1 & 0 & 0 \\ -t & 1 & 0 \\ \tau^2 + \tau t - \tau^2 e^{\frac{1}{\tau}t} & \tau(1 - e^{\frac{1}{\tau}t}) & e^{\frac{1}{\tau}t} \end{bmatrix} \quad (3-88)$$

将式（3-88）和式（3-85）代入到式（3-86）中，则有

$$\boldsymbol{\lambda}(t) = \alpha^2 \boldsymbol{\phi}_{\lambda}(t, t_f) \boldsymbol{X}(t_f) \quad (3-89)$$

由此可得最优控制为

$$u^* = -\frac{\alpha^2}{\beta^2} \boldsymbol{B}^{-1} \boldsymbol{\phi}_{\lambda}(t, t_f) \boldsymbol{X}(t_f) \quad (3-90)$$

由式（3-90）可以看出，$\boldsymbol{X}(t_f)$ 为未知量。

将最优控制代入系统方程，则有

$$\dot{\boldsymbol{X}} = \boldsymbol{A}\boldsymbol{X} - \frac{\alpha^2}{\beta^2} \boldsymbol{\phi}_{\lambda}(t, t_f) \boldsymbol{X}(t_f) + \boldsymbol{D} \quad (3-91)$$

对于一阶非齐次微分方程

$$\dot{\boldsymbol{X}} = \boldsymbol{A}\boldsymbol{X} + \boldsymbol{D} \quad (3-92)$$

其解为

$$\boldsymbol{X}(t) = \boldsymbol{\phi}_x(t, t_0) \boldsymbol{X}(t_0) + \int_{t_0}^{t} \boldsymbol{\phi}_x(t, \tau) \boldsymbol{D}(\tau) d\tau \quad (3-93)$$

故式（3-91）的解为

$$\boldsymbol{X}(t) = \boldsymbol{\phi}_x(t, t_0) \boldsymbol{X}(t_0) - \frac{\alpha^2}{\beta^2} \int_{t_0}^{t} \boldsymbol{\phi}_x(t, \tau) \boldsymbol{\phi}_{\lambda}(t, t_f) \boldsymbol{X}(t_f) d\tau + $$

$$\int_{t_0}^{t} \boldsymbol{\phi}_x(t, \tau) \boldsymbol{D}(\tau) d\tau$$

$$(3-94)$$

令 $t = t_f$，则有

$$\boldsymbol{X}(t_f) = \boldsymbol{\phi}_x(t_f, t_0) \boldsymbol{X}(t_0) - \frac{\alpha^2}{\beta^2} \int_{t_0}^{t_f} \boldsymbol{\phi}_x(t, \tau) \boldsymbol{\phi}_{\lambda}(t, t_f) \boldsymbol{X}(t_f) d\tau + $$

$$\int_{t_0}^{t_f} \boldsymbol{\phi}_x(t, \tau) \boldsymbol{D}(\tau) d\tau$$

$$(3-95)$$

整理式（3-95）可得

$$X(t_f) = \left[I + \frac{\alpha^2}{\beta^2} \int_{t_0}^{t_f} \boldsymbol{\phi}_x(t,\tau) \boldsymbol{\phi}_\lambda(t,t_f) \mathrm{d}\tau \right]^{-1}$$

$$\left[\boldsymbol{\phi}_x(t_f,t_0) X(t_0) + \int_{t_0}^{t_f} \boldsymbol{\phi}_x(t,\tau) D(\tau) \mathrm{d}\tau \right]$$

$$(3-96)$$

式中

$$\boldsymbol{\phi}_x(t) = \begin{bmatrix} 1 & -t & \tau^2 - \tau t - \tau^2 \mathrm{e}^{-\frac{1}{\tau}t} \\ 0 & 1 & \tau(\mathrm{e}^{-\frac{1}{\tau}t} - 1) \\ 0 & 0 & \mathrm{e}^{-\frac{1}{\tau}t} \end{bmatrix} \quad (3-97)$$

由此，联立式（3-90）可以解得最优控制为

$$u^* = K(t_f,t)S(t_f,t) \quad (3-98)$$

式（3-98）中，令 $t_{go} = t_f - t, T_{go} = t_{go}/\tau$，则

$$K(t_f,t) = \frac{\tau(T_{go} + \mathrm{e}^{-T_{go}} - 1)t_{go}^2}{\frac{\beta^2}{\alpha^2} + \tau^3 \left(\frac{1}{2} + \frac{1}{3}T_{go}^3 - T_{go}^2 + T_{go} - \frac{1}{2}\mathrm{e}^{-T_{go}} - 2T_{go}\mathrm{e}^{-T_{go}} \right)}$$

$$S(t_f,t) = x_1 + x_2 t_{go} - \tau^2(T_{go} + \mathrm{e}^{-T_{go}} - 1)x_3 \quad (3-99)$$

式中　　$K(t_f,t)$——按传统的定义，为有效导航增益。

对于剩余时间可以由下式来解算

$$t_{go} \approx \frac{|\dot{r}| - \sqrt{\dot{r}^2 - 2r\ddot{r}}}{\ddot{r}} \quad (3-100)$$

由式（3-100）可见，有效导航增益为剩余时间的函数，这直接导致了导引律与剩余时间有关，为此要求在导引过程中解算剩余时间。从解的结构还可以看出，应用最优控制理论设计的导引律结构复杂，在工程上的应用还需要硬件的支持。

由于最优导引律的解结构复杂，当考虑弹体和自动驾驶仪延迟环节的时间常数时，推导的结果变得更为复杂。从形式上看，最优导引律的解和比例导引律的解结构相似，都可以分解为两项。最优导引律是惯性系数 τ、剩余时间 t_{go} 的函数。当 $\tau = 0$ 时，有

$$K(t_f,t) = \frac{t_{go}^3}{\frac{\beta^2}{\alpha^2} + \frac{1}{3}t_{go}^3} \quad (3-101)$$

由式（3－101）中可以得出当 $\beta=0$ 时，有效导航增益系数 $K=3$ ，这就是通常定义的比例导引律。由此可见，比例导引律的有效导航增益系数是一种优化的结果，将最优控制理论引入到导引律的设计，其本质就是对比例导引律的系数进行满足性能指标的优化设计。

由于导引律是剩余时间的函数，因此在导引的末段剩余时间发散将给导引律带来影响。在空间拦截中，由于导引头在最后的200 m是不再工作的（盲区），因此这种影响是可以减小的。

从以上利用最优控制理论进行最优导引律的设计过程可以得出，当选用不同的状态变量时，可以设计出满足不同性能指标要求的导引律。但是由于设计的结果较为复杂，因此导致有的变量可能在实际中是不可直接获得的，而这种对于状态变量提出的要求，将给实际工程应用带来困难。

3.4.4.4　基于微分对策理论的导引律设计

最优导引律都是在假设目标运动已知的情况下得到的，而实际航天器拦截目标问题是研究双方最优策略问题，因此产生了以微分对策理论为基础的最优导引律。概括地说，微分对策制导律既要考虑航天器的机动性，也要考虑目标的机动性。这与只考虑航天器机动性的传统导引律相比，是一种更智能的导引方法。

（1）微分对策理论

微分对策，简单地说就是在对局中人之间进行对策活动时，要用到微分方程来描述对策现象或规律的一种对策。

依据不同的分类标准，微分对策有不同的分类。按有无支付函数，可分为定量与定性微分对策两大类。每类中按照微分对策的信息结构又可分为完全信息、不完全信息与无信息微分对策，或分为确定型与随机型微分对策。对于一方参与的微分对策就是单方最优控制问题。由此可见，从最优控制发展到微分对策，可以看作是从单方控制问题发展到双方或多方控制问题。从某种意义上来讲，微分对策可以看作是控制论的推广。

（2）空间拦截微分对策制导律

微分对策导引律是基于微分对策理论而发展起来的一类对策型导引律。应用微分对策分析导引律有定性分析方法和定量分析方法两种。

定性分析法主要用于分析和判断实现某种对抗结局的可行性。定性分析虽然不能获得直接的导引律，但能对双方格斗和追踪逃逸提供决策依据。在进行定性分析时，首先根据对抗双方的相对态势的优劣，划分出双方的捕获区域和躲避区域，若两者都存在，则其公共边界部分为界栅；然后，确定界栅方程，并给出界栅上双方应采取的最优对策，这也是定性分析的关键。决策的目标是在给定初始条件下，对抗双方都设法将对方驱赶到己方的捕获区，同时避免进入对方的捕获区。对策的结局一般分为追方胜、逃方胜、双方相持、双方互相杀伤四种。

定量分析方法较定性方法更为常用，它可以获得对局双方的最优策略，即微分对策导引律。它假设追逃双方都了解对方现在的飞行状态信息而不知道对方未来的机动，并根据对方现在的策略来采取对己方最有利的策略进行对抗，一般属二人零和微分对策问题，对抗双方不存在合作，它是关于目标函数动态稳定的最大、最小问题。

相对最优导引律，微分对策导引律的主要优点是对目标加速度的估计误差比较不敏感。这是因为微分对策导引律仅要求知道目标的机动能力，而最优导引律要求预测目标的未来加速度。因此，对于大机动目标，微分对策导引律性能将会明显优于最优导引律。微分对策是在假设对抗双方都非常精明的最坏情况下采用的对策值，但若对抗双方一方采取对策而另一方不采取时，则会因采取微分对策的一方过于保守，而使得微分对策导引的性能下降。由于微分对策问题的求解常涉及两点边值问题，一般求解困难，使得微分对策导引律在工程上尚未得到广泛应用。

从本质上来讲，共面空间拦截的过程是可以看作追逃微分对策。

我们可以将空间拦截归纳为如图 3 - 21 的追逃示意图。

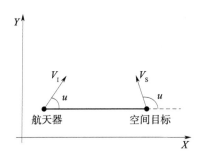

图 3 - 21　追逃示意图

如图 3 - 21 所示，设航天器 I 和空间目标 S 在轨道平面上做追逃对策，分别以常数 v_I 和 v_S 运动，运动速度方向与轨道坐标系的横向夹角为 u 和 v。航天器和目标在平面上可做任意运动，故 u 和 v 无限制。因此，可选取终端集 F 为以航天器质心为圆心，l 为半径的圆域，即

$$F = \{(t, x_I, y_I, x_S, y_S) \mid \varphi(x_I, y_I, x_S, y_S) = (x_I - x_S)^2 +$$
$$(x_I - x_S)^2 - l^2 \leqslant 0\}$$

$$(3 - 102)$$

式中　l ——航天器的有效拦截距离。

则可以建立绝对坐标运动方程组为

$$\begin{cases} \dot{x}_I = v_I \cos u \\ \dot{y}_I = v_I \sin u \\ \dot{x}_S = v_S \cos v \\ \dot{y}_S = v_S \sin v \\ x_I(0) = x_I^0 \\ y_I(0) = y_I^0 \\ x_S(0) = x_S^0 \\ y_S(0) = y_S^0 \end{cases} \qquad (3 - 103)$$

取性能函数为

$$J(u,v) = t_f = \int_0^{t_f} \mathrm{d}t \qquad (3-104)$$

式中　t_f——航天器拦截到目标的时间，即导引律中的剩余时间。

根据式（3-80）写出哈密尔顿函数为

$$H(x_I, y_I, x_S, y_S, u, v, \boldsymbol{\lambda}) = 1 + \lambda_1 v_I \cos u + \lambda_2 v_I \sin u +$$
$$\lambda_3 v_S \cos v + \lambda_4 v_S \sin v$$

$$(3-105)$$

其中，$\boldsymbol{\lambda} = (\lambda_1, \lambda_2, \lambda_3, \lambda_4)^T \in R^4$，令 $\dfrac{\partial H}{\partial u} = 0$，即

$$v_I(-\lambda_1 \sin u^* + \lambda_2 \cos u^*) = 0 \qquad (3-106)$$

解式（3-106）可得

$$\begin{cases} \sin u^* = \dfrac{-\lambda_2}{\sqrt{\lambda_1^2 + \lambda_2^2}} \\[4mm] \cos u^* = \dfrac{-\lambda_1}{\sqrt{\lambda_1^2 + \lambda_2^2}} \end{cases} \qquad (3-107)$$

由 $\dfrac{\partial^2 H}{\partial u^2}\Big|_{u=u^*} = v_I(-\lambda_1 \cos u^* - \lambda_2 \sin u^*) \leqslant 0$ 可知，u^* 为航天器的最优策略。

同理，可得空间目标的最优策略为 v^*，其中

$$\begin{cases} \sin v^* = \dfrac{\lambda_4}{\sqrt{\lambda_3^2 + \lambda_4^2}} \\[4mm] \cos v^* = \dfrac{\lambda_3}{\sqrt{\lambda_3^2 + \lambda_4^2}} \end{cases} \qquad (3-108)$$

伴随方程和终端条件为

$$\begin{cases} \dot{\lambda}_i = 0 & (i = 1,2,3,4) \\ \lambda_1(t_f) = 2\mu[x_I^*(t_f) - x_S^*(t_f)] \\ \lambda_2(t_f) = 2\mu[y_I^*(t_f) - y_S^*(t_f)] \\ \lambda_3(t_f) = -[x_I^*(t_f) - x_S^*(t_f)] \\ \lambda_4(t_f) = -2\mu[y_I^*(t_f) - y_S^*(t_f)] \end{cases} \qquad (3-109)$$

积分可得

$$\lambda_1(t) = \lambda_1(t_f), \ \lambda_2(t) = \lambda_2(t_f), \ \lambda_3(t) = \lambda_3(t_f), \ \lambda_4(t) = \lambda_4(t_f)$$

由式（3 - 108）和式（3 - 109）可知

$$\tan u^* = \frac{y_I^*(t_f) - y_S^*(t_f)}{x_I^*(t_f) - x_S^*(t_f)} = \tan v^*$$

故

$$u^* = v^* = \theta_{t_f} \tag{3 - 110}$$

其中

$$\tan \theta_{t_f} = \frac{y_I^*(t_f) - y_S^*(t_f)}{x_I^*(t_f) - x_S^*(t_f)}$$

则由运动方程式（3 - 103）可得最优轨迹为

$$\begin{cases} x_I^*(t) = x_I^0 + t\,v_I \cos\theta_{t_f} \\ y_I^*(t) = y_I^0 + t\,v_I \sin\theta_{t_f} \\ x_S^*(t) = x_S^0 + t\,v_S \cos\theta_{t_f} \\ y_S^*(t) = y_S^0 + t\,v_S \sin\theta_{t_f} \end{cases} \tag{3 - 111}$$

由此可见，航天器 I 总是沿着与目标 S 的同一方向追击，且航天器 I 和目标 S 的最优轨迹为 2 条平行线。

可见 φ 不显含时间 t，由于

$$H(x_I^*, y_I^*, x_S^*, y_S^*, u^*, v^*, \boldsymbol{\lambda})\big|_{t=t_f} = 0 \tag{3 - 112}$$

将 $\lambda_i(t_f)(i = 1,2,3,4)$，$u^*$ 和 v^* 代入式（3 - 112），可得

$$\mu = \frac{\cos\theta_f}{2\left[x_S^*(t_f) - x_I^*(t_f)\right]} \tag{3 - 113}$$

由最优轨迹式和 $\tan\theta_{t_f}$ 代入目标集通过迭代算法，可以求得拦截用的剩余时间 t_f。以上推导可见，当目标集的半径选取为足够小，达到空间拦截要求的精度时，就可以实现拦截。

参 考 文 献

［1］ 肖业伦. 航天器飞行动力学原理［M］. 北京：宇航出版社，1995.

［2］ 任萱. 人造卫星轨道力学［M］. 长沙：国防科技大学出版社，1988.

［3］ 周须峰，唐硕，高小五. 空间目标可拦截区与可遭遇区的确定［J］. 航天器控制，2006，24（1）：33－38.

［4］ 陈建祥，任萱. 低轨星载拦截器对高轨卫星的拦截［J］. 航天器控制，1993，11（4）：39－46.

［5］ 周获. 寻的导弹新型导引规律［M］. 北京：国防工业出版社，2002.

［6］ Zhou Di，Mu Chun Di，Xu Wen Li. Adaptive Sliding－Mode Guidance of a Homing－ Missile［J］. Journal of Guidance，Control，and Dynamics，1992，22（4）：589－594.

［7］ 刘宁. 一种用于反弹道式武器系统精度的研究方法［J］. 现代防御技术，1994，22（2）：53－58.

［8］ 李鹏波. 战术导弹蒙特卡洛模拟及其可信性分析［J］. 战术导弹技术，1999（2）：45－51.

［9］ 袁子怀，钱杏芳. 有控飞行力学与计算机仿真［M］. 北京：国防工业出版社，2001.

［10］ 陈士橹，吕学富，曾颖超. 近代飞行器飞行力学［M］. 西安：西北工业大学出版社，1987.

［11］ 李新国，方群. 有翼导弹飞行动力学［M］. 西安：西北工业大学出版社，2005.

［12］ C. T. 罗素. 深度撞击计划—解密彗星之旅［M］. 陈小前，蔡洪，陈磊，译. 国防工业出版社，2008.

［13］ 涂良辉. 空间飞行器机动轨道设计与优化［D］. 西安：西北工业大学，2009.

第4章 规避轨道的设计

航天器在轨运行时，为避免其他物体的交会、跟踪、伴飞等，需要进行专门的设计计算，或对即时出现的危险物体实施应急机动，以避开碰撞或攻击。国内外已经进行了大量的航天器交会/拦截、绕飞/伴飞、掠飞/遍历巡访等方面的研究，与其相比，航天器的规避具有同样重要的应用价值，同样复杂而又相通的数学、物理过程，但当前却只给予了较少的关注。航天器轨道规避机动作为一种主动防御技术，能有效地提高航天器在轨运行的安全可靠性和生存能力。航天器规避机动的对象主要为：大尺度的空间碎片、动能反卫星武器以及其他卫星。

4.1 空间目标在轨规避机动

4.1.1 几个有代表性的规避过程

美国政府在最新版的《空间安全》白皮书中的核心观点是"空间越来越拥挤，越来越具有竞争性，越来越具有对抗性"，已经道出了航天器规避的必要性和重要性。"拥挤"是现状，它使航天器碰撞的概率增大；"竞争性"是产生拥挤的主要推手，特别是具有商业价值和军事价值的轨道，使拥挤现状变得越来越严重；而"对抗性"又可能使碰撞成为一种人为的企图和主动行为，并且更加难以规避。

航天器的规避首先要区分是针对非敌对目标（如空间碎片、正常运行的航天器等），还是针对敌对目标（如反卫星武器等），所以首先要对目标危险性进行判定。目前已知的规避目标有：

1) 有编目的空间碎片（包括废弃卫星或其残骸）；

2）正常运行的在轨航天器；

3）未编目的空间碎片，或临时产生的轨道物体；

4）来自于空间或地面的进攻性武器；

5）不友好的绕飞或伴飞航天器。

对前两种情况可以提前预知或检测到轨道数据的目标，航天器轨道设计时需预先考虑规避问题，这属于正常规避。对于后三种情况中的敌对攻击或紧急出现的轨道物体（包括碎片），要考虑应急机动对策，规避完成后返回原来的工作轨道，其中要考虑运动约束、能量约束、时间约束等，这属于应急规避。

实际上，正常规避是航天器运行管理中的一项正常活动，最近20 年来各国已完成多次正常规避，资料显示最早的在轨规避事件发生在 1997 年 6 月，欧洲空间局利用美国空间监视网提供的数据，监视到 ERS‐1 卫星有可能在 6 月 25 日 13：24：46 UTC 与 COS-MOS614 卫星交会，决定让 ERS‐1 卫星机动飞行进行规避。通过给 ERS‐1 卫星施加 1 m/s 的速度增量，使得其在预测的碰撞位置处提升了 4 km 高度，从而成功规避了与 COSMOS614 卫星的碰撞。

1999 年 10 月 26 日，国际空间站（ISS）进行了第 1 次规避空间碎片的机动飞行，规避对象是废弃的飞马座（Pegasus）火箭的上面级。在预计交会前 18 h，空间站实施规避机动，使空间站和 Pegasus 火箭上面级的距离从不到 1 km 增加到安全距离 140 km。

在这之后，美、俄、欧洲空间局完成了多次轨道规避的机动。2009 年，NASA 共进行了 8 次航天器规避机动，其中 1 次是规避航天器，1 次是规避火箭箭体，其余都是规避空间碎片。

据相关文献统计，2008 年法国卫星发生过 344 次危险交会，共进行了 4 次轨道规避，其余多在交会前解除了危险警报，这说明对危险碰撞的常规预警是非常必要的。

2009 年 10 月 3 日上午 8 时 25 分，中国航天科技集团公司实施的中国卫星首次规避空间碎片的轨控任务成功完成。此次轨控任务完成质量良好，轨道高度误差小于 4 m，偏心率误差小于十万分之三，操作安全、稳妥性好，在国内可控范围内分布实施，为形成中国规避碰撞的反应机制提供了首个成功案例。

在我国的天宫 1 号和神舟 8 号交会对接任务中，为了实现航天器安全运行，把对空间碎片的监控预警以及必要时开展的规避被正式纳入了测控系统。为了防止空间碎片的伤害，天宫 1 号带有防护板，包括约 3 cm 的金属外壳，可以阻挡一些微小碎片的撞击。在针对空间碎片的监测预警中，引入碰撞概率的概念，以精确计算空间碎片出现的可能性，而且每天都要计算，这是监测和预警的依据。空间碎片的监测预警、碰撞规避等活动，将成为我国载人航天活动中的一部分常态化工作。

4.1.2　规避机动的技术途径

航天器运行轨道的固有特性决定了其脆弱性，空间出现紧急情况时，例如空间碎片撞击、敌方卫星来袭等，为了防止航天器受到破坏，需要进行快速轨道规避机动，危险过后再回到原来的轨道正常工作。自首颗人造地球卫星发射以来，实现空间的自由机动一直是航天技术发展的重要方向之一。多年来的发展证明了实现轨道间自由机动的可能性，同时也显示了实现轨道机动所需付出的高昂代价。轨道机动是空间规避轨道的基本支撑技术。为了完成必要的规避机动，航天器必须在指定的时间到达空间指定的位置并保持指定的速度、姿态等，因此对空间机动技术的探索与演示验证是规避机动研发的重点。近年来在这一领域虽然已经取得了重要进展，但轨道机动的应用随着新的空间操作的开发和利用还有很多新问题需要解决。

不论是航天器的规避机动还是其他空间应急响应或空间对抗，最基础的技术都是航天器轨道机动。因此，开展大范围快速轨道机动理论研究，发展空间飞行器轨道机动技术，最根本的目的是提高航天器的机动能力，发挥航天器的最佳效能。

4.2　危险物体及其判定准则

4.2.1　规避对象简介

航天器在轨运行时，为避免其他物体的跟飞、绕飞、伴飞、碰撞以及其他航天器的攻击等行为而需要做出机动，这是一种主动防御技术，可有效提高航天器在轨运行的安全可靠性和生存能力。

为讨论方便，将规避对象分为无机动能力和有机动能力两大类，并分别选取空间碎片和动能拦截器作为规避对象的代表进行探讨。

4.2.1.1　空间碎片

空间碎片是指在地球轨道上且不受控的的一切物体，包括卫星发射过程和入轨后的抛弃物、卫星解体产生的碎片、任务终止后的卫星本身等。国际上按尺寸的大小，将空间碎片分为 3 类：尺寸不小于 10 cm 的为大碎片，尺寸介于 1 cm 到 10 cm 之间的为小碎片，尺寸不大于 1 cm 的为微小碎片。目前空间碎片的总貌见表 4-1[3]。

表 4-1　空间碎片总貌

尺寸/cm	物体数目	数量百分比/%	质量百分比/%
>10	9 000	0.02	99.93
1～10	110 000	0.31	0.035
0.1～1	35 000 000	99.67	0.035
总数	35 119 000	100	100

无论是载人还是非载人航天器，空间碎片对其所造成的碰撞危害，可根据其对飞行任务的最终影响程度分为 3 类：

1) 灾难性碰撞，即航天器解体或关键设备损坏，造成飞行不可逆转的失败；

2）可恢复碰撞，即飞行任务短暂中断或部分任务丧失；

3）碰撞累计效应，即随着时间的增加，碰撞次数增多，航天器表面温控层被破坏，引发内部设备的失效，从而导致飞行任务失败。

4.2.1.2　拦截器

拦截器可以看成是具有主动能力的空间碎片，它可以对目标航天器测量、跟踪，对目标的机动做出相应反应以实现成功拦截。

拦截器的拦截过程可以理解为：拦截器始终瞄准其与航天器二者的假想交会点，该点随着估计飞行信息的变化而变化。若估计飞行信息准确，则两者的实际交会点与假想交会点一致，此时可以成功拦截航天器。但是当航天器机动后，其受力情况发生了改变，由于拦截器的导引头存在一定的探测延迟，故航天器状态变化信息的获得时刻是滞后于航天器状态变化时刻的。在此期间，仍认为航天器受力情况不变，从而依然瞄准航天器不机动时的假想交会点飞行，造成脱靶。因此，航天器机动与不机动的位置偏差就近似代表着当前时刻的脱靶量。当脱靶量大于某一指定值时，说明拦截器未能击中航天器。如果拦截器具有对航天器机动进行跟踪的能力，采用不同机动将不同程度地减少脱靶量以成功拦截目标。

4.2.2　危险物体判定准则

4.2.2.1　交点判定准则

交点判定准则比较适用于对空间碎片的判定。实质就是根据空间碎片与航天器的轨道参数，确定二者有相交的点。一般联立求解2个圆锥曲线方程，可得到4个实根、2个实根、无实根3种情况。通过有、无实根判定空间碎片有可能、不可能对航天器构成威胁。由于空间碎片数量庞大，用上述方法判定危险目标时，需连续求解的方程数目很多，计算量太大。因此有必要采用如下方法，初步排除一些非危险性目标，从而减少求解方程的数量。

1）近地点判定法：若空间碎片轨道的近地点大于航天器轨道的远地点，可以将上述碎片排除在危险物体之外。

2）远地点判定法：若空间碎片轨道的远地点小于航天器轨道的近地点，可以将上述碎片排除在危险物体之外。

经上述两种判定方法的排除，最终保留下来的危险物体是否真正能够对航天器构成威胁，还必须根据当前时刻碎片与航天器的轨道参数，计算和预报两者相对距离和位置的变化，进行进一步的判断。

4.2.2.2 距离判定准则

距离判定的实质就是设置一个安全距离，当空间物体与航天器的相对距离小于此安全距离并有进一步减小的趋势时，判定该空间物体为危险目标，发出警告，并开始对该目标进行检测，以决定是否需要规避机动。

（1）Box 区域判定法（Box Method）[2]

早期的航天器碰撞预警主要基于 Box 区域方法。无论是航天器的定位还是拦截器的探测和预报都存在一定的误差。考虑到这些误差的存在，因此引入 Box 区域判定法。美国航空航天局引入 Box 区域判定法，通过在预计碰撞周围定义警戒区域和规避区域，以判断航天器与拦截器之间的距离是否已经构成威胁。以美国的航天飞机为例，当预报结果表明空间目标将进入以航天器为中心，沿轨迹方向为 ±25 km，轨道面内垂直于轨迹方向及轨道平面的外法向为 ±5 km 的长方体空间内时，地面监测系统就会发出预警，并提供更详细的轨道预报数据，同时不断更新探测数据。当目标进入以航天器为中心，沿轨迹方向为 ±5 km，轨道面内垂直于轨迹方向及轨道平面的外法向为 ±2 km 的长方体空间内时，便判断该目标为危险，航天器就会进行机动变轨来规避碰撞。

Box 方法将任何进入事先设定的固定规避区域内的空间目标都认为是危险拦截器，都会做出进行规避机动的决策。Box 方法是一种平均方法，其区域划定的根据是拦截器轨道预报的平均误差。在多数情况下该方法过于保守，有可能在并不需要的时候造成航天器无谓的机动，浪费宝贵的推进剂。

（2）敌意飞行器的判定方法

在轨运行的空间飞行器数目众多，显然并不是发现 1 个目标就将其定义为敌意飞行器，即使这个飞行器是朝着己方航天器运动的。因此，找出 1 个定义敌意飞行器的判据是十分重要的。

假设己方航天器与未知目标的相对位置和相对速度为 $[x, y, z, v_x, v_y, v_z]$，二者之间的距离为 $d = \sqrt{x^2 + y^2 + z^2}$，距离变化率为 $\dot{d} = \dfrac{d(t + \Delta t) - d(t)}{\Delta t}$。若将己方航天器的安全许可距离设为 $D_{\min}$，则对未知目标的判据如下：

1）若 $\dot{d} < 0$，目标是敌意飞行器；

2）若 $\dot{d} > 0$，目标不是敌意飞行器；

3）若 $\dot{d} \leqslant 0$ 且 $d < D_{\min}$，应当进行规避机动；

4）若 $\dot{d} > 0$ 或者 $\dot{d} \leqslant 0$ 且 $d > D_{\min}$，则暂时不需要规避机动。

上述两种判定方法的表述略有不同，但判定的基础都是根据 2 个空间物体的相对距离而定的。对危险物体进行准确的判定和检测，是研究航天器规避机动的第一步。

4.2.2.3　基于碰撞概率的方法[2]

为了提高决策精度并减少机动次数，美国航天飞机在 2001 年采用了一种新的基于碰撞概率（Probability - Based）的防撞规避机动方法。基于碰撞概率的方法（P_c 方法）是一种比 Box 方法精度更高的碰撞风险评估方法。碰撞概率 P_c 不仅取决于最接近时刻（Time of Closest Approach，TCA）航天器与拦截器的最小距离，还需要考虑到两者交会时的位置速度几何关系，以及航天器与拦截器的位置速度不确定性，或其误差协方差矩阵。P_c 由相遇时航天器与拦截器的状态矢量、其协方差矩阵以及两者的尺寸共同确定。P_c 方法不仅考虑了相遇时的最近距离，还考虑了两者的位置速度误差，与 Box 方法区域的划定根据差异体现在平均误差不同，P_c 方法利用的是具体的误差信息。图 4 - 1 为基于碰撞概率的预警决策方法流程。

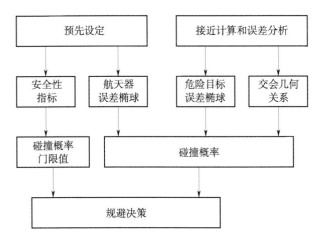

图 4-1　基于碰撞概率的预警决策

P_c 方法的误报概率比 Box 方法小。Box 方法的误报概率大小由平均协方差决定，形状由平均碰撞角决定。P_c 方法综合考虑了相遇的几何关系和协方差矩阵，因此得到的结果精度更高。如果轨道预报精度很高，即使最近点进入 Box 以内，如 3 km，这时也没有必要进行规避机动。

对于国际空间站和航天飞机而言，轨道规避机动的概率黄色门限是 $P_{cy} = 10^{-5}$，红色门限是 $P_{cy} = 10^{-4}$。当 P_c 大于黄色门限时，只要进行机动不会对主要任务和有效载荷造成冲击，就会启动发动机进行机动；当 P_c 大于红色门限时，只要机动不会造成航天器硬件损坏或产生附加的碰撞风险，就会采取机动。在 P_c 方法中，必须使航天器和拦截器的碰撞概率在机动后降到 10^{-7} 以下。

4.3　航天器规避机动策略及轨道设计

4.3.1　针对空间碎片的规避机动策略

如果在轨运行的航天器与跟踪预报的空间碎片发生碰撞交会的

可能性超过可接受的最低限度，并且在利用已知精度的跟踪观测数据改正后的轨道也被证实确实是高风险的交会时，那么必须执行避免在轨碰撞的轨道规避机动。

受碰撞交会时刻与轨道规避机动时刻之间的时间长度影响，目前主要有 2 种不同类型的碰撞规避策略，即短期规避策略和中期规避策略。

4.3.1.1　短期规避策略

短期规避策略又称高度分离法。在早于碰撞发生前 $n+1/2(n=0,1,2,\cdots)$ 轨道圈内，利用卫星轨道上沿轨迹方向的单个速度增量 ΔV 进行机动变轨，使得在碰撞交会时刻，碰撞体轨道高度之间的距离增加，即改变交会时刻的径向距离。这种方法对较短预报时间的碰撞交会事件最为适用，可以快速解决此类高风险交会事件。也就是说，如果预报时间离碰撞交会事件发生的时间较短，或者碰撞交会时碰撞体的几何关系是迎面碰撞，而速度增量 ΔV 需求不是处于临界状态，即卫星具有足够的推进剂，则短期规避策略是最佳选择。具体过程如图 4 - 2 所示。

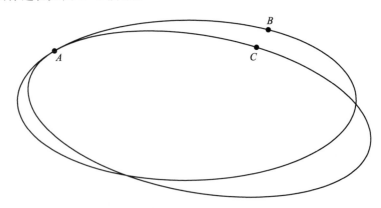

图 4 - 2　高度分离法机动过程示意图

图 4 - 2 中，A 点为航天器的变轨点，B 点为碰撞点，C 点为变轨后碰撞时刻航天器的位置。由图 4 - 2 可以很清晰地看出，通过机

动变轨，航天器改变了径向距离，使碰撞前、后的位置差达到了所要求的分离距离。

欧洲空间局（ESA）曾经利用此方法顺利解决了其 ESA - 1 卫星与俄罗斯的 Kosmos - 614 卫星之间的高风险交会事件。根据预报，此事件将发生于 1997 年 6 月 25 日 13:24:46 UTC。ESA 在预报交会事件发生前的半个轨道圈内，通过轨道控制为 ESA - 1 卫星提供 1 m/s（与飞行方向反向）的机动变轨速度增量。通过此次机动变轨，使得 ESA - 1 卫星的轨道高度在交会时刻处于 Kosmos - 614 卫星高度之下大约 4 km，因此碰撞概率大幅降低。

4.3.1.2　中期规避策略

中期规避策略又称沿轨迹分离法。在早于碰撞发生前 $n(n > 2)$ 轨道圈内，利用卫星轨道沿轨迹方向上的几个较小的速度增量 ΔV 进行机动变轨，使得在碰撞交会时刻，碰撞体在其轨道沿轨迹方向的距离增加。如果预报时间距碰撞交会发生的时间间隔足够长，或者碰撞交会时卫星与空间碎片的轨道不共面，而速度增量 ΔV 预算处于临界状态，即卫星不具备足够的推进剂，那么中期规避策略是最佳的选择。具体过程如图 4 - 3 所示。

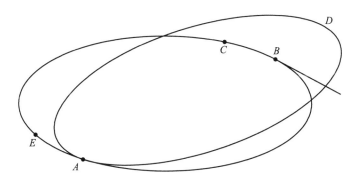

图 4 - 3　沿轨迹分离法机动过程示意图

如图 4 - 3 所示，如果航天器在原轨道 AB 上运行时，通过预警观测，确定其在 B 点会发生碰撞危险，因此提前若干个周期在 A 点

进行机动变轨，使航天器从轨道 AB 进入轨道 AD，轨道 AD 的周期 T_2 与轨道 AB 的周期 T_1 不同。如果航天器在轨道 AD 上运行 1 个 T_2 周期到达 A 点时，而其在原轨道 AB 上只能到达 E 点，由此产生了 1 个沿不同轨道到达 A 点的时间差 $\Delta t = |T_2 - T_1|$。运行 n 个 T_2 周期后，该时间差累计到 $T_z = n\Delta t$。这时再在 A 点进行轨道机动，使航天器回到原轨道 AB。由于时间差的存在，使得在碰撞时刻，航天器在原轨道上到达 C 点（非 B 点），因此在轨迹方向上错开了 1 个距离 BC，从而规避了碰撞事件的发生。

法国宇航局（CNES）曾利用此方法解决了其 SPOT - 2 卫星与阿里安 5 - 16 运载火箭末级爆炸碎片之间的高风险交会事件。根据预报，此事件将发生于 1997 年 7 月 24 日 02:27 UTC，碰撞发生前火箭碎片在 SPOT - 2 卫星前飞行，并且两者相对速度较低（大约为 4.67 km/s）。为了规避碰撞的发生，法国宇航局在 SPOT - 2 卫星沿轨迹方向上提供了 1 个速度增量 Δv，使得在碰撞时刻沿迹方向两者的交会距离增加到 2 km 以上，致使碰撞概率大幅降低。

4.3.2　针对拦截器的规避机动策略

4.3.2.1　拦截器参数估计数学模型

对拦截器参数的准确估计是航天器成功规避碰撞的先决条件，因此航天器在进行规避机动之前，先要对拦截器参数进行估计。为此，给出拦截器参数估计的数学模型。

（1）坐标系

地心惯性坐标系 $o_e x_e y_e z_e$：原点位于地心，$o_e x_e$、$o_e y_e$ 和 $o_e z_e$ 轴分别平行于发射惯性坐标系的 $o_0 x_0$、$o_0 y_0$ 和 $o_0 z_0$ 轴。将 $o_e x_e z_e$ 平面称为侧向平面，而所有与它垂直的平面称为纵向平面，$o_e x_e y_e$ 平面即为 1 个纵向平面。

地心轨道坐标系 S_{01} —— $o_{01} x_{01} y_{01} z_{01}$：坐标原点在地心；$x_{01}$ 轴由地心指向航天器，沿矢径 r 方向；y_{01} 轴在轨道平面内垂直于 r，指向运动前方；z_{01} 轴垂直于轨道平面，成右手直角坐标系。

地球赤道惯性坐标系 $o_I x_I y_I z_I$：坐标原点位于地心；$o_I z_I$ 轴指向地球自转轴方向；x_I 和 y_I 在地球赤道平面内，三轴均指向空间的固定方向。该坐标系的原点 o_I 虽然固定于地心，但它的三轴却不固定在地球上，因此不随地球自转。当忽略地球绕太阳的公转时，可以将其看成 1 个惯性坐标系。

质心轨道坐标系、本体坐标系的定义参见 3.4.1.1 小节。

（2）参数估计数学模型

在地心惯性坐标系下，拦截器运动方程为

$$\begin{cases} \dot{x} = v_x \\ \dot{y} = v_y \\ \dot{z} = v_z \\ \dot{v}_x = a_x \\ \dot{v}_y = a_y \\ \dot{v}_z = a_z \end{cases} \qquad (4-1)$$

式中 $[x, y, z]^T$ ——拦截器的位置；

$[v_x, v_y, v_z]^T$ ——拦截器的速度；

$[a_x, a_y, a_z]^T$ ——拦截器的加速度矢量。

对式（4-1）进行离散化，得

$$\begin{cases} \dfrac{x(t) - x(t - t_0)}{t_0} = v_x(t - t_0) + \varepsilon_1(t - t_0) \\[2mm] \dfrac{y(t) - y(t - t_0)}{t_0} = v_y(t - t_0) + \varepsilon_2(t - t_0) \\[2mm] \dfrac{z(t) - z(t - t_0)}{t_0} = v_z(t - t_0) + \varepsilon_3(t - t_0) \\[2mm] \dfrac{v_x(t) - v_x(t - t_0)}{t_0} = a_x(t - t_0) + \varepsilon_4(t - t_0) \\[2mm] \dfrac{v_y(t) - v_y(t - t_0)}{t_0} = a_y(t - t_0) + \varepsilon_5(t - t_0) \\[2mm] \dfrac{v_z(t) - v_z(t - t_0)}{t_0} = a_z(t - t_0) + \varepsilon_6(t - t_0) \end{cases} \qquad (4-2)$$

整理式（4-2）得

$$
\begin{cases}
x(t) = x(t-t_0) + t_0 v_x(t-t_0) + t_0 \varepsilon_1(t-t_0) \\
y(t) = y(t-t_0) + t_0 v_y(t-t_0) + t_0 \varepsilon_2(t-t_0) \\
z(t) = z(t-t_0) + t_0 v_z(t-t_0) + t_0 \varepsilon_3(t-t_0) \\
v_x(t) = v_x(t-t_0) + t_0 a_x(t-t_0) + t_0 \varepsilon_4(t-t_0) \\
v_y(t) = v_y(t-t_0) + t_0 a_y(t-t_0) + t_0 \varepsilon_5(t-t_0) \\
v_z(t) = v_z(t-t_0) + t_0 a_z(t-t_0) + t_0 \varepsilon_6(t-t_0)
\end{cases}
\tag{4-3}
$$

根据式（4-3），设

$$
\boldsymbol{X}(t) = \left[x(t), y(t), z(t), v_x(t), v_y(t), v_z(t) \right]^{\mathrm{T}}
$$

$$
\boldsymbol{E}(t-t_0) = \left[\varepsilon_1(t-t_0), \varepsilon_2(t-t_0), \varepsilon_3(t-t_0), \varepsilon_4(t-t_0), \right.
$$
$$
\left. \varepsilon_5(t-t_0), \varepsilon_6(t-t_0) \right]^{\mathrm{T}}
$$

$$
\boldsymbol{A}(t-t_0) =
\begin{bmatrix}
1 & 0 & 0 & t_0 & 0 & 0 \\
0 & 1 & 0 & 0 & t_0 & 0 \\
0 & 0 & 1 & 0 & 0 & t_0 \\
0 & 0 & 0 & 1 & 0 & 0 \\
0 & 0 & 0 & 0 & 1 & 0 \\
0 & 0 & 0 & 0 & 0 & 1
\end{bmatrix}
\tag{4-4}
$$

将式（4-4）代入式（4-3），得到矩阵形式

$$
\boldsymbol{X}(t) = \boldsymbol{A}(t-t_0)\boldsymbol{X}(t-t_0) + t_0 \boldsymbol{E}(t-t_0)
\tag{4-5}
$$

若已知 $\boldsymbol{X}(t)$、$\boldsymbol{X}(t-t_0)$ 和 t_0，则

$$
\boldsymbol{E}(t-t_0) = \frac{\boldsymbol{X}(t) - \boldsymbol{A}(t-t_0)\boldsymbol{X}(t-t_0)}{t_0}
\tag{4-6}
$$

$\boldsymbol{E}(t-t_0)$ 的含义如图 4-4 所示（只考虑 X 轴向的误差），线段 AC 是曲线 $\boldsymbol{X} = \boldsymbol{X}(t)$ 在点 C 处的切线，线段 AB 就是 $\boldsymbol{E}(t-t_0)$（误差项）。

当 t_0 很小时，对于自由飞行和恒推力飞行的拦截器，$\boldsymbol{E}(t) \approx \boldsymbol{E}(t-t_0)$。

若给定 t_f，则有

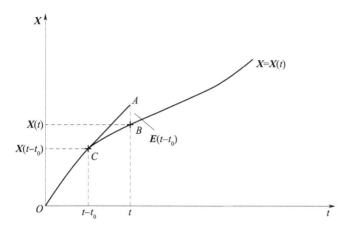

图 4 - 4　$E(t - t_0)$ 的物理含义

$$A(t) = \begin{bmatrix} 1 & 0 & 0 & t_f & 0 & 0 \\ 0 & 1 & 0 & 0 & t_f & 0 \\ 0 & 0 & 1 & 0 & 0 & t_f \\ 0 & 0 & 0 & 1 & 0 & 0 \\ 0 & 0 & 0 & 0 & 1 & 0 \\ 0 & 0 & 0 & 0 & 0 & 1 \end{bmatrix} \qquad (4 - 7)$$

则

$$X(t + t_f) = A(t)X(t) + t_f E(t) \qquad (4 - 8)$$

式（4 - 8）就是（$t + t_f$）时刻拦截器的估计飞行信息计算公式。

4.3.2.2　基于视线转率的航天器与拦截器相对运动模型

设拦截过程在大气层外，忽略大气阻力，认为拦截器和航天器均只受重力和控制力的作用。同时，考虑到拦截器末制导的拦截时间很短，大约只需 5～8 s，故可忽略地球自转、地球曲率的影响，认为拦截器和航天器运行在圆轨道上。

拦截器末制导的本质思想是抑制视线转率的变化，使拦截器以近似平行接近的方式撞击航天器，故需要建立基于视线转率的相对运动方程。

定义视线角 q_ε：视线与其在地心惯性坐标系 S_e 的 $O_eX_eZ_e$ 面内投影的夹角。

定义高低角 q_β：视线在 $O_eX_eZ_e$ 面内的投影与 O_eX_e 轴的夹角。

在地心惯性坐标系中，t 时刻拦截器的位置、速度分别为

$$\begin{cases} \boldsymbol{R}_m(t) = \begin{bmatrix} x_m(t) & y_m(t) & z_m(t) \end{bmatrix}^T \\ \boldsymbol{v}_m(t) = \begin{bmatrix} v_{mx}(t) & v_{my}(t) & v_{mz}(t) \end{bmatrix}^T \end{cases} \quad (4-9)$$

航天器的位置、速度分别为

$$\begin{cases} \boldsymbol{R}_t(t) = \begin{bmatrix} x_t(t) & y_t(t) & z_t(t) \end{bmatrix}^T \\ \boldsymbol{v}_t(t) = \begin{bmatrix} v_{tx}(t) & v_{ty}(t) & v_{tz}(t) \end{bmatrix}^T \end{cases} \quad (4-10)$$

设

$$\begin{cases} x = x_t(t) - x_m(t) \\ y = y_t(t) - y_m(t) \\ z = z_t(t) - z_m(t) \\ v_x = v_{tx}(t) - v_{mx}(t) \\ v_y = v_{ty}(t) - v_{my}(t) \\ v_z = v_{tz}(t) - v_{mz}(t) \end{cases} \quad (4-11)$$

若导引头不存在测量噪声，则有

$$\begin{cases} q_\varepsilon = \arctan\left(\dfrac{y}{\sqrt{x^2 + z^2}}\right) \\ q_\beta = -\arctan\left(\dfrac{z}{x}\right) \\ \dot{q}_\varepsilon = \dfrac{(x^2 + z^2)\dot{y} - (x\dot{x} + z\dot{z})y}{(x^2 + z^2 + y^2)\sqrt{x^2 + z^2}} \\ \dot{q}_\beta = \dfrac{z\dot{x} - x\dot{z}}{x^2 + z^2} \\ v_c = \dfrac{x_r\dot{x}_r + y_r\dot{y}_r + z_r\dot{z}_r}{\sqrt{x_r^2 + z_r^2 + y_r^2}} \end{cases} \quad (4-12)$$

假设拦截器的末制导律为比例导引律，则其需用过载的计算公式为

$$\begin{cases} n_y = N_1 v_c \dot{q}_\epsilon \\ n_z = N_2 v_c \dot{q}_\beta \end{cases} \quad (4-13)$$

式中 n_y，n_z——拦截器的法向过载和侧向过载；

N_1，N_2——导航比，一般取 2～6。

4.3.2.3 规避机动必要性分析

分析航天器机动与不机动时产生的位置偏差的主要目的是为研究航天器机动与脱靶量间的关系提供理论支持。由相关分析可知，若拦截器导引头探测周期较大，拦截器可以通过估计航天器的飞行信息来调整自身的飞行状态。在航天器不改变发动机工作状态的情况下，拦截器几乎可以无误差地估计出航天器的位置，估计的准确性保证了较高的撞击成功率。拦截器的撞击过程可以理解为：拦截器始终瞄准两者的假想交会点，该点随着估计飞行信息的变化而变化。如果估计飞行信息准确，则两者的实际交会点与假想交会点一致，此时拦截器可以成功撞击航天器。航天器机动后，它的受力情况发生改变。由于拦截器的导引头存在一定的探测周期，拦截器只有在导引头探测到航天器状态发生改变之后才能调整飞行状态，在这期间，仍旧认为航天器受力情况不变，依然瞄准航天器不机动时的假想交会点飞行。所以，航天器机动与不机动时的位置偏差实际上就近似代表了当前时刻的脱靶量。

航天器动力学方程为

$$\begin{cases} \dfrac{\mathrm{d}v_x}{\mathrm{d}t} = a_x + \dfrac{u_x}{m} \\[2mm] \dfrac{\mathrm{d}v_y}{\mathrm{d}t} = a_y + \dfrac{u_y}{m} \\[2mm] \dfrac{\mathrm{d}v_z}{\mathrm{d}t} = a_z + \dfrac{u_z}{m} \\[2mm] \dfrac{\mathrm{d}x}{\mathrm{d}t} = v_x \\[2mm] \dfrac{\mathrm{d}y}{\mathrm{d}t} = v_y \\[2mm] \dfrac{\mathrm{d}z}{\mathrm{d}t} = v_z \end{cases} \qquad (4-14)$$

对式（4-14）中各分量积分，得

$$\begin{cases} \displaystyle\int_0^t \mathrm{d}v_x = \int_0^t \left(a_x + \dfrac{u_x}{m}\right)\mathrm{d}t \\[3mm] \displaystyle\int_0^t \mathrm{d}v_y = \int_0^t \left(a_y + \dfrac{u_y}{m}\right)\mathrm{d}t \\[3mm] \displaystyle\int_0^t \mathrm{d}v_z = \int_0^t \left(a_z + \dfrac{u_z}{m}\right)\mathrm{d}t \\[3mm] \displaystyle\int_0^{t_1} \mathrm{d}x = \int_0^{t_1} v_x \mathrm{d}t \\[3mm] \displaystyle\int_0^{t_1} \mathrm{d}y = \int_0^{t_1} v_y \mathrm{d}t \\[3mm] \displaystyle\int_0^{t_1} \mathrm{d}z = \int_0^{t_1} v_z \mathrm{d}t \end{cases} \qquad (4-15)$$

计算式（4-15）中各个速度积分式，得

$$\begin{cases} v_{xt} - v_{xt_0} = \displaystyle\int_0^t \left(a_x + \dfrac{u_x}{m}\right)\mathrm{d}t \\[3mm] v_{yt} - v_{yt_0} = \displaystyle\int_0^t \left(a_y + \dfrac{u_y}{m}\right)\mathrm{d}t \\[3mm] v_{zt} - v_{zt_0} = \displaystyle\int_0^t \left(a_z + \dfrac{u_z}{m}\right)\mathrm{d}t \end{cases} \qquad (4-16)$$

把式（4-16）代入到式（4-15）中的各个位置积分式中，得

$$\begin{cases} x_{t_1} - x_{t_0} = \int_0^{t_1} \left[v_{xt_0} + \int_0^t \left(a_x + \dfrac{u_x}{m} \right) \mathrm{d}t \right] \mathrm{d}t \\[3mm] y_{t_1} - y_{t_0} = \int_0^{t_1} \left[v_{yt_0} + \int_0^t \left(a_y + \dfrac{u_y}{m} \right) \mathrm{d}t \right] \mathrm{d}t \qquad (4-17) \\[3mm] z_{t_1} - z_{t_0} = \int_0^{t_1} \left[v_{zt_0} + \int_0^t \left(a_z + \dfrac{u_z}{m} \right) \mathrm{d}t \right] \mathrm{d}t \end{cases}$$

设 $\Delta T = t_1 - t_0$，对航天器来说，当 ΔT 很小时，其地心距变化很小，引力近似恒定，而其他力分量相对于引力可忽略不计。因此，可以近似认为在 ΔT 时间内施加推力时除推力以外的各项力所引起的加速度 $[a_x, a_y, a_z]^{\mathrm{T}}$ 与不施加推力时的加速度 $[a'_x, a'_y, a'_z]^{\mathrm{T}}$ 相同，则有

$$\begin{cases} x'_{t_1} - x_{t_0} = \int_0^{t_1} \left(v_{xt_0} + \int_0^t a'_x \mathrm{d}t \right) \mathrm{d}t \approx \int_0^{t_1} \left(v_{xt_0} + \int_0^t a_x \mathrm{d}t \right) \mathrm{d}t \\[3mm] y'_{t_1} - y_{t_0} = \int_0^{t_1} \left(v_{yt_0} + \int_0^t a'_y \mathrm{d}t \right) \mathrm{d}t \approx \int_0^{t_1} \left(v_{yt_0} + \int_0^t a_y \mathrm{d}t \right) \mathrm{d}t \\[3mm] z'_{t_1} - z_{t_0} = \int_0^{t_1} \left(v_{zt_0} + \int_0^t a'_z \mathrm{d}t \right) \mathrm{d}t \approx \int_0^{t_1} \left(v_{zt_0} + \int_0^t a_z \mathrm{d}t \right) \mathrm{d}t \end{cases}$$

$$(4-18)$$

将式 (4-18) 代入到式 (4-17) 中，得

$$\begin{cases} x_{t_1} - x_{t_0} = \int_0^{t_1} \left(v_{xt_0} + \int_0^t a_x \mathrm{d}t \right) \mathrm{d}t + \dfrac{1}{2} \dfrac{u_x}{m} (t_1 - t_0)^2 \\[3mm] \qquad \approx x'_{t_1} - x_{t_0} + \dfrac{1}{2} \dfrac{u_x}{m} (t_1 - t_0)^2 \\[3mm] y_{t_1} - y_{t_0} = \int_0^{t_1} \left(v_{yt_0} + \int_0^t a_y \mathrm{d}t \right) \mathrm{d}t + \dfrac{1}{2} \dfrac{u_y}{m} (t_1 - t_0)^2 \\[3mm] \qquad \approx y'_{t_1} - y_{t_0} + \dfrac{1}{2} \dfrac{u_y}{m} (t_1 - t_0)^2 \\[3mm] z_{t_1} - z_{t_0} = \int_0^{t_1} \left(v_{zt_0} + \int_0^t a_z \mathrm{d}t \right) \mathrm{d}t + \dfrac{1}{2} \dfrac{u_z}{m} (t_1 - t_0)^2 \\[3mm] \qquad \approx z'_{t_1} - z_{t_0} + \dfrac{1}{2} \dfrac{u_z}{m} (t_1 - t_0)^2 \end{cases}$$

$$(4-19)$$

即有

$$
\begin{cases}
x_{t_1} - x'_{t_1} = \dfrac{1}{2} \dfrac{u_x}{m} (t_1 - t_0)^2 \\[2mm]
y_{t_1} - y'_{t_1} = \dfrac{1}{2} \dfrac{u_y}{m} (t_1 - t_0)^2 \\[2mm]
z_{t_1} - z'_{t_1} = \dfrac{1}{2} \dfrac{u_z}{m} (t_1 - t_0)^2 \\[2mm]
R = \sqrt{(x_{t_1} - x'_{t_1})^2 + (y_{t_1} - y'_{t_1})^2 + (z_{t_1} - z'_{t_1})^2} \\[2mm]
 = \dfrac{1}{2} \dfrac{P}{m} (t_1 - t_0)^2
\end{cases}
$$

$$(4-20)$$

式中　　P——作用在航天器上的推力。

式（4-20）表明，无论航天器的机动方向如何，它在 $\Delta T = t_1 - t_0$ 时间内所产生的位置偏差与其机动方向无关，该偏差大约为 $\dfrac{1}{2} \dfrac{P}{m} (t_1 - t_0)^2$。由此可见，机动可以造成拦截器对航天器的估计飞行信息与航天器真实飞行信息之间存在较大的偏差。因此，如果航天器充分利用拦截器的估计误差进行规避，将取得很好的规避效果。

4.3.2.4　基于不利搜索的智能规避

由式（4-20）可知，若推力与机动时间保持不变，则航天器产生的位置偏差大小就不变。如何以更有效的方式利用这个位置偏差进行规避，需要解决下述问题。

（1）航天器机动方式的选择

为了有效评估规避策略和导引规律的性能，认为航天器所能探测到的拦截器信息是完全准确的。同理，认为拦截器通过探测得到的航天器信息也是无误差的。

由于航天器机动会使假想交会点与真实交会点存生偏差，因此，有如下一些策略可供选择。

在不考虑探测误差的情况下，设拦截器探测周期为 ΔT，在当前时刻 t 拦截器恰好能探测到航天器的飞行信息，航天器也恰好在此时刻改变发动机工作模式，亦即机动。之后，拦截器在 $(t, t + \Delta T)$

时间内的假想交会点与真实交会点会产生偏差。在 $t + \Delta T$ 时刻拦截器根据探测到的航天器新信息，做出相应调整。但是航天器在 $(t + \Delta T, t + 2\Delta T)$ 时间段内再次机动，则拦截器的假想交会点又将与真实交会点产生偏差，如此反复，直到两者相遇。这种机动也可以理解为一种"本能"机动，称为方波机动。这种机动方式虽然消耗推进剂较大，但是由于其具有随机特性，使得突防效果比较好。

　　上述规避策略存在一个关键的假设——航天器在机动时拦截器恰好刚刚探测到其飞行信息。在实际对抗过程中，这是不可能的。但是，上述分析有一个重要的启示：航天器不断改变发动机的工作模式会导致拦截器的假想交会点与真实交会点产生偏差，因此，航天器的最优机动策略与改变发动机工作模式有密切的关系。

　　从概率的角度来说，航天器恰好在两者相遇前 ΔT 时刻进行机动就是最优的模式，原因如下：如果在两者相遇前 $\Delta T - O(1)$ 或 $\Delta T + O(1)$（$O(1)$ 为无穷小量）时刻航天器不改变发动机的工作模式，则脱靶量会减小，航天器成功规避的概率下降。此情况下，航天器规避有 2 种机动方式：

　　1）航天器在两者相遇前 ΔT 时刻打开发动机，一直持续到两者相遇（如图 4-5 所示）。

　　2）航天器在 ΔT 之前某段时间（至少为 $2\Delta T$ 时间）处于开机状态，两者相遇前 ΔT 时刻关闭发动机（如图 4-6 所示）。

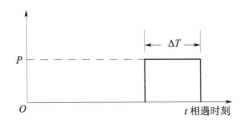

图 4-5　第 1 种机动方式

　　第 1 种机动方式实现简单、推进剂消耗少，是一种确定的机动方案。

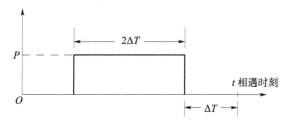

图 4 - 6　第 2 种机动方式

第 2 种机动方式只确定了关闭发动机时刻，不是一种确定的机动方案，需要确定发动关闭机之前的工作状态。对第 2 种机动方式来说，由于拦截器肯定能在 $2\Delta T$ 时间内成功调整自身飞行状态，因此，为了使得拦截器的假想交会点与真实交会点偏差较大，航天器必须在发动机关闭之前保证发动机持续工作 $2\Delta T$ 时间。即使这样，还是不能完全确定机动方案。另外，把第 2 种机动方式与第 1 种机动方式相比较，可以发现，第 2 种机动方式至少比第 1 种机动方式多消耗 ΔT 时间的推进剂。

针对第 2 种机动方式可以给出这样的机动方案：在两者相遇前 $3\Delta T$ 时刻打开发动机，并保证发动机持续工作 $2\Delta T$ 时间；然后在两者相遇前 ΔT 时刻关闭发动机。如此确定机动方案的原因如下：

1）发动机长时间不改变工作状态对脱靶量的影响不大；

2）第 2 种机动方式至少比第 1 种机动方式多消耗了 ΔT 时间的推进剂，因此不宜再过多地消耗推进剂；

3）即使第 2 种机动方式在两者相遇前 $3\Delta T$ 时刻之前仍有多种发动机组合方式，但是这些组合对脱靶量的影响很小。

由于不能成功获得拦截器探测周期或其估计值，只能使用脱靶量估计公式 $\dfrac{1}{2}\dfrac{P}{m}t^{2}$ 来确定机动持续时间，即若航天器希望产生足够大的脱靶量 δ，则根据公式

$$\frac{1}{2}\frac{P}{m}t^{2} \geqslant \delta \tag{4-21}$$

可解得其机动持续时间。然后，可根据实际情况和具体要求，选择第 1 或第 2 种机动方式。

（2）航天器机动时刻确定

确定机动方式后，接下来的问题就是要确定发动机的开关机时刻。

在拦截器探测周期无法确定的情况下，可以根据脱靶量估计公式计算出机动持续时间。实际上，在空间对抗问题中，航天器所能探测到的是拦截器的离散飞行信息，因此并不清楚在多久之后它能够与拦截器相遇，然而，可以通过两者的相对距离 R 和相对速度 V_r 近似估算出相遇时间。因此，机动时刻可以通过以下 2 种方式确定：

1）由两者的相对距离 R 确定机动时刻；

2）由两者的比值 R/V_r 确定机动时刻。

下面详细说明这两种机动时刻确定方式的合理性及 R 值和 R/V_r 值的确定方法。

根据脱靶量计算出机动持续时间是 t_s，航天器能够离散探测到拦截器的飞行信息，假设两者的相对速度 V_r 不变，则可以根据相对距离来确定两者的相遇时刻，当两者的相对距离满足 $R = V_r \times t_s$ 时，航天器开始机动。同理，若相对速度 V_r 不变，R/V_r 值代表两者相遇所剩时间，当 $t_s = R/V_r$ 时，航天器开始机动。

从上述分析可以看出，解决上述问题引入了 2 个假设：

1）假设相对速度 V_r 不变；

2）假设航天器能够实时探测到拦截器的飞行信息。

然而，航天器在机动过程中始终受到变力作用，必定会改变航天器的速度。由于航天器与拦截器的速度均发生变化，因此，假设 1 实际上不可能成立。但是，在短时间内，可以近似认为航天器与拦截器的相对运动速度不变。

另外，航天器不能实时探测到拦截器的飞行信息，因此假设 2 实际上也不可能成立。但是当探测周期很短时，近似认为可以通过探测得到它们的相对距离。

（3）航天器机动方向确定

航天器机动后会导致拦截器要相应地调整自身飞行状态，此时，拦截器的需用过载越大，航天器成功脱靶的概率就越大。导致拦截器脱靶的因素有 3 个：

1）拦截器采用的导引规律性能；

2）拦截器的性能；

3）拦截器假想交会点与真实交会点的偏差。

航天器自由飞行时，拦截器使用比例导引规律碰撞航天器，在某些方位上能够成功，如通过较优碰撞方位搜索算法得到保证拦截器需用过载相对较小的方位；但是在有些方位上，由于需用过载太大，不能满足过载约束条件，便不能成功碰撞航天器。

由上述分析可得到如下启示：如果航天器机动之后，导致拦截器对其实现碰撞的需用过载变大，则航天器成功规避碰撞的概率就会增大。实际上，航天器是可以通过调整机动方向增大拦截器对其碰撞的需用过载，而且这种调整对自身的影响微乎其微。采用此策略，对航天器来说可能会取得较好的规避效果，但对拦截器则可能要付出较大的碰撞代价，甚至有可能造成碰撞失败。

设航天器在机动时刻的机动方向将导致拦截器的需用过载最大，由于航天器调姿不能瞬态完成，因此，需要在机动之前确定机动方向。

考虑到航天器只能根据观测到的拦截器信息进行决策，而且需要在机动之前确定机动方向，本小节给出一种确定航天器机动方向的算法。

如图 4-7 所示，航天器发现拦截器后立即开始记录观测信息，并计算当前两者的相对距离 R 和接近速度 V_r，通过 R/V_r 值确定调姿开始时刻。由于姿控发动机的调姿动作需要 3 s 时间来完成，因此，当 $t = R/V_r - 3$ s 时姿控发动机开始工作，此时必须计算出最佳机动方向。

设调姿起始时刻为 t_c，机动时刻是 t_m，航天器较优机动方向搜

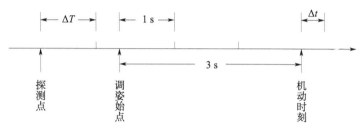

图 4-7　姿态调整过程的时间分布示意图

索算法步骤如下：

1）给定航天器姿态（偏航角和俯仰角，滚动角对机动无影响）的可变范围以及角度变化间隔，从第 1 组姿态开始搜索；

2）估计 ΔT 之后（ΔT 是航天器的探测周期）拦截器的位置和速度；

3）计算航天器 ΔT 之后的位置和速度；

4）利用式（4-13）计算拦截器的需用过载 n_y、n_z，如果比上一组姿态对应的 n_y、n_z 大，则记录此时姿态（Best Yaw，Best Pitch），否则不作处理，转入步骤 1。直至搜索完毕，找到局部最优解，循环结束，返回期望姿态。

由此可见，n_y、n_z 估计值达到最大时的航天器姿态决定了较优机动方向，航天器以上述姿态机动成功规避的概率最大。

（4）航天器较优机动方式仿真分析

①算例 1

仿真条件：拦截器导引头探测周期 ΔT 取不同值，航天器在 $R/V_r = 3\Delta T$ 时持续施加推力，持续时间是 $3\Delta T$（保证两者相遇前航天器一直施加推力），拦截器可用过载分别是 $4\,g$ 和 $10\,g$，仿真结果见表 4-2。

表 4 - 2　拦截器可用过载不同的情况下，航天器连续机动时的脱靶量

拦截器导引头探测周期/s	可用过载是 4 g 时的脱靶量/m	可用过载是 10 g 时的脱靶量/m
0.5	8.035 260	2.620 785
0.6	26.410 882	4.105 748
0.8	39.831 887	1.739 120
1.0	44.035 212	4.832 309
1.2	97.827 259	5.180 798
1.5	160.878 754	4.577 908
2.0	230.983 110	19.460 114

由表 4 - 2 可见，航天器连续机动时的脱靶量依赖于拦截器的性能。因此，当拦截器性能未知时，航天器采用连续机动方式是不明智的，因为这种机动方式不具有自适应性和鲁棒性，不能保证航天器以较大的概率成功规避碰撞。

②算例 2

仿真条件：拦截器的导引头探测周期 ΔT 不同，导引头探测周期未知，采用以下 2 种机动方式进行机动：

1）$R/V_r = 1$ s 时开始机动，直至相遇；

2）$R/V_r = 3$ s 时开始机动，至 $R/V_r = 1$ s 时关闭发动机。

拦截器可用过载分别是 4 g 和 10 g，仿真结果见表 4 - 3。

表 4 - 3　拦截器导引头探测周期不同且未知，可用过载不同，

航天器采用所给的 2 种机动方式机动时的脱靶量

拦截器导引头探测周期/s	可用过载是 4 g		可用过载是 10 g	
	第 1 种机动方式的脱靶量/m	第 2 种机动方式的脱靶量/m	第 1 种机动方式的脱靶量/m	第 2 种机动方式的脱靶量/m
0.5	6.802 758	4.527 187	3.499 664	4.918 917
0.6	10.314 401	9.629 537	4.502 356	5.395 593
0.8	12.242 448	9.956 315	13.706 214	13.530 132
1.0	19.071 340	32.116 576	15.678 599	12.444 072

续表

拦截器导引头探测周期/s	可用过载是 4 g		可用过载是 10 g	
	第 1 种机动方式的脱靶量/m	第 2 种机动方式的脱靶量/m	第 1 种机动方式的脱靶量/m	第 2 种机动方式的脱靶量/m
1. 2	20. 254 321	28. 424 186	19. 833 762	19. 835 206
1. 5	20. 409 119	77. 783 702	20. 774 290	23. 768 445
2. 0	20. 766 547	123. 274 334	20. 692 026	30. 127 222

综上所述，可以得出如下结论：综合考虑拦截器脱靶量与航天器推进剂消耗，航天器最优的机动方式是第 1 种机动方式，该种机动方式具有良好的自适应性和鲁棒性，在多数情况下能够保证航天器成功规避碰撞。

4.2.2.5　拦截器导引头探测周期足够短时的智能规避策略

如果拦截器导引头探测周期足够短（小于 20 ms），则拦截器导引头接近实时探测，拦截器可以近似实时获取航天器的位置、速度信息，此时，前述智能规避策略应适当修改。

如果航天器能通过改变自身的位置、速度，造成航天器与拦截器速度矢量的夹角发生变化，以及视线角和方位角发生变化，从而影响拦截器的需用过载，那么，当拦截器导引头探测周期足够短时（小于 20 ms），航天器较优的机动方式则是朝着某个方向以最大能力持续机动，其机动持续时间应尽可能长，并满足在两者相遇时刻航天器刚好关闭发动机。

航天器机动时刻确定方法、机动方向确定方法与 4.3.2.4 小节中所述的方法相同。下面通过具体算例对该策略进行规避效果分析。

算例仿真目的：分析航天器不同机动持续时间以及拦截器不同可用过载对脱靶量的影响。

算例仿真条件：拦截器对航天器进行撞击，导引头探测周期是 10 ms，探测信息存在噪声，航天器在搜索计算得到的姿态上施加推力（搜索算法计算的姿态是偏航角变化量 90°，俯仰角变化量 66°），推力大小分别是 40 000 N 和 60 000 N，比较航天器不同机动持续时间以及拦截器不同可用过载对脱靶量的影响，仿真结果见表 4 - 4～表 4 - 5。

表 4 - 4　推力是 40 000 N 时，不同机动持续时间对脱靶量的影响

机动持续时间/s	可用过载是 2 g 时的脱靶量/m	可用过载是 4 g 时的脱靶量/m	可用过载是 6 g 时的脱靶量/m	可用过载 8 g 时的脱靶量/m
1	11. 122 409	2. 679 883	2. 504 775	2. 241 970
	12. 112 986	2. 595 442	0. 784 854	2. 402 506
	11. 835 490	2. 479 516	2. 336 988	2. 236 116
	12. 468 955	2. 438 856	0. 456 630	2. 317 089
	12. 364 587	2. 497 503	2. 379 042	2. 384 103
2	44. 562 377	6. 198 528	0. 537 982	0. 923 826
	45. 864 835	5. 932 987	0. 073 144	0. 305 207
	44. 123 698	5. 902 212	0. 298 547	0. 657 924
	44. 023 089	5. 767 820	1. 127 786	0. 564 343
	45. 603 596	5. 935 002	0. 079 775	0. 039 628
3	98. 761 004	15. 046 717	1. 192 631	1. 272 252
	102. 785 290	14. 337 027	2. 077 453	0. 776 336
	101. 472 389	14. 995 828	0. 051 526	1. 918 254
	103. 039 684	15. 241 375	2. 145 610	1. 004 962
	103. 468 905	15. 392 774	1. 997 075	0. 076 553
4	196. 118 196	31. 669 644	3. 618 797	2. 782 525
	192. 850 243	27. 272 084	4. 343 507	3. 036 914
	196. 321 989	31. 060 352	3. 763 716	0. 589 225
	195. 777 120	30. 393 749	3. 827 462	2. 204 145
	195. 149 713	31. 276 247	3. 353 580	0. 191 784
5	315. 715 723	52. 511 337	3. 947 948	1. 878 983
	305. 992 125	52. 012 956	4. 134 946	3. 410 196
	311. 027 418	53. 482 977	4. 200 891	2. 257 743
	302. 108 410	53. 205 112	2. 444 712	3. 566 595
	312. 655 491	50. 985 968	3. 669 841	1. 337 054

表 4 - 5　推力是 60 000 N 时，不同机动持续时间对脱靶量的影响

机动持续 时间/s	可用过载是 2 g 时 的脱靶量/m	可用过载是 4 g 时 的脱靶量/m	可用过载是 6 g 时 的脱靶量/m	可用过载是 8 g 时 的脱靶量/m
	21.313 672	10.093 255	4.405 370	1.650 788
	21.846 213	11.017 066	3.756 987	1.685 947
1	20.968 716	10.654 128	3.268 554	2.265 542
	21.655 820	10.937 942	4.165 788	0.856 851
	21.695 437	11.425 887	4.106 354	1.694 564
	93.141 048	36.921 731	6.770 895	1.715 686
	91.279 218	38.321 566	7.140 318	1.986 654
2	90.689 492	39.268 994	7.023 599	2.065 824
	89.135 590	36.419 903	6.983 256	2.724 663
	92.063 204	35.202 095	6.321 689	3.249 296
	230.693 215	102.119 921	18.127 464	4.126 493
	217.751 057	106.193 402	19.173 775	4.662 984
3	235.244 954	105.239 978	17.264 069	5.026 976
	255.126 978	106.324 025	17.032 694	5.031 310
	226.464 925	101.235 969	16.049 983	4.985 563
	403.253 491	190.931 384	36.252 238	2.014 033
	392.891 185	195.126 497	34.882 911	3.054 656
4	386.198 790	192.062 549	35.164 993	2.296 855
	394.023 265	200.546 562	33.016 549	3.344 985
	402.126 495	197.126 453	33.002 145	3.046 658
	740.021 761	284.140 173	68.596 042	6.311 468
	667.614 795	302.247 551	74.933 193	7.235 491
5	753.487 265	289.126 585	72.369 460	6.978 214
	698.164 965	288.605 746	72.019 786	6.891 665
	659.216 568	300.294 071	75.198 235	7.032 516

由表 4 - 4 和表 4 - 5 可以得出如下结论：

1）航天器推力越大，机动时间越长，脱靶量越大。

2）若航天器的性能（可用过载）比拦截器差（拦截器的可用过载约是航天器的 1.5 倍），则航天器无法成功规避碰撞；若两者性能（可用过载）相当，航天器至少须持续机动 3 s 后方可成功规避碰撞。

4.3.2.6 最优控制规避策略

如果拦截器采用最优制导律对航天器进行撞击，航天器就需要采用相应的最优规避策略进行规避。

假设拦截器采用机动转弯方式对航天器进行撞击，其法向加速度为 a_m，航天器相对拦截器的法向加速度为 $\ddot{R}_y = u + a_m$，与目标定常加速的最优控制拦截制导律相似，此规避策略的系统状态方程为

$$\begin{cases} \dot{x}_1 = x_2 \\ \dot{x}_2 = u + a_m \end{cases} \qquad (4-22)$$

性能指标为

$$J = \frac{1}{2}\boldsymbol{X}^{\mathrm{T}}(t_f)\boldsymbol{S}\boldsymbol{X}(t_f) + \frac{1}{2}\int_0^{t_f} u^2 \, \mathrm{d}t \qquad (4-23)$$

由极小值原理可得哈密尔顿函数为

$$H = \frac{1}{2}u^2 + \lambda_1 \cdot x_2 + \lambda_2 \cdot (a_m + u) \qquad (4-24)$$

系统共态方程为

$$\begin{cases} \dot{\lambda}_1 = -\dfrac{\partial H}{\partial x_1} = 0 \\ \dot{\lambda}_2 = -\dfrac{\partial H}{\partial x_2} = -\lambda_1 \end{cases} \qquad (4-25)$$

横截条件为

$$\begin{cases} \lambda_1(t_f) = S \cdot x_1(t_f) \\ \lambda_2(t) = 0 \end{cases} \qquad (4-26)$$

所以对式（4-25）积分得

$$\begin{cases} \lambda_1(t) = S \cdot x_1(t) \\ \lambda_2(t) = S \cdot x_1(t)(t_f - t) \end{cases} \qquad (4-27)$$

由最小值原理，求解最优控制

$$\frac{\partial H}{\partial u} = u + \lambda_2 \qquad (4-28)$$

$$u^* = -\lambda_2 = -S \cdot x_1(t_f)(t_f - t) \qquad (4-29)$$

又由 $\dot{x}_2 = u + a_m$ 积分求得

$$x_2(t) = x_{20} + \int_0^{t_f} [a_m - S \cdot x_1(t_f) \cdot (t_f - \tau)] \mathrm{d}\tau \qquad (4-30)$$

$$= x_{20} + a_m t + S \cdot x_1(t_f) \left[\frac{(t_f - t)^2}{2} - \frac{t_f^2}{2} \right]$$

式中，下标 0 表示初值。

又由 $\dot{x}_1 = x_2$ 积分可得

$$x_1(t) = x_{10} + x_{20} + \frac{1}{2} a_m \cdot t^2 + \frac{1}{6} S \cdot x_1(t_f) [t_f^3 - (t_f - t)^3] -$$

$$\frac{1}{2} S \cdot x_1(t_f) \cdot t_f^2 \cdot t$$

$$(4-31)$$

令 $t = t_f$，则式（4-30）变为

$$x_1(t_f) = \frac{3}{3 + S \cdot t_f^3} \left(x_{10} + x_{20} t_f + \frac{1}{2} a_m \cdot t_f^2 \right) \qquad (4-32)$$

因此，最优控制为

$$u^* = -S \cdot x_1(t_f) \cdot (t_f - t) = -\frac{3S}{3 + S \cdot t_f^3} \qquad (4-33)$$

$$\left(x_{10} + x_{20} \cdot t_f + \frac{1}{2} a_m \cdot t_f^2 \right)(t_f - t)$$

为了使脱靶量最小，应当尽量把元素 S 选大。如 $S \to \infty$，则上式为

$$u^* = -\frac{3}{t_f^3} \left(x_{10} + x_{20} \cdot t_f + \frac{1}{2} a_m \cdot t_f^2 \right)(t_f - t) \qquad (4-34)$$

若令 $t = 0$，则 t_f 即为飞行时的剩余时间 t_{g0}，所以

$$u^* = -\frac{3}{t_{g0}^2} \left(x_1 + x_2 \cdot t_{g0} + \frac{1}{2} a_m \cdot t_{g0}^2 \right) \qquad (4-35)$$

显然，这个最优控制规避策略制导律与最优控制拦截策略制导律是一致的，说明对抗双方针对相同性能指标的最优控制制导律对双方均是最优的，其性能主要由拦截器和航天器的机动能力决定。

参 考 文 献

［1］ 美国国防部. 国家安全太空战略 ［EB/OL］.2011 – 02. http：/www.
defense. gov/ness1.

［2］ 白显宗. 空间目标碰撞预警中的碰撞概率问题研究 ［D］. 长沙：国防科
学技术大学研究生院，2008.

［3］ 郭荣. 近地轨道航天器的空间碎片碰撞预警与轨道规避策略研究 ［D］.
长沙：国防科学技术大学研究生院，2005.

［4］ 刘静，王荣兰，张宏博，等. 空间碎片碰撞预警研究 ［J］. 空间科学学
报，2004，24（6）：462–469.

［5］ 魏龙涛. 空间碎片模型比较与减缓策略分析 ［D］. 哈尔滨工业大
学，2006.

［6］ 王建峰，刘静，刘林. 躲避时段选择与机动变轨研究 ［J］. 空间科学学
报，2009，29（2）：234–239.

［7］ Liou J，Shoots D. Collision Avoidance Maneuver Performed by NASA's
Terra Spacecraft ［J］. Orbital Debris Quarterly News，2006，10（1）：1.

［8］ Liou J，Shoots D. Detection of Debris from Chinese ASAT Test Increa-
ses；One Minor Fragmentation Event in Second Quarter of 2007 ［J］.
Orbital Debris Quarterly News，2007，11（3）：1 – 2.

［9］ Liou J，Shoots D. Another Collision Avoidance Maneuver Made by NASA
Satellite ［J］. Orbital Debris Quarterly News，2007，11（4）：2.

［10］ 聂云鹏. 国际空间站调整轨道以躲避太空垃圾 ［EB/OL］. ［2008 – 08 –
28］. http：//news. xinhuanet. com/newscenter/2008 – 08/28/content _
9731448. htm.

［11］ Liou J，Shoots D. Avoiding Satellite Collisions in 2009 ［J］. Orbital Deb-
ris Quarterly News，2010，14（1）：2.

［12］ 杨洁. 国际空间站调整轨道躲避太空垃圾 ［EB/OL］. ［2010 – 10 – 26］. ht-
tp：//www. chinadaily. com. cn/hqgj/2010 – 10/26/content _ 11461529. htm.

[13] Liou J，Shoots D. International Space Station Avoids Debris from Old NASA Satellite [J]. Orbital Debris Quarterly News，2011，15（1）：1 - 2.

[14] Liou J，Shoots D. Increase in ISS Debris Avoidance Maneuvers [J]. Orbital Debris Quarterly News，2012，16（2）：1 - 2.

[15] 朱亚男. 欧洲第二艘自动转移飞行器同国际空间站分离 [EB/OL]. [2011 - 06 - 21]. http：//www. cmse. gov. cn/news/show. php？itemid =1443.

[16] 刘爽. 国际空间站为躲避空间碎片提升轨道高度至约 391 千米 [EB/OL]. [2012 - 02 -03]. http：//www. cmse. gov. cn/news/show. php？itemid=2190.

[17] Liou J，Shoots D. Another Debris Avoidance Maneuver for the ISS [J]. Orbital Debris Quarterly News，2013，17（1）：3.

[18] 李婷婷. 国际空间站进行轨道提升验证紧急避险系统 [EB/OL]. [2012 - 12 -19]. http：//www. cmse. gov. cn/news/show. php？itemid=3031.

[19] 袁建平，和兴锁. 航天器轨道机动动力学 [M]. 北京：中国宇航出版社，2010.

[20] 刘世勇，吴瑞林，周伯昭. 大气层外躲避物关机基准制导方法研究 [J]. 航天器控制，2004，22（2）：24 - 28.

[21] 肖业伦. 飞行动力学的理论基础 [M]. 北京：北京航空航天大学出版社，2003.

[22] 钱宇，徐敏，郭东，闫循良. 在轨航天器轨道躲避体系研究 [J]. 西北工业大学学报，2010，28（1）.

第 5 章　在轨释放与发射动力学

5.1　概述

在一个正在空间轨道上运行的平台上分离、释放或发射一个物体（例如航天器），不仅有重要的理论价值，而且有众多的应用背景。在轨释放与发射作为空间交会对接的逆问题，有着丰富的物理数学内涵。事实上，钱学森早在 20 世纪 50 年代就研究过"从轨道上起飞"问题[1]，如由环绕地球轨道起飞进行深空探测，航天器由停泊轨道或过渡轨道向工作轨道的转移都可以划归为第 1 类。由子母航天器组合飞行，在适当时机分离完成特定任务属于第 2 类，比如深度撞击的飞越器和撞击器，探月的环绕飞行器和着陆器，甚至从航天飞机上释放（布设）卫星等。第 3 类为在空间平台上发射武器，这项技术是发展空间攻防对抗的关键基础技术之一。如何选择合理的发射方案并规划出可行或最优的发射机动路径，是实现航天器对抗任务的前提。因此，需要对轨道释放与发射动力学问题进行深入的研究。

5.2　相关发射技术分析

与地面和空中发射方式不同，在轨释放与发射是在完全失重的条件下进行。很容易想到采用航天飞机投放卫星的方式来发射航天器。但是，这里存在 2 个明显不足：

1）直接投放时航天器与发射平台是共轨的，航天器点火后容易冲击平台；

2) 航天器的初始变轨速度要由其自己来建立,需要很大的能量,而且这个能量还随着任务的不同而变化。这无疑对随后的机动过程是不利的,同时需要航天器付出结构质量增加和发动机设计难度加大的代价。

一个更为可取的方式是由发射平台来提供初始变轨速度,建立发射状态。这样发射平台必须安装特殊设计的发射装置才能完成航天器的发射。与星箭分离不同,轨道上发射航天器必须保证其初始状态,同时还要考虑发射平台和航天器之间的相互影响。

5.2.1　发射方式分析

（1）从轨道上起飞

第 1 类问题——从轨道上起飞,属于典型的轨道转移问题。往往依靠航天器自身的动力装置或利用由环境提供的力（如气动力、天体引力、电磁力等）来完成。按照控制力的类型、大小和作用时间长短,可以分为冲量、有限（连续）推力（含小推力）等。初步进行航天器轨道转移研究时,常假设发动机按冲量方式工作。当前主要研究方法包括基于主矢量的冲量校正理论和基于 Lambert 算法的非线性数值解法,这些方法对于大推力发动机而言假设是合理的,也可以为轨道转移问题提供初始解。然而,在实际轨道转移过程中,航天器推力大小受限,推进也不是瞬间完成的,不能用脉冲来近似,因此需要研究有限推力下的轨道转移问题。有限推力在轨发射认为发动机推力受限,而且具有一定的作用时间。相对于冲量在轨发射,有限推力在轨发射的能耗总是偏大,这主要是由重力损失引起的;并且,推力越小,重力损失越大,消耗的能量也越大[2]。同时,有限推力的轨道转移问题更为复杂,其控制量包括发动机推力大小、发动机开关机时刻、推力方向等。

（2）分离

第 2 类问题——分离,一般有 2 种模式:

1) 分离后变轨模式。平台在接到分离指令后,航天器首先通过弹射、爆轰或其他装置的作用，以较小的或者接近零的速度从平台上脱离，与平台形成以停泊轨道为参考轨道的紧密编队飞行。然后，航天器在窗口时间、窗口位置利用自身携带的动力装置变轨机动。这种模式将对平台产生较小的影响，从而简化平台用于轨道和姿态保持的控制装置，而航天器自身需携带足以助其完成变轨机动的推进剂和推进装置。航天器从平台上分离所需的冲量也很小，分离机构不会复杂。

2）变轨后分离模式。在接到分离指令后，平台携带航天器变轨机动到可以与目标点交会的攻击轨道，然后以小冲量或零冲量将其分离，使之继续沿攻击轨道运动并与目标点交会，而平台则变轨返回原轨道或执行新任务。通用的分离方式诸如直接弹射、旋转离心发射、绳系卫星系统等。

（3）在空间平台上发射武器

对于第 3 类问题——在空间平台上发射武器，直接点火加速推进是目前通常采用的近地轨道上的发射方式，但是在空间平台上直接点火，高温、高速的发动机羽焰会对平台造成严重的冲击和烧蚀，不利于空间平台的安全性。为此，可采用投放方式发射，使载荷航天器与发射平台分离，在到达可保障平台安全的距离后令载荷航天器的发动机点火，实现成功发射。投放发射的一种途径是在空间平台与载荷航天器的连接约束释放后，载荷航天器在原轨道保持运动，而平台通过自身动力制动减速与载荷航天器脱离，当脱离距离满足安全条件后令载荷航天器点火，进入转移轨道。该方式的初始变轨速度要由载荷航天器自己来提供，需要很大的能量。投放发射的另一种途径是由空间平台提供给载荷航天器足够的外力，使载荷航天器加速并与平台脱离。该方式由平台来提供初始变轨速度，建立发射状态。目前可供选择的投放方式包括机械力弹射、电磁弹射、压缩空气弹射和燃气弹射等。由于机械力弹射和电磁弹射提供的外力有限，投放大质量物体很少采用此方式；又由于近地轨道的大气稀薄，难以补充压缩空气，因此采用能产生较大能量、体积小的推进剂燃烧来产生燃气实现弹射是一种常见的投放方式。在投放过程中，平台会受到较大的后坐力，使轨道发生变化，通过轨道调整后，平台可以返回原来的轨道。

5.2.2　发射窗口分析

接到在轨发射任务后，如何规划发射时机是一个关键问题。依据目标和任务，同时根据平台的运动状态（特别是与目标的相对运动关系）可以选择立即发射航天器、等待时机发射、平台先机动再发射 3 种不同的发射方案。不管选择哪种发射方案，都是为了以尽可能短的时间或较少的能量消耗来完成拦截任务。另外，在真实的空间操作环境中往往不可避免地会出现一些失误和误差，是否有能力去修正出现的误差将决定快速在轨发射任务的成败。

搜索发射窗口和追踪区是空间任务设计与规划中的重要一步，一般需要计算大量轨道以便进行筛选[3]。比如 Petropoulos[4] 提出了一种较为有效的 Shape - Based 搜索算法，该算法通过指数函数来描述探测器的飞行轨迹。基于 Shape - Based 理论，崔平远等[5] 提出了一种新的快速搜索算法，通过建立初始飞行角与转移时间的单调映射关系，以确定搜索参数的合理搜索域，提高了搜索效率。任远等[6] 推导了两脉冲行星际轨道转移的性能指标对可调参数的解析偏导数，并利用这些解析偏导数提出了一种快速的两脉冲轨道转移优化算法，并将其应用于发射窗口的搜索。周须峰等[7] 给出了天基航天器的可遭遇区、可拦截区和实际遭遇区的定义，基于冲量变轨理论给出了确定这 3 个区域的数值搜索算法。常燕等[8] 基于飞行时间的普适公式，给出了一种寻求空间飞行器可行变轨点集的方法。

5.2.3　发射姿态分析

在轨发射航天器的时候，通常需要建立起发射平台的姿态，这样才能保证平台提供合适的初始变轨速度，发射的航天器才能以较少的能量完成预定轨道机动任务。理论上讲，平台可以在任意姿态下发射航天器，然后由航天器去建立自己的初制导姿态。但是，显然这样会额外耗费较多的能量。对于携带推进剂固定的航天器来说，会在较大程度上影响其任务能力。因此，通常在平台发射航天器时，首先需要根据任务规划系统规划出此次发射航天器所需要的状态，然后让平台做快速大角度姿态机动达到所需要的目标状态。

平台发射航天器后对于平台自身的姿态也会有一个初始扰动。这种扰动一方面有可能引发平台与航天器的碰撞；另一方面会对平台后续作业产生较大的影响。如当攻击任务要求平台连续发射的时候，由于两次发射的间隔时间有限，要求平台必须在较短的间隔内能快速完成平台姿态的快速稳定并再次进入作战状态。此外，有时候接到作战任务后，除了调整平台姿态的需要，也有可能要求平台迅速变轨到指定位置。一个完整的发射过程可能包含多种工作模式。例如就地发射，或是马上变轨后到新位置再进行发射。整个过程都会对航天器的发射姿态造成影响。因此，对于发射航天器存在变轨后姿态快速稳定控制的要求：

1）对控制作业有快速、准确的响应，并且要保持动态性能良好；

2）在姿态干扰范围内保持系统稳定，要求能够抵抗发射时较大的瞬态干扰力矩，忍受液体晃动和挠性附件振动造成的干扰，同时能够提供足够的稳定裕度。

5.3　航天器在轨发射的空间机动路径规划

初步进行轨道机动路径规划时，常假设发动机按冲量方式工作。研究最优冲量交会的主要方法包括基于主矢量的冲量校正理论和基于 Lambert 算法的非线性数值解法。利用基于主矢量的冲量校正理论设计交会最优转移轨道，结果比较准确，但是最优条件的推导和数值计算较复杂，而且存在初始敏感问题，交会约束亦很难处理。

基于 Lambert 算法的非线性数值解法把最优交会问题转化为参数优化问题，利用数值优化算法进行求解。该方法通过选择适当的优化算法，可求解不同动力学方程描述的最优冲量交会问题，避免了大量的理论分析和计算，并能够很好地处理交会约束，应用广泛。如果已知平台和目标的位置，发射时机可以由发射窗口计算给出，而以什么样的姿态和速度发射航天器，则可以通过改进发射窗口的计算而得到。本节基于双冲量变轨快速路径规划介绍了 2 种典型的平台与航天器组合路径规划算法。

5.3.1　双冲量变轨快速路径规划

本小节以航天器在轨发射的双冲量异面轨道交会为例进行分析。采用 B - V 算法对机动初始位置和飞行时间的组合进行遍历计算，并作出机动时间、航天器初始真近点角、所需特征速度 Δv 的三维曲面图，以及 Δv 等值线图，通过分析曲面图和等值线图，进行空间变轨的任务规划。对某一特定任务进行仿真分析，根据仿真数据，分析得到推进剂最优交会问题的近似解析解表达式。

5.3.1.1　快速路径规划算法

（1）问题描述

远程机动路径规划需要综合考虑推进剂和机动时间两方面的要求。因此，对于特定任务的冲量变轨机动必须进行路径规划，以确定可行的机动时机、机动顺序、飞行时间以及为完成任务所需的特征速度 Δv，尤其是初始变轨点的选择。通常，满足要求的初始变轨点并不唯一，而是组成了一个可行的变轨点集，即追踪区。要确定满足各项任务约束的可行的轨道机动程序及追踪区，一般直接求取解析解是不可行的，必须用计算机来进行分析计算。

远程机动路径规划研究的问题可描述为：航天器和目标分别在两异面椭圆轨道上运动，针对某一特定的空间交会进行双冲量轨道机动任务路径规划，以确定航天器的可行或最佳初始位置、机动时机、转移时间以及为完成任务所需的特征速度 Δv。其中，航天器转移时间和推进剂受限，转移时间满足 $\Delta t \in [t_{\min}, t_{\max}]$ ，单次冲量大小满足 $\Delta v \leqslant \Delta v_{\max}$ 。这种规划可为交会或拦截问题寻找出发条件。

若已知转移时间 Δt ，根据飞行轨道可以计算出目标的末位置及速度矢量，即得到交会点的详细信息。因此，以上问题可以简化为：已知初始时刻航天器所在初始点 P_1 的信息 r_1 、v_1 ，目标点 P_2 的信息 r_2 、v_2 ，转移时间 Δt ，求解两次冲量 Δv_1 、Δv_2 ，使得在 Δt 时间后，航天器与目标实现交会。由于航天器初始位置和转移时间不确定，需要对初始位置和转移时间的不同组合遍历求解，进而对结果进行分析，完成路径规划。

（2）路径规划算法

航天器在原飞行轨道的初始位置可用当前时刻的真近点角 f 表示。在求解过程中，转移时间满足 $\Delta t \in [t_{\min}, t_{\max}]$ ，计算步长取为 t_{step} ；单次冲量大小满足 $\Delta v \leqslant \Delta v_{\max}$ ；航天器初始真近点角 $f \in [-180°, 180°)$ ，计算步长为 f_{step} 。两次冲量大小可以表示为 $\Delta v_1 = F_1(f, \Delta t)$ ，$\Delta v_2 = F_2(f, \Delta t)$ ，则总冲量大小表示为

$$\Delta v = \Delta v_1 + \Delta v_2 = F(f, \Delta t) \qquad (5-1)$$

路径规划算法的步骤如下：

1）初始化。设定转移时间 Δt 的约束区间 $[t_{\min}, t_{\max}]$ ，计算步长 t_{step} ；单次脉冲大小上限 $\Delta v_{\max}$ ；航天器初始真近点角约束区间 $[f_{\min}, f_{\max}]$ ，计算步长 f_{step} ；

2）将转移时间的变化作为外层循环，以步长 t_{step} 进行递增；

3）对于外层循环的每一个 Δt 值，将航天器初始真近点角的变化作为内层循环，以步长 f_{step} 进行递增；

4）对应每一个 f 值，调用 B - V 算法求解高斯问题，获得特征速度 Δv_1 、Δv_2 、Δv ；

5）若 $\Delta t \geqslant t_{\max}$ ，遍历计算完毕；

6）对于不同的数据组合 $(f, \Delta t)$ ，作出 $\Delta t - f - \Delta v$ 三维曲面图，并进行路径规划分析，得到满足要求的追踪区，以及可实现交会的

转移时间范围。

为了更准确直观地确定并选择初始位置以及转移时间的组合，可绘制和分析特征速度等值线图作为任务规划的辅助工具。路径规划算法流程如图 5 – 1 所示。

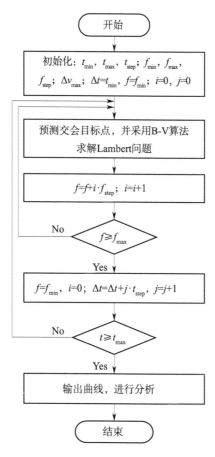

图 5 – 1　路径规划算法流程图

（3）推进剂最优交会解分析

由上述路径规划流程可知，对于任一给定的交会时间 Δt，均存在一推进剂最优数值解 Δv_{opt}，以及对应 Δv_{opt} 的航天器初始真近点

角 f_{opt} 。对于遍历计算数值结果，可通过回归分析分别得到 Δv_{opt}、f_{opt} 关于 Δt 的近似解析解表达式，利用该表达式可以更加简洁迅速地得到推进剂最优交会的相关结果。

取线性多项式函数回归模型进行回归分析

$$\Delta v_{\text{opt}} = \boldsymbol{A} \times f(\Delta t) = \sum_{i=0}^{n} a_i \Delta t^i, \quad \Delta t \in [t_{\min}, t_{\max}] \quad (5-2)$$

$$f_{\text{opt}} = \boldsymbol{B} \times f(\Delta t) = \sum_{i=0}^{n} b_i \Delta t^i, \quad \Delta t \in [t_{\min}, t_{\max}] \quad (5-3)$$

$$f(\Delta t) = [1, \Delta t, \cdots, \Delta t^n]^{\text{T}}$$

式中　$\boldsymbol{A}, \boldsymbol{B}$ ——待拟合的回归系数矢量，$\boldsymbol{A} = [a_0, a_1, \cdots, a_n]$，$\boldsymbol{B} = [b_0, b_1, \cdots, b_n]$。

选取合适的阶数 n，利用最小二乘法进行线性回归分析，即可得到回归系数矢量 $\boldsymbol{A}$、$\boldsymbol{B}$。

5.3.1.2　仿真算例

航天器与目标的初始轨道根数见表 5-1。其他仿真条件：转移时间满足 $\Delta t \in [600 \text{ s}, 5\,400 \text{ s}]$，$t_{\text{step}} = 25 \text{ s}$，$f_{\text{step}} = 1°$，航天器提供的单次冲量上限值 $\Delta v_{\max} = 3 \text{ km/s}$。

表 5-1　航天器与目标初始轨道根数

轨道根数	a/km	e	$i/(°)$	$\Omega/(°)$	$\omega/(°)$	$f/(°)$
航天器	6 871	0.001	97.38	60	30	$[-180, 180)$
目标	7 071	0.01	95	55	40	10

（1）路径规划仿真

采用前述的路径规划算法进行数值计算，作出双冲量交会的 Δt-f-Δv 三维曲面图（如图 5-2 所示）以及 Δv 等值线图（如图 5-3 所示）。图 5-4 和图 5-5 分别为转移时间 Δt 等于 1 800 s、4 200 s 时对应的 f-Δv 曲线。图 5-6 给出了 $\Delta t = 1\,800$ s，$f = 0°$ 时的航天器交会轨迹。

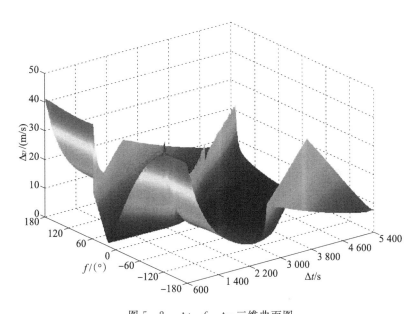

图 5 - 2　Δt - f - Δv 三维曲面图

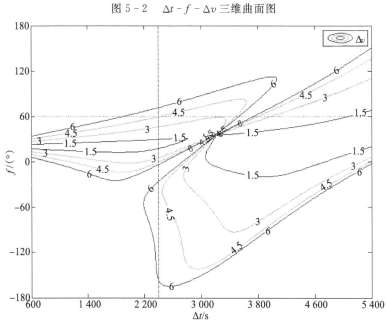

图 5 - 3　Δv 等值线图

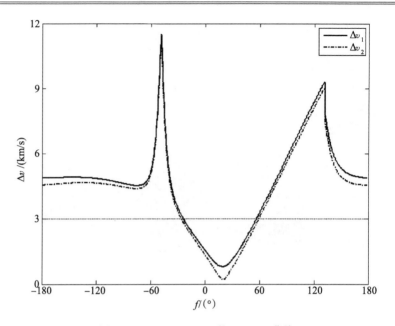

图 5 - 4　　$\Delta t = 1\,800$ s 的 $f - \Delta v$ 曲线

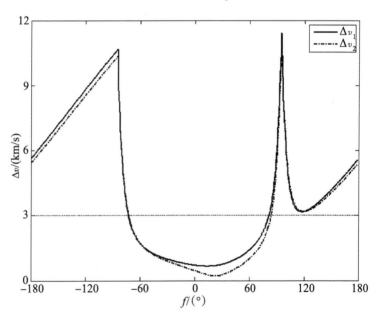

图 5 - 5　　$\Delta t = 4\,200$ s 的 $f - \Delta v$ 曲线

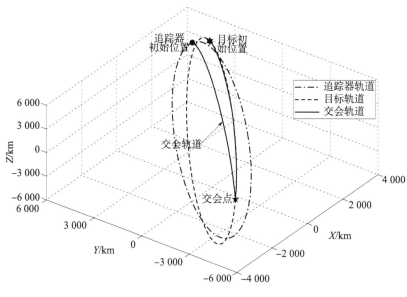

图 5 - 6　$\Delta t = 1\,800\,\text{s}$，$f = 0°$ 时的航天器交会轨迹

由仿真结果得到如下结论：

1) 由图 5 - 2 可以直观地得到满足推进剂限制的 $(\Delta t, f)$ 组合范围，以及满足推进剂、转移时间限制的 f 范围，即对应满足要求的航天器初始位置范围，或称之为追踪区。通过追踪区即可得到与之对应的发射窗口。

2) 图 5 - 3 提供了更为准确直观地满足交会限制的 $(\Delta t, f)$ 组合范围，在工程上更为适用和有效。对于推进剂限制、转移时间限制和航天器初始位置，已知任意 2 个量的值，由图 5 - 3 均可以迅速确定第 3 个量的取值范围。例如，$\Delta t = 1\,800\,\text{s}$ 时，满足推进剂限制的追踪区为 $f \in [-24°, 57°]$；$\Delta t = 4\,200\,\text{s}$ 对应的 $f \in [-72°, 81°]$。同理，若航天器初始位置一定，即 f 给定，亦可以得到满足推进剂限制的转移时间范围。例如，$f = 60°$ 时，满足需求的转移时间 $\Delta t \in [1\,900\,\text{s}, 3\,525\,\text{s}] \bigcup [3\,750\,\text{s}, 5\,400\,\text{s}]$；$f = -60°$ 时，$\Delta t \in [2\,200\,\text{s}, 4\,400\,\text{s}]$。

　　3）由图 5-2、图 5-4、图 5-5 知，推进剂消耗 Δv 曲线近似呈"M"型，存在 2 个波峰和波谷。此外，图 5-3 进一步证明了 2 个波谷的存在。可见随着航天器初始位置和转移时间的变化，推进剂消耗会出现 2 处极小值，对应 2 组最佳的 $(\Delta t, f)$ 组合。随着转移时间的增大，满足推进剂消耗限制的 f 范围先增大后减小，因此，转移时间存在 1 个最佳值，使得 f 范围最大，即追踪区范围最大。

　　（2）推进剂最优交会解分析

　　由上一小节仿真数据可以得到交会时任一 Δt 对应的推进剂最优数值解 Δv_{opt}、相应的 $\Delta t - \Delta v_{\text{opt}}$ 曲线以及满足近似最优解的 $\Delta t - f_{\text{opt}}$ 曲线，如图 5-7 所示。

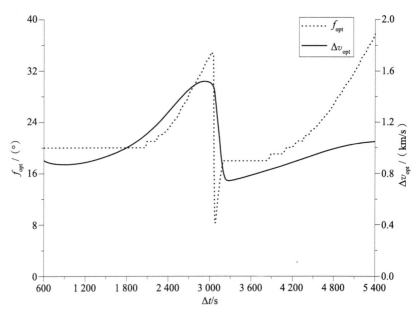

图 5-7　推进剂最优交会 f_{opt}、Δv_{opt} 与 Δt 的关系曲线

　　对于以上仿真数据，可通过回归分析分别得到 Δv_{opt}、f_{opt} 关于 Δt 的近似解析解表达式，利用该表达式可以更加简洁迅速地得到推进剂最优交会的相关结果。

取线性多项式函数回归模型进行回归分析，回归模型选择为式（5-2）和式（5-3）的形式。分析仿真数据以及图 5-7 可知，若要达到良好的回归效果，应将曲线进行分段回归分析。选择分段点为 $t_d = 3\ 050\ s$，得到

$$\Delta v_{opt} = \begin{cases} \boldsymbol{A}_1 \times \boldsymbol{f}(\Delta t) = \displaystyle\sum_{i=0}^{n} a_{1i} \Delta t^i, & \Delta t \in [t_{\min}, t_d] \\ \boldsymbol{A}_2 \times \boldsymbol{f}(\Delta t) = \displaystyle\sum_{i=0}^{n} a_{2i} \Delta t^i, & \Delta t \in [t_d, t_{\max}] \end{cases} \quad (5-4)$$

$$f_{opt} = \begin{cases} \boldsymbol{B}_1 \times \boldsymbol{f}(\Delta t) = \displaystyle\sum_{i=0}^{n} b_{1i} \Delta t^i, & \Delta t \in [t_{\min}, t_d] \\ \boldsymbol{B}_2 \times \boldsymbol{f}(\Delta t) = \displaystyle\sum_{i=0}^{n} b_{2i} \Delta t^i, & \Delta t \in [t_d, t_{\max}] \end{cases} \quad (5-5)$$

对于式（5-2），由上一小节得到推进剂最优交会数值解（Δt, Δv_{opt}）。考虑回归系数的量级差别，将转移时间 Δt 单位统一化，转化为以小时为单位，利用最小二乘法进行线性回归分析，并取 $n = 4$，得到回归系数矢量

$\boldsymbol{A}_1 = [0.559\ 7, 3.992\ 3, -17.408\ 1, 30.653\ 7, -16.615\ 1]$

$\boldsymbol{A}_2 = [111.111, -370.298, 460.671, -251.974, 51.228]$

同理，可以得到

$\boldsymbol{B}_1 = [13.111, 67.825, -209.675, 216.972, -31.016]$

$\boldsymbol{B}_2 = [-1\ 633.05, 5\ 648.45, -7\ 164.14, 3\ 981.08, -813.72]$

将回归系数矢量分别代入式（5-4）和式（5-5），即可得到推进剂最优交会对应的 Δv_{opt} 及 f_{opt} 的近似解析解。利用近似解析解的表达式，作出回归曲线，如图 5-8~图 5-9 所示。

利用以上推进剂最优交会的解析表达式，不需要繁琐低效的寻优过程，便可确定满足初始状态、推进剂燃消耗及时间限制的最佳初始变轨点，近似最小推进剂消耗以及推进剂最优交会轨道。利用上述初步得到的任务剖面参数和路径规划参数，可以为后续的精确路径规划提供参考。

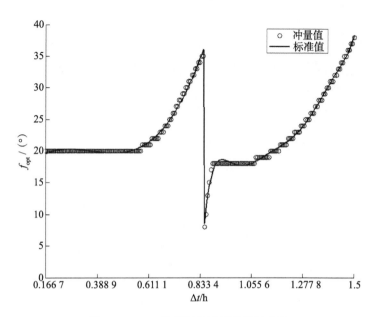

图 5 - 8　　f_{opt} 数值解及近似解析解曲线

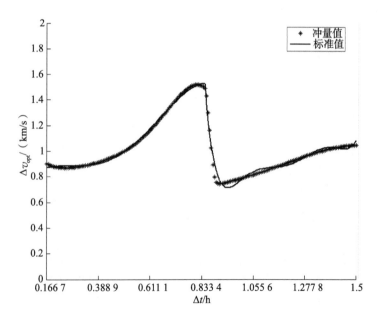

图 5 - 9　Δv_{opt} 数值解及近似解析解曲线

5.3.2　基于发射窗口的遍历寻优路径规划

5.3.2.1　算法模型及求解步骤

（1）基于发射窗口的遍历寻优策略

1）接到作战任务后，开始计算发射窗口 $[T_1, T_2]$ 以及对应的平台追踪区；

2）在发射窗口中，任选某一时刻 T，计算该时刻对应的平台状态，并计算该状态下平台的可用方位角范围，平台此刻以该范围内的任意方位角均能交会/拦截到目标；

3）根据交会/拦截时间要求或能量要求从追踪区中选择 1 个初始方位角；

4）计算出航天器离开平台时的速度，通常由分离机构和平台自身状态决定。

由于计算整个追踪区时，计算量相对较大，需要提前做计算。这个算法属于作战任务不是很急迫时可以采用的攻击策略，可以提供足够多的信息供决策者选用。但同时，该算法没有考虑平台自身的轨道机动。

以双脉冲交会轨道作为研究对象。假设平台自身的变轨脉冲与所提供的发射速度在同一时刻施加，即平台变轨脉冲和发射脉冲共同构成了双脉冲交会的第 1 次脉冲。设平台发射航天器的时刻为 t_L，对应的滑行时间 $\Delta T_1 = t_L - t_0$，航天器与目标交会时刻为 t_R，则航天器变轨时间 $\Delta T_2 = t_R - t_L$，其中 $t_L, t_R \in [t_0, t_f]$，$t_L < t_R$；目标函数 $J(t_L, t_R) = |\Delta v_L| + |\Delta v_R|$。由于交会开始、结束时刻与目标函数的关系无法用解析式表达，所以其连续性、单调性等数学性质也都无法通过解析得到，因此只能采用计算机方法进行求解。

（2）该算法的具体实现步骤

1）将 $[t_0, t_f]$ 平均划分为 n 部分，则区间长度 $t_{step} = (t_f - t_0)/n$，第 i 区间的终端时刻为 $t_i = t_0 + i \times t_{step} (i = 1, \cdots, n)$；

2）以 t_{Lstep} 为步长，将 t_L 在 $[t_0, t_f]$ 内进行遍历；以 t_{Rstep} 为步长，

将 t_R 在对应的 $(t_m, t_f]$ 内进行遍历；计算目标函数 $J(t_L, t_R) = |\Delta v_L| + |\Delta v_R|$ ，其中 $t_m \geqslant t_L$ ；

3）考虑推进剂限制，通过绘制和分析等值线图，得到满足时间和推进剂限制的发射窗口 $[T_1, T_2]$ ，并可以得到推进剂消耗最优对应的 t_{Lopt} 和 t_{Ropt} ；

4）在 $[T_1, T_2]$ 中，任选某一时刻 $t_L = t_d$ ，可以得到该时刻平台状态 r 和 v ；

5）设平台的俯仰角和偏航角分别为 α 和 β ，$\alpha \in [-0.5\pi, 0.5\pi]$ ，$\beta \in [-\pi, \pi]$ 。针对4）中的平台状态，以 t_{Rstep2} 为步长，将 t_R 在对应的 $(t_m, t_f]$ 内进行遍历，计算目标函数 $J(t_L, t_R)$ ，同时计算相应的初始发射角 (α, β) ；

6）考虑推进剂限制，得到满足推进剂限制的 α 和 β 的范围，以及推进剂消耗最优对应的 α_{opt} 和 β_{opt} ；

7）从6）所得结果中，选择合适的姿态角，即可得到发射姿态及航天器离开平台的速度。

5.3.2.2　仿真算例

航天器和目标的初始轨道根数见表 5-2。

表 5-2　航天器与目标的初始轨道根数

轨道根数	a/km	e	i/ (°)	Ω/ (°)	ω/ (°)	f/ (°)
航天器	6 871	0.001	97.38	60	20	0
目标	7 171	0.01	100	55	30	140

转移时间满足 $t \in [t_0, t_f]$ ，其中 $t_0 = 0$ s，$t_f = 5\ 400$ s。其他参数设置：$t_{Lstep} = t_{Rstep} = 25$ s，$t_m = 300$ s，$t_{Rstep2} = 1$ s。推进剂限制：单次脉冲大小上限为 $\Delta v_{max} = 3$ km/s，总脉冲大小上限为 $\Delta v_{tot} = 6$ km/s。

（1）发射窗口计算

图 5-10～图 5-12 给出了部分仿真结果。由图 5-10 可以得到满足时间和推进剂限制的发射窗口 $[T_1, T_2]$ ，即 t_L 的取值范围为 $[0\ \text{s}, 2\ 175\ \text{s}]$ ；换言之，平台在该时间范围内进行发射，动能武器

能够在满足各种约束的条件下，实现与预定目标的交会。

考虑时间限制 $t_R \leqslant t_f$ ，可以得到 (t_L, t_R) 对应的最优特征速度曲线，如图 5-13 所示。可以得到推进剂消耗最优对应的 $t_{Lopt} = 1\ 275$ s，$t_{Ropt} = 2\ 425$ s，对应的最优特征速度为 $\Delta v_{opt} = 1.011\ 22$ km/s。

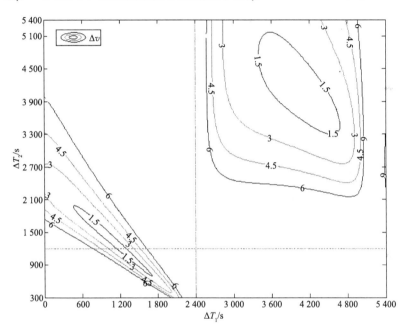

图 5-10　Δv 等值线图

（2）发射姿态角计算

选取 $t_L = t_d = 150$ s。考虑到 $\alpha \in [-0.5\pi, 0.5\pi]$，$\beta \in [-\pi, \pi]$，由 $\sin\alpha = \Delta v_z / \Delta v$，$\sin\beta = \Delta v_y / \sqrt{\Delta v_x^2 + \Delta v_y^2}$，$\cos\beta = \Delta v_x / \sqrt{\Delta v_x^2 + \Delta v_y^2}$，计算可得到 α 和 β。

作出对应的交会时刻 t_R 与特征速度 Δv 的曲线，以及 t_R 与发射角曲线如图 5-14 所示。由图 5-14 可知，对于 $t_L = 150$ s，满足时间和推进剂限制的 t_R 范围为 [1 779 s，3 909 s]，对应的 $\alpha \in [-14.07°, 22.00°]$，$\beta \in (-180°, -143°] \cup [76°, 180°)$。可知，对应于 t_R 每一个取值，都存在唯一的发射角组合 (α, β)。

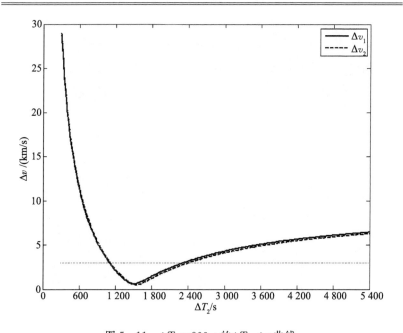

图 5-11　$\Delta T_1 = 900$ s 的 $\Delta T_2 - \Delta v$ 曲线

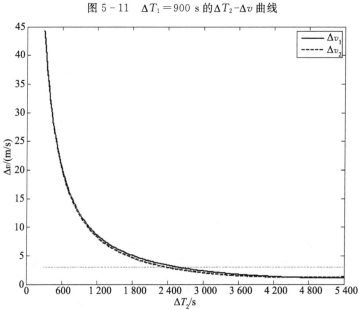

图 5-12　$\Delta T_1 = 3\ 000$ s 的 $\Delta T_2 - \Delta v$ 曲线

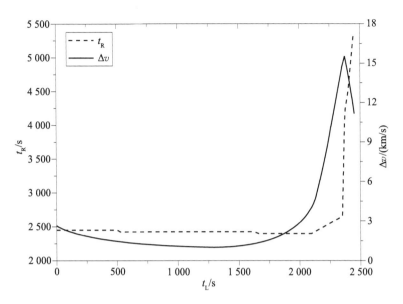

图 5-13 满足时间约束的 t_R、Δv 与 t_L 的关系曲线

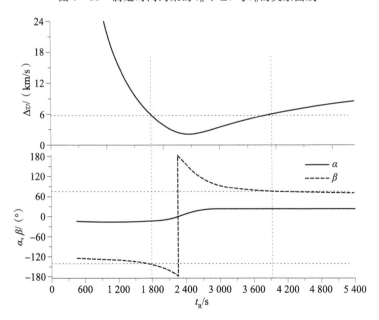

图 5-14 Δv、发射角与 t_R 的关系曲线

5.3.3　基于非线性规划算法的组合机动路径规划

5.3.3.1　基本问题

（1）不考虑平台机动的航天器发射规划策略

不考虑平台机动的航天器发射及实施交会/拦截过程如图 5-15 所示。

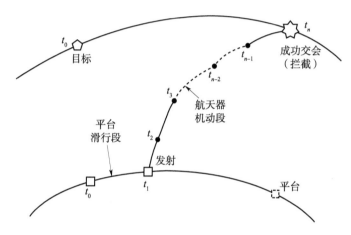

图 5-15　不考虑平台机动的航天器发射示意图

由图 5-15 可知，基于平台发射的航天器交会或拦截的具体过程如下：

1）设平台在 t_0 时刻接到作战命令，并在初始轨道进行滑行，于 t_1 时刻进行大角度姿态机动，建立发射状态；

2）设平台在 t_1 时刻以 Δv_1 的发射速度将航天器发射，据此计算航天器离开平台时的速度，该速度通常由分离机构和平台自身状态决定；

3）航天器以 2）中离开平台时的速度为初始速度，在 t_2、…、t_n 时刻进行（$n-1$）次脉冲变轨，并最终于 t_n 时刻实现与目标的交会（若为拦截，则 t_n 时刻不施加脉冲）；

4）以 t_1、t_2、…、t_n、Δv_1、…、Δv_{n-2} 作为优化变量，以满足时间要

求或者能量要求为指标，进行优化计算；

5）优化计算中，需要考虑变轨时刻约束、测控约束、任意两次脉冲作用时刻约束、总时间约束、平台发射能力约束（提供的发射速度大小约束、发射方位角约束）、动能武器所能提供的单次脉冲大小约束、总脉冲大小约束等；

6）基于非线性规划的结果，平台和航天器完成空间作战任务。

该算法的缺点是只考虑了平台在初始轨道的滑行，并没有考虑平台的轨道机动。事实上，平台若不机动，航天器由于推进剂限制可能无法完成任务，另外，平台机动后发射航天器，也扩大了航天器的可杀伤区，增强了其作战能力。

（2）考虑平台机动的航天器发射规划策略

考虑平台机动的航天器发射及实施交会/拦截过程示意如图 5 - 16 所示。

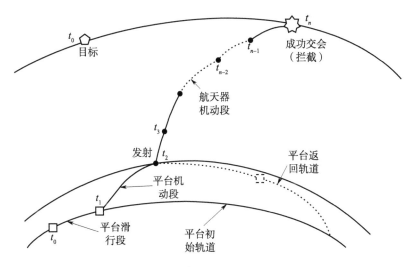

图 5 - 16　考虑平台机动的航天器发射示意图

由图 5 - 16 知，基于空间发射的航天器交会或拦截的具体过程如下：

1）设平台在 t_0 时刻接到作战命令，并在初始轨道进行滑行；

2）在 t_1 时刻，平台进行首次变轨，进入转移轨道继续滑行；

3）在 t_2 时刻，平台进行大角度姿态机动，建立发射状态；

4）设平台在 t_2 时刻以 Δv_2 的发射速度将航天器发射，据此计算航天器离开平台时的速度，该速度通常由分离机构和平台自身状态决定；

5）以 4）中离开平台时的速度为初始速度，航天器在 t_3、…、t_n 时刻进行 $(n-2)$ 次脉冲变轨，并最终于 t_n 时刻实现与目标的交会（若为拦截，则 t_n 时刻不施加脉冲）；

6）以 t_1、t_2、…、t_n、Δv_1、…、Δv_{n-2} 作为优化变量，以满足时间要求或者能量要求为指标，进行优化计算；

7）优化计算中，需要考虑变轨时刻约束、测控约束、任意 2 次脉冲作用时刻约束、总时间约束、平台发射能力约束（提供的发射速度大小约束、发射方位角约束）、平台及航天器所能提供的单次脉冲大小约束、总脉冲大小约束等；

8）根据优化结果，得到最佳的发射时机、发射初始姿态和发射速度以及最优飞行轨迹。基于该结果进行发射，并通过组合机动完成空间交会任务。

5.3.3.2　相关假设

首先做如下假设：

1）平台可进行不超过 1 次冲量变轨；

2）设发射装置固定在平台轴线方向，和平台之间无相对运动；

3）平台能提供任意所需的发射姿态，且不考虑平台进行姿态机动的推进剂消耗；

4）发射装置和发射过程是理想的，即不考虑发射中平台对航天器的干扰；

5）平台在完成发射后，能重新回到原初始轨道，准备进行下一次发射任务。

如果已知平台和目标的位置，发射时机可以通过计算发射窗口给出，而初始发射姿态和发射速度则可以通过改进发射窗口的计算方法而得到。

5.3.3.3　数学模型

根据以上的描述，可以建立如下的非线性规划模型

$$\min_{X_{\mathrm{lb}} \leqslant X \leqslant X_{\mathrm{ub}}} f(X)$$

$$\mathrm{s.\,t.}\ g_k(X) \leqslant 0 \qquad k = 1, 2, \cdots, n$$

$$h_j(X) = 0 \qquad j = 1, 2, \cdots, m \qquad (5-6)$$

其中，各变量和表达式的具体形式如下。

（1）优化变量及目标函数

选择优化变量为

$$X = (t_1, \cdots, t_n, \Delta v_1, \cdots, \Delta v_{n-2})^{\mathrm{T}} \qquad (5-7)$$

考虑到航天器的初始变轨速度 Δv_2 由平台提供，而该发射速度取决于平台的分离机构，故设 Δv_2 大小一定，这里通过施加约束来满足该限制。

选择推进剂消耗最省作为优化目标，优化目标函数为

$$f(X) = \sum_{i=1}^{n} \Delta v_i \to \min \qquad (5-8)$$

若考虑拦截问题，则有

$$f(X) = \sum_{i=1}^{n-1} |\Delta v_i| \to \min \qquad (5-9)$$

（2）运动方程约束

由于交会过程中不考虑摄动等因素，平台和航天器的运动遵循二体运动方程。

（3）时间约束

变轨时刻满足以下约束条件

$$t_0 \leqslant t_1 < t_2 < \cdots < t_n \leqslant t_f \qquad (5-10)$$

考虑脉冲机动前发动机需要进行调姿等准备工作，因此要求任意两次脉冲作用时刻间隔大于一定值，如

$$t_{i+1} - t_i \geqslant t_{\mathrm{interval}} \qquad (i = 1, 2, \cdots, n-1) \qquad (5-11)$$

（4）变轨能力（推进剂）约束

平台提供的单次机动脉冲大小上限为 Δv_{pmax} ，发射分离机构提供的初始变轨速度满足

$$\Delta v_2 = \mathrm{const} \tag{5-12}$$

航天器提供的单次脉冲大小上限为 Δv_{kmax} ，提供的脉冲大小总量约束为

$$\sum_{i=2}^{n} |\Delta v_i| \leqslant \Delta v_{tot} \tag{5-13}$$

（5）交会终端状态约束

设 (R_{cf}, V_{cf}) 、 (R_{tf}, V_{tf}) 分别为航天器和目标的终端位置和速度矢量，若要实现交会，则有

$$\begin{cases} R_{cf} = R_{tf} \\ V_{cf} = V_{tf} \end{cases} \tag{5-14}$$

若要实现拦截，则终端状态需要满足

$$R_{cf} = R_{tf} \tag{5-15}$$

（6）轨道内点约束

考虑到发射完成后，若平台需要返回到原轨道，则有最小或最大半径内点路径约束

$$r(t) \geqslant r_{mn} \ \text{或} \ r(t) \leqslant r_{mx} \tag{5-16}$$

式中　r_{mn} , r_{mx} ——允许的最小、最大半径。

对于最小路径约束，一般可以令轨道的近地点不小于 r_{mn} ，即 $r(t) \geqslant r_{pk} \geqslant r_{mn}$ ；对于最大路径约束，一般令轨道的远地点不大于 r_{mx} ，即 $r(t) \leqslant r_{ak} \leqslant r_{mx}$ 。其中 $r_{pk} = p_k/(1+e_k)$, $r_{ak} = p_k/(1-e_k)$ ，二者分别为第 k 弧段的近地点、远地点半径， p_k 、 e_k 分别为该弧段的轨道半通径及偏心率。

设最佳发射时刻为 t_2 ，发射速度为 Δv_2 ，平台在地心惯性系的俯仰角方位角和偏航方位角分别为 α 和 β , $\alpha \in [-0.5\pi, 0.5\pi]$, $\beta \in [-\pi, \pi]$ ，并且满足

$$\sin\alpha = \Delta v_{2z}/\Delta v_2 \tag{5-17}$$

$$\sin\beta = \Delta v_{2y} / \sqrt{\Delta v_{2x}^2 + \Delta v_{2y}^2}, \cos\beta = \Delta v_{2x} / \sqrt{\Delta v_{2x}^2 + \Delta v_{2y}^2}$$

$$(5-18)$$

由上述表达式即可得到相应发射时刻的平台姿态角 (α, β)。

5.3.3.4　仿真算例

仿真采用遗传算法（GA），编码方式为实数编码，选择算子为随机均匀选择，交叉算子为算术交叉，变异算子为自适应变异，采用最优保存策略。采用自适应退火罚函数处理约束条件。GA 种群规模为 50，交叉概率为 0.85。单独 GA 的最大进化代数为 50，GA＋SQP（序列二次规划算法）混合遗传算法的遗传最大进化代数为 30。

（1）不考虑平台机动的近地-近地轨道推进剂最优交会

初始轨道根素见表 5-2。转移时间满足 $t \in [t_0, t_f]$，其中 $t_0 = 0\ \mathrm{s}$，$t_f = 5\ 400\ \mathrm{s}$，$t_{\mathrm{interval}} = 20\ \mathrm{s}$。推进剂限制：假设平台提供的发射速度不为恒值，其上限为 $3\ \mathrm{km/s}$，航天器提供的 $\Delta v_{\mathrm{kmax}} = 3\ \mathrm{km/s}$，$\Delta v_{\mathrm{tot}} = 6\ \mathrm{km/s}$。采用 GA＋SQP 串行混合优化算法的脉冲优化结果见表 5-3。

表 5-3　不考虑平台机动的近地-近地轨道组合机动路径规划结果

脉冲次数	t_i/TU	Δv_i/（DU/TU）	总 Δv/（DU/TU）	发射角/（°）	
				α	β
2	1.573 811	[−0.069 842, 0.027 418, 0.048 207]	0.127 722	32.72	−68.57
	3.007 305	[−0.015 091, 0.033 529, −0.011 546]			
3	0	[0.003 745, 0.002 131, 0.015 795]	0.110 065	74.74	60.36
	1.960 629	[−0.077 601, 0.051 850, −0.003 826]			
	3.064 631	[−0.000 086, 0.000 178, −0.000 207]			

续表

脉冲次数	t_i/TU	Δv_i/（DU/TU）	总Δv/（DU/TU）	发射角/（°） α	β
4	0	[0.003 755，0.002 118，0.015 758]	0.110 066	74.70	60.57
	1.860 514	[−0.000 263，0.000 182，−0.000 002]			
	1.960 069	[−0.077 318，0.051 586，−0.003 625]			
	3.064 541	[−0.000 131，0.000 234，−0.000 287]			
5	0	[0.003 741，0.002 134，0.015 786]	0.110 069	74.74	60.30
	0.083 133	[0.000 001，0.000 007，0.000 056]			
	1.826 662	[−0.000 501，0.000 348，0.000 014]			
	1.962 342	[−0.077 111，0.051 606，−0.004 066]			
	3.064 764	[−0.000 056，0.000 102，−0.000 120]			

　　由仿真数据可知，对于两脉冲变轨而言，平台经过初始滑行，在 1.573 811 TU 时刻以 0.089 183 DU/TU 的速度将航天器发射，发射角为（32.72°，−68.57°），此后经过 1 次脉冲变轨，实现与目标点的交会。

　　对于三脉冲而言，平台不经历初始滑行，在 0 TU 时刻即以 0.016 372 DU/TU 的速度将航天器发射，发射角为（74.74°，60.36°），此后航天器经过 2 次脉冲变轨，实现与目标点的交会。四、五脉冲情况的分析类似。

（2）考虑平台机动的近地-近地轨道推进剂最优交会

5.3.3.4 小节（1）的仿真算例只考虑了平台在初始轨道的滑行，并没有考虑平台的轨道机动。事实上，平台若不机动，航天器由于推进剂限制可能无法到达预定区域完成任务；另外，平台机动后发射航天器，这也扩大了航天器的活动区域，增强了其任务能力。在下面的仿真中，假设平台经过初始滑行后，只进行 1 次轨道机动，并且不考虑平台重新回到初始轨道的过程。目标卫星在固定轨道上运动，而不是前文仿真中假设的固定目标点。优化目标为消耗推进剂最省。

仿真条件：平台初始轨道根数 $E_{c0} = (6\ 871\ \text{km}, 0.001, 97.38°, 50°, 20°, 10°)$，目标初始轨道根数 $E_{t0} = (7\ 471\ \text{km}, 0.000\ 1, 63.4°, 60°, 30°, 0°)$；$t_0 = 0$，交会时间上限 $t_f = 3\ 600\ \text{s}$，$t_{\text{interval}} = 20\ \text{s}$；平台自身机动提供的单次脉冲大小上限为 $\Delta v_{\text{pmax}} = 2\ \text{km/s}$，提供的发射速度 $\Delta v_2 = 1\ \text{km/s}$，航天器提供的单次脉冲大小上限为 $\Delta v_{\text{kmax}} = 3\ \text{km/s}$，航天器能够提供的脉冲大小总量上限 $\Delta v_{\text{tot}} = 8\ \text{km/s}$；平台机动的最小半径约束 $r_{\text{mn}} = 6\ 471\ \text{km}$，最大半径约束 $r_{\text{mx}} = 7\ 171\ \text{km}$。

以脉冲数目 $n = 6$ 的情况为例，分别采用 GA、SQP 和 GA＋SQP 串行混合优化算法进行仿真。考虑到算法的随机性，针对不同的脉冲数量，每个算法独立运行 10 次，每次的初始点由计算机随机产生。结果统计见表 5 - 4。

表 5 - 4　基于投放发射的近地-近地交会优化统计结果

算法	$\Delta v /$（km/s）			收敛率	计算消耗时间/s
	最小	均值	均方差		
GA	5.830 6	7.652 5	1.968 1	100%	3 797.33
SQP	5.052 9	5.276 9	0.357 3	90%	290.30
GA＋SQP	4.918 7	5.172 1	0.251 0	100%	1 410.60

分析表 5 - 4 可知，GA＋SQP 优化的整体性能最高，SQP 次之，

GA 最差；SQP 算法的计算速度最快，GA＋SQP 次之，GA 算法效率最低；GA 与 GA＋SQP 的收敛率均为 100％，采用以上两种算法，每次计算均可获得问题的可行解；GA＋SQP 利用 GA 进行初始优化，将优化结果提供给 SQP 作为初始点，这种串行优化策略结合了两者优点，具有较强的全局和局部搜索能力，计算速度和精度也得到了明显的提高。

GA＋SQP 获得的 3 组最优解见表 5－5。由表 5－5 可知，这 3 组最优解是显著不同的，但是目标函数大小即消耗的特征速度却非常接近，这表明获得如此复杂的一个多约束优化问题的最优解非常困难。考虑到轨道推进和优化计算的偏差，可以认为这 3 组解均为最优解。第 1 组解交会时间最短，可应用于要求快速响应的空间任务，如对于空间打击、空间救援而言更有参考意义。分析第 1 组数据可知，平台接到任务指令，经过初始滑行，于 2.87 s 时刻进行变轨，并于 524.06 s 时刻以 1 km/s 的弹射速度将航天器发射，发射角为 (23.32°，−27.04°)；此后航天器经过 3 次变轨，于 2 090.44 s 时刻实现与目标的交会。若考虑计算误差，可将此六脉冲变轨任务简化为三脉冲任务，即平台只进行初始滑行等待发射时机，于 524.06 s 时刻将航天器发射，航天器经过 2 次变轨实现与目标的交会。

通过多次仿真，对比 $n＝3,4,5,6,7$ 的 GA＋SQP 优化结果可知，$n＞3$ 对应的推进剂消耗比 $n＝3$ 时显著降低，但是 $n＞3$ 时增加脉冲次数并不能显著地降低推进剂消耗，其意义在于能以较小的单次脉冲在发动机单次脉冲大小受限的情况下实现最终的空间发射交会任务。另外，对脉冲变轨时刻的归一化处理能有效地提高优化性能；对于多脉冲变轨，脉冲作用时间间隔 $t_{interval}$ 约束对优化结果有一定的影响；平台机动的最大半径约束 r_{mx} 对优化结果的影响也较明显。

表 5 - 5　　GA＋SQP 获得的 3 组最优解及发射数据

脉冲参数 $[t_i/s, \Delta v_i/(km/s)]$			$\Delta v/(km/s)$	$(\alpha, \beta)/(°)$
$t_1 = 2.87$	$t_3 = 613.90$	$t_5 = 1\ 842.59$		
$\Delta v_1 = 1.6×10^{-5}$	$\Delta v_3 = 7.9×10^{-6}$	$\Delta v_5 = 0.918\ 7$	$4.918\ 7$	$\alpha = 23.32$
$t_2 = 524.06$	$t_4 = 1\ 721.53$	$t_6 = 2\ 090.44$		$\beta = -27.04$
$\Delta v_2 = 1.00$	$\Delta v_4 = 3.00$	$\Delta v_6 = 4.8×10^{-5}$		
$t_1 = 0.0$	$t_3 = 1\ 307.24$	$t_5 = 2\ 189.88$		
$\Delta v_1 = 2.4×10^{-5}$	$\Delta v_3 = 7.1×10^{-5}$	$\Delta v_5 = 0.918\ 0$	$4.918\ 8$	$\alpha = 23.32$
$t_2 = 1\ 188.84$	$t_4 = 2\ 025.34$	$t_6 = 3\ 582.0$		$\beta = -27.13$
$\Delta v_2 = 1.00$	$\Delta v_4 = 3.00$	$\Delta v_6 = 7.4×10^{-4}$		
$t_1 = 0.0$	$t_3 = 2\ 086.03$	$t_5 = 2\ 264.59$		
$\Delta v_1 = 1.6×10^{-5}$	$\Delta v_3 = 0.115\ 1$	$\Delta v_5 = 0.803\ 2$	$4.919\ 1$	$\alpha = 23.33$
$t_2 = 89.28$	$t_4 = 2\ 175.31$	$t_6 = 3\ 600.0$		$\beta = -27.14$
$\Delta v_2 = 1.00$	$\Delta v_4 = 3.00$	$\Delta v_6 = 8.1×10^{-4}$		

（3）近地-中高轨道最短时间拦截

仿真条件：平台初始轨道根数 E_{c0} ＝（6 871 km，0.001，97.38°，50°，20°，10°），目标初始轨道根数 E_{t0} ＝（26 571 km，0.000 1，55°，60°，30°，0°）；$t_0 = 0$ ，交会时间上限 $t_f = 12\ 600\ s$ ，$t_{interval} = 20\ s$ ；平台自身机动提供的单次脉冲大小上限为 $\Delta v_{pmax} = 2\ km/s$ ，提供的发射速度 $\Delta v_2 = 1\ km/s$ ，航天器提供的单次脉冲大小上限为 $\Delta v_{kmax} = 3\ km/s$ ，航天器能够提供的脉冲大小总量上限 $\Delta v_{tot} = 8\ km/s$ ；平台机动的最小半径约束 $r_{mn} = 6\ 471\ km$ ，最大半径约束 $r_{mx} = 7\ 171\ km$ 。

针对不同的脉冲数目，采用 GA＋SQP 算法进行多次优化，表 5 - 6 给出了相应的多脉冲最短时间拦截的最优解。考虑到平台进行 1 次冲量变轨，并且提供 1 次发射脉冲，所以航天器的冲量变轨次数为 $n-2$ ，其中 n 为仿真中的脉冲次数。例如，对于三脉冲变轨而言，平台首先经过初始滑行，在 3.618 153 TU 时刻以 0.252 851 DU/TU 的脉冲大小将航天器发射，发射角为（35.99°，－19.39°）；最终在 12.603 519 TU 时刻，以 0.508 638 DU/TU 的拦截速度实现拦截。其他三种情况类似。

对于航天器进行 2、3、4 次机动的情况，平台不经过初始滑行，在零时刻进行机动。分析以上数据发现，随着脉冲数目的增加，拦截时刻减小，但是对于五、六次脉冲而言，考虑计算误差，变化不明显。这是由于仿真中对脉冲总和以及单次脉冲大小均进行了约束，对于第 1、2 次机动情况，单次脉冲大小约束起作用，平台以及航天器的单次脉冲大小均达到了限定的最大值，这也体现了时间和能量之间的矛盾；对于第 3、4 次机动的情况，单次脉冲大小和脉冲总和约束均起作用，由于脉冲数量的增加，所提供的特征速度增大，因而不需要任意单次脉冲大小均为最大值便能够实现最短时间的拦截；同时，由于能量限制的存在，继续增大脉冲数量，并不能够明显降低拦截时间。在实际拦截中，往往要求拦截速度极大化，在仿真中，随着脉冲数量的增加，拦截速度增大，但这是以牺牲能量消耗为代价的。

表 5-6　基于空间发射的近地-中高轨道多脉冲最短时间拦截优化结果

脉冲次数	点火时刻/TU	脉冲大小/(DU/TU)	特征速度/(DU/TU)	拦截速度/(DU/TU)	拦截时刻/TU	发射角/(°)	
						α	β
3	3.618 153	0.252 851	0.758 554	0.508 638	12.603 519	35.99	−19.39
	6.336 551	0.126 426					
	6.724 504	0.379 277					
4	0.0	0.252 851	1.137 831	0.976 600	9.618 668	17.91	124.00
	2.821 779	0.126 426					
	5.756 872	0.379 277					
	6.144 825	0.379 277					
5	0.0	0.252 851	1.390 682	1.258 133	8.840 179	12.84	115.76
	2.475 820	0.126 426					
	5.389 231	0.252 851					
	5.777 185	0.379 277					
	6.165 138	0.379 277					

续表

脉冲次数	点火时刻/TU	脉冲大小/(DU/TU)	特征速度/(DU/TU)	拦截速度/(DU/TU)	拦截时刻/TU	发射角/(°)	
						α	β
6	0.0	0.252 851	1.390 682	1.264 440	8.841 027	12.95	115.78
	2.479 407	0.126 426					
	5.123 842	0.000 005					
	5.511 795	0.379 277					
	5.899 748	0.379 277					
	6.287 702	0.252 847					

5.4 航天器在轨释放与发射的轨迹优化

航天器在轨发射实现对目标拦截的过程，实质上是一个多阶段不连续变轨问题。以平台变轨后发射航天器为例，可以将该问题分为一个 3 阶段变轨问题。第 1 阶段为发射平台变轨问题，发射平台接收到任务指令后，采用变推力发动机进行机动变轨，满足一定的发射位置和发射窗口时，平台将航天器以弹射的方式进行发射；第 2 阶段即为航天器动力变轨问题，航天器发射后，在火箭发动机的推进下，继续进行机动变轨，直至满足一定的关机条件或推进剂消耗完毕；第 3 阶段为航天器的开普勒运动阶段，即以无动力滑行的方式继续飞行，最终实现对目标的拦截。图 5 - 17 给出了空间平台发射航天器对目标进行拦截的变轨示意图。

考虑到推进剂限制，平台变轨的推进剂消耗是受到限制的；弹射速度为一恒定值；航天器携带的推进剂一定，推力恒定，因此第 2 变轨阶段的时间恒定；第 3 阶段进行无动力滑行，飞行轨道为一理想开普勒轨道。同时，考虑到平台发射航天器后，需要返回到原轨道或相关轨道继续执行其他任务，因此平台的变轨高度也是受到限制的。

轨道拦截的优化指标可以选择为第 1 阶段平台消耗的推进剂质量最少，或者第 3 阶段的拦截时间为最短，亦可以选择平台变轨 3

个阶段的时间总和为最小。

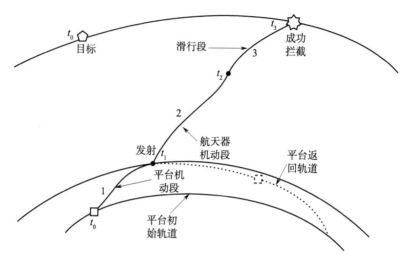

图 5-17　基于空间发射的航天器拦截示意图

5.4.1　基于空间发射的组合机动拦截数学模型

　　上述问题可以建模为一个 3 阶段组合机动最优控制问题。3 个阶段的运动方程均建立在地心赤道惯性直角坐标系中。第 1 阶段的平台变轨无量纲运动方程为

$$\begin{cases} \dot{\boldsymbol{r}} = \boldsymbol{v} \\ \dot{\boldsymbol{v}} = -\dfrac{\boldsymbol{r}}{r^3} + \eta(T/m)\boldsymbol{u} \\ \dot{m} = -\eta T/I_s \end{cases} \tag{5-19}$$

式中　$\boldsymbol{r} = [x,y,z]^{\mathrm{T}}$——平台地心距矢量，$x$、$y$、$z$ 为平台在地心赤道
　　　　　　　　　　　　　惯性坐标系中的坐标；

　　　　$\boldsymbol{v} = [\dot{x},\dot{y},\dot{z}]^{\mathrm{T}}$——平台速度矢量；

　　　　m——平台质量；

　　　　I_s——发动机比冲；

T——发动机推力大小，满足 $0 \leqslant T \leqslant T_{\max}$ ；

u——推力方向在地心赤道惯性坐标系中的单位矢量，$u = [u_x, u_y, u_z]^T$ ，满足 $u^T u = u_x^2 + u_y^2 + u_z^2 = 1$ 。

第 2 阶段航天器无量纲运动方程可描述为

$$\begin{cases} \dot{r} = v \\ \dot{v} = -\dfrac{r}{r^3} + \eta \dfrac{T}{m_{i0} - |\dot{m}_i| t} u \end{cases} \tag{5-20}$$

式中　m_{i0}——航天器初始质量；

　　　$|\dot{m}_i|$——火箭发动机推进剂秒耗量；

　　　t——燃烧时间。

该阶段发动机推力大小恒定，故可以将质量方程忽略。其余变量的物理意义与前述一致。

第 3 阶段航天器无动力滑行，运动方程为标准的开普勒方程，即

$$\begin{cases} \dot{r} = v \\ \dot{v} = -r/r^3 \end{cases} \tag{5-21}$$

设平台变轨开始时刻为 t_0 ，第 1 阶段变轨结束时刻为 t_1 ，航天器火箭关机时刻为 t_2 ，成功拦截目标时刻为 t_3 。将各初始和终端条件、内点约束、链接条件、边界约束定义如下：

1）平台初始质量为 m_{p0} ，推进剂消耗完毕后的干重为 m_{pd} 。变轨初始位置为 r_0 ，初始速度为 v_0 。则有初始条件

$$\begin{cases} r(t_0^{(1)}) = [x_0, y_0, z_0]^T = r_0 \\ v(t_0^{(1)}) = [v_{x0}, v_{y0}, v_{z0}]^T = v_0 \\ m(t_0^{(1)}) = m_{p0} \end{cases} \tag{5-22}$$

2）另外，考虑到平台的变轨高度限制，有内点路径约束

$$r_{\min} \leqslant r(t) \leqslant r_{\max} \tag{5-23}$$

3）考虑到平台以弹射的方式发射航天器，可知航天器的初始速度存在突变，设平台弹射速度为 $v_1 = [v_{x1}, v_{y1}, v_{z1}]$ ，对于第 1、2 阶段，有以下结点链接条件

$$\begin{cases} t_f^{(1)} - t_0^{(2)} = 0 \\ \boldsymbol{r}(t_f^{(1)}) - \boldsymbol{r}(t_0^{(2)}) = 0 \\ \boldsymbol{v}(t_f^{(1)}) + \boldsymbol{v}_1 - \boldsymbol{v}(t_0^{(2)}) = 0 \end{cases} \quad (5-24)$$

同时，该阶段最大飞行时间受限于发动机推进时间，即有

$$t_f^{(2)} - t_0^{(2)} \leqslant t_{i\max} \quad (5-25)$$

式中 $t_0^{(2)}$ ——待优化的第 2 阶段变轨开始时刻；

$t_f^{(2)}$ ——待优化的第 2 阶段变轨结束时刻；

$t_{i\max}$ ——发动机的最大工作时长。

对于第 2、3 阶段，有如下结点链接条件

$$\begin{cases} t_f^{(2)} - t_0^{(3)} = 0 \\ \boldsymbol{r}(t_f^{(2)}) - \boldsymbol{r}(t_0^{(3)}) = 0 \\ \boldsymbol{v}(t_f^{(2)}) - \boldsymbol{v}(t_0^{(3)}) = 0 \end{cases} \quad (5-26)$$

同时需要满足终端拦截条件

$$\boldsymbol{r}(t_f^{(3)}) = [x_f, y_f, z_f]^{\mathrm{T}} = \boldsymbol{r}_f \quad (5-27)$$

各阶段的变量边界约束建立如下。对于 3 个阶段，均有

$$-\begin{bmatrix} r_f \\ r_f \\ r_f \\ 5v_0 \\ 5v_0 \\ 5v_0 \end{bmatrix} \leqslant \begin{bmatrix} x \\ y \\ z \\ v_x \\ v_y \\ v_z \end{bmatrix} \leqslant \begin{bmatrix} r_f \\ r_f \\ r_f \\ 5v_0 \\ 5v_0 \\ 5v_0 \end{bmatrix} \quad (5-28)$$

并满足

$$t_0 \leqslant t_0^{(i)} \leqslant t_f^{(i)} \leqslant t_{f\max} , i = 1, 2, 3 \quad (5-29)$$

对于第 1 阶段，有

$$m_{\mathrm{pd}} \leqslant m \leqslant m_{\mathrm{p0}} \quad (5-30)$$

控制量边界为

$$-\begin{bmatrix} 1 \\ 1 \\ 1 \end{bmatrix} \leqslant \begin{bmatrix} u_x \\ u_y \\ u_z \end{bmatrix} \leqslant \begin{bmatrix} 1 \\ 1 \\ 1 \end{bmatrix} \quad (5-31)$$

$$0 \leqslant T \leqslant T_{\max} \tag{5 - 32}$$

对于第 2 阶段，有

$$m_{id} \leqslant m \leqslant m_{i0} \tag{5 - 33}$$

推力矢量控制边界同式（5-31），推力控制边界为

$$T = T_{\mathrm{b}} \tag{5 - 34}$$

设平台弹射速度有限且为恒值，则有

$$v_l = \mathrm{const} \tag{5 - 35}$$

对于轨道拦截问题，优化指标可以选择为 3 个阶段的拦截时间总和为最小，即实现时间最短拦截

$$J = t_f^{(3)} - t_0^{(1)} \rightarrow \min \tag{5 - 36}$$

5.4.2　多阶段不连续问题的求解技术

上述多阶段最优控制问题的轨迹由若干段组成，允许每一段分别具有独立的动力学模型、路径约束、边界条件及代价函数，通过合适的链接条件将各相邻段在结点处进行链接，获得整个轨迹。因此，该最优控制问题的约束包含各段的约束，以及结点处的链接约束，总的代价函数可以选取为各段代价函数之和，通过极小化总的代价函数，可以求得该多阶段最优控制问题的解。

国内外很多学者针对这类问题进行了研究，Fahroo 和 Ross 对非光滑最优控制问题的求解方法进行了研究，提出了光谱修补（spectral patching）方法[9-10]。该方法将最优控制问题分为若干段，在每一段采用伪谱法进行离散，并采用状态和控制的连续性条件将各段进行修补链接。但是，该方法要求各段的动力学模型完全一致，同时各段修补点处的状态量必须连续。利用光谱修补的概念可以对某些问题进行处理，但是该方法具有非常大的局限性。为了消除光谱修补方法的局限性，参考文献 ［11］ 系统地提出了伪谱结点（Pseudospectral Knotting）的概念。该方法通过结点将问题分段，在结点之间将问题在 LGL 节点上进行离散化，并通过结点事件给出结点处的非光滑或不连续信息。伪谱结点方法本质上是对光谱修补

方法的推广和发展，允许状态、控制、代价函数、动力学约束等存在不连续性。利用伪谱节点技术，可以处理工程应用中遇到的包含非光滑和不连续性的最优控制问题。伪谱结点技术在解决非光滑、不连续以及多阶段最优控制问题方面具有更大的灵活性。与此同时，Rao[12]提出了一种解决多阶段不连续问题的新方法。该方法将问题分为若干段，并对每一阶段单独描述，允许各段具有完全不同的动力学模型、不同的状态量和控制量维数以及约束形式和数目，允许分段点存在不连续的情况，通过自变量、状态量和控制量的约束条件将各段进行链接，并采用该方法求解了 RLV 的离轨、滑行、再入问题，仿真结果验证了该方法的可行性。

本小节采用伪谱法将上述多阶段不连续最优控制问题进行离散，并转化为一个标准的非线性规划问题。定义变量 R 为问题的阶段数，$N^{(r)}$ 为阶段 $r \in [1,\cdots,R]$ 的 LGL 节点数目，$\tau_k^{(r)}$、$\omega_k^{(r)}$ 及 $\boldsymbol{D}_k^{(r)}$ 分别为阶段 $r \in [1,\cdots,R]$ 中对应于 $N^{(r)}$ 的 LGL 节点、积分权重及微分矩阵。$\boldsymbol{x}_k^{(r)} = \boldsymbol{x}^{(r)}(\tau_k^{(r)})$，$\boldsymbol{u}_k^{(r)} = \boldsymbol{u}^{(r)}(\tau_k^{(r)})$（$k = 0,1,\cdots,N^{(r)}$ 为阶段 $r \in [1,\cdots,R]$ 中 LGL 节点上的状态和控制。采用伪谱法对多阶段不连续最优控制问题进行离散，最终得到标准的 NLP，描述如下。

指标函数

$$\min J = \sum_{r=1}^{R} J^{(r)} \qquad (5-37)$$

其中

$$J^{(r)} = \Phi^{(r)}\left[\boldsymbol{x}^{(r)}(t_0^{(r)}), \boldsymbol{u}^{(r)}(t_0^{(r)}), t_0^{(r)}, \boldsymbol{x}^{(r)}(t_f^{(r)}), t_f^{(r)}, \boldsymbol{p}^{(r)}\right] +$$
$$\frac{t_f^{(r)} - t_0^{(r)}}{2} \sum_{k=0}^{N^{(r)}} L^{(r)}\left[\boldsymbol{x}_k^{(r)}, \boldsymbol{u}_k^{(r)}, \tau_k^{(r)}, t_0^{(r)}, t_f^{(r)}, \boldsymbol{p}^{(r)}\right]\omega_k^{(r)}$$

$$(5-38)$$

动力学微分方程离散化后，得到

$$\sum_{i=0}^{N^{(r)}} D_{ki}^{(r)} \boldsymbol{x}_i^{(r)} - \frac{t_f^{(r)} - t_0^{(r)}}{2} \boldsymbol{f}^{(r)}(\boldsymbol{x}_k^{(r)}, \boldsymbol{u}_k^{(r)}, \tau_k^{(r)}, t_0^{(r)}, t_f^{(r)}, \boldsymbol{p}^{(r)}) = 0$$

$$(5-39)$$

路径约束为

$$C_1^{(r)} \leqslant C^{(r)}\left[x_k^{(r)}, u_k^{(r)}, \tau_k^{(r)}, t_0^{(r)}, t_f^{(r)}, p^{(r)}\right] \leqslant C_u^{(r)} \quad (5-40)$$

状态量和控制量自身范围约束为

$$x_1^{(r)} \leqslant x_k^{(r)} \leqslant x_u^{(r)} \quad (5-41)$$

$$u_1^{(r)} \leqslant u_k^{(r)} \leqslant u_u^{(r)} \quad (5-42)$$

以上各式均满足 $r \in [1, \cdots, R]$，$k = 0, 1, \cdots, N^{(r)}$ 及 $t \in [t_0^{(r)}, t_f^{(r)}]$。

因此，最终得到上述非线性规划问题优化变量的最大数目为

$$\sum_{r=1}^{R}\left[(N^{(r)}+1)(n^{(r)}+m^{(r)})+2+p^{(r)}\right] \quad (5-43)$$

最大约束个数为

$$\sum_{r=1}^{R}\left\{\left[N^{(r)}+1\right]\left[n^{(r)}+c^{(r)}\right]+q^{(r)}\right\}+\sum_{r=1}^{R-1}\left[l_{(r)}^{(r+1)}+1\right] \quad (5-44)$$

5.4.3　低轨道目标拦截算例及分析

该算例主要研究对低轨道移动目标的时间最短拦截问题。平台与目标的初始轨道根数见表 5-7。

表 5-7　平台与目标初始轨道根数

轨道根数	a/km	e	$i/(°)$	$\Omega/(°)$	$\omega/(°)$	$f/(°)$
平台	6 871	0.001	97.38	60	20	0
目标	7 171	0.01	100	55	30	5

其他仿真条件：平台初始质量 $m_{p0} = 1\,000$ kg，携带推进剂质量 $m_{pp} = 200$ kg。平台发动机参数为：比冲 $I_{ps} = 300$ s，推力上限 $T_{max} = 500$ N，平台弹射速度 $v_1 = 100$ m/s。航天器初始质量 $m_{i0} = 100$ kg，推进剂质量分别考虑 $m_{ip} = 50$ kg 和 $m_{ip} = 20$ kg 两种情况。航天器自身火箭发动机推力 $T_b = 1$ kN，比冲 $I_{bs} = 300$ s。终端拦截质量为 $m_{e0} = 10$ kg。

拦截开始时刻 $t_0 = 0$ s，拦截结束时间上限 $t_{fmax} = 3\,600$ s。平台机动最小半径约束 $r_{mn} = 6\,471$ km，最大半径约束 $r_{mx} = 6\,971$ km。

天文常数：地球平均半径 r_e = 6 371.004 km，引力常数 μ = 398 600.4 km³/s²，标准重力加速度 g_0 = 9.8 m/s²。

对于航天器所携带推进剂质量分别为 m_{ip} = 50 kg（情况 A）和 m_{ip} = 20 kg（情况 B）的两种情况进行仿真。采用串行优化求解策略，对于两种情况，3 个阶段的初始较少节点选取为 N = (5,5,5)，初步优化可知，对于情况 A 而言，航天器能量足够，不需要平台进行机动，而情况 B 则需要平台机动后发射航天器。故串行优化策略的多节点选取为：情况 A 为 N_A = (5,16,15)，对应的约束数目为 275，待优化变量数为 297；情况 B 为 N_B = (15,7,10)，约束数目为 272，待优化变量为 296。优化变量的初值不同，对应的仿真所消耗的 CPU 时间不同，但均小于 10 s。两种情况的时间最短拦截优化结果比较见表 5-8。表中，Δm_p 为平台消耗的推进剂质量，Δm_i 为航天器消耗的推进剂质量，(α, β) 为平台发射航天器的发射方位角组合，Δv_{int} 为航天器实现拦截时与目标的相对速度。

表 5-8　两种情况对应的时间最短拦截优化结果

推进剂 情况	$t_f^{(1)}$/s	$t_f^{(2)}$/s	$t_f^{(3)}$/s	Δm_p/kg	Δm_i/kg	α/ (°)	β/ (°)	Δv_{int}/ (m/s)
情况 A	0.0	147.30	923.55	0.0	50.0	17.09	−105.57	2 476.96
情况 B	975.03	1 033.96	1 842.78	165.48	20.0	−9.41	−143.21	1 650.86

由表 5-8 可知，对于情况 A，航天器能量足够，由于航天器助推加速度大于平台加速度，故平台不需要机动，在零时刻即以方位角（17.09°，−105.57°）将航天器发射；航天器自身携带的助推器于 147.30 s 燃烧完毕并脱落，最终航天器在 923.55 s 实现对目标的拦截，拦截时相对速度为 2 476.96 m/s。对于情况 B 而言，航天器携带能量不足，故平台需要进行机动变轨，考虑到变轨高度限制及拦截时间要求，在机动飞行至 975.03 s 时以方位角（−9.41°，−143.21°）将航天器发射，平台机动消耗能量为 165.48 kg；航天器助推器于 1 033.96 s 燃烧完毕并脱落，最终任务航天器在 1 842.78 s

实现对目标的拦截，拦截时相对速度为 1 650.86 m/s。

以下给出情况 B 的部分仿真结果。其中，优化得到的质量变化曲线以及最优控制曲线如图 5-18 所示。图 5-19 给出了状态量的积分推进结果与优化结果的比较。

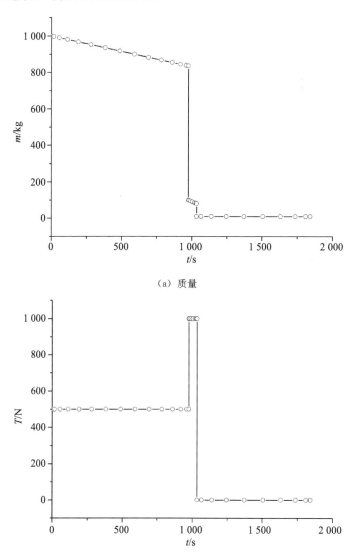

（a）质量

（b）最优控制推力大小

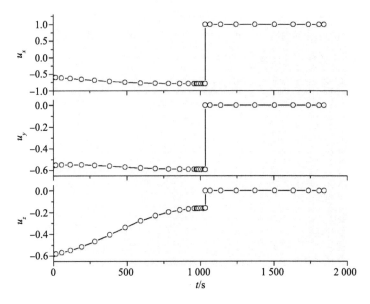

（c）最优控制推力方向单位矢量

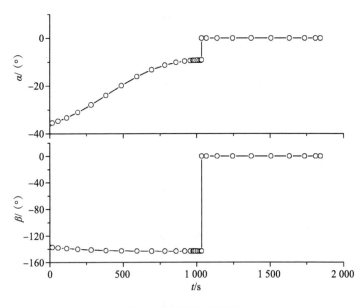

（d）最优控制推力方向角

图 5 - 18　情况 B 对应的部分优化变量结果

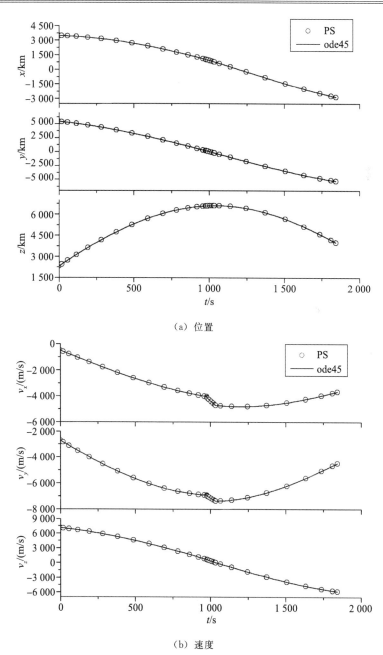

（a）位置

（b）速度

图 5-19　情况 B 对应的状态量积分推进与优化结果的比较

由图 5 - 19 可知，优化结果与积分推进结果的吻合度很高，终端拦截的位置偏差仅为 12. 11 m，为终端位置的 0. 000 17％；若考虑地球扁率 J_2 项影响，终端拦截位置偏差为 6 760. 49 m，为终端位置的 0. 094％。以上偏差均可以通过末制导或闭环制导技术进行修正，完全可以满足中末制导的交班条件。

5. 4. 4　中高轨道目标拦截仿真及分析

该算例主要研究对中高轨道移动目标的时间最短拦截问题。平台与目标的初始轨道根数见表 5 - 9。

表 5 - 9　平台与目标初始轨道根数

轨道根数	a/km	e	i/ (°)	Ω/ (°)	ω/ (°)	f/ (°)
平台	6 871	0. 001	97. 38	50	20	10
目标	7 471	0. 000 1	63. 4	60	30	0

平台初始质量 m_{p0} = 1 000 kg，携带推进剂质量 m_{pp} = 200 kg。平台发动机参数为：比冲 I_{ps} = 300 s，推力上限 F_{max} = 500 N。航天器初始质量 m_{i0} = 100 kg，推进剂质量 m_{ip} = 50 kg。航天器自身火箭发动机推力 F_b = 1 kN，比冲 I_{bs} = 300 s。终端拦截质量为 m_{e0} = 10 kg。

拦截开始时刻 t_0 = 0 s，拦截结束时间上限 $t_{f max}$ = 3 600 s。平台机动最小半径约束 r_{mn} = 6 471 km，最大半径约束 r_{mx} = 7 171 km。

采用串行优化求解策略，3 个阶段的初始较少节点选取为 N = (5, 5, 5)，初步优化可知，航天器能量有限，需要平台机动后发射。故串行优化策略的多节点选取为 N = (15, 7, 10)，约束数目为 272，待优化变量为 296。仿真所消耗的 CPU 时间小于 10 s，仿真结果如下。

表 5 - 10　中轨道目标时间最短拦截优化结果

参数名称	$t_f{}^{(1)}$/s	$t_f{}^{(2)}$/s	$t_f{}^{(3)}$/s	Δm_p/kg	Δm_i/kg	α/ (°)	β/ (°)	Δv_{int}/ (m/s)
优化结果	428. 05	575. 36	1 828. 47	72. 65	50. 0	14. 76	128. 06	4 327. 56

由表 5-10 可知，航天器携带能量不足，故平台需要进行机动变轨，考虑到变轨高度限制及拦截时间要求，在机动飞行至 428.05 s时以方位角（14.76°，128.06°）将航天器发射，平台机动消耗能量为 72.65 kg；航天器最终在 1 828.47 s 实现对目标的拦截，拦截时相对速度为 4 327.56 m/s。

图 5-20 给出了优化仿真结果曲线。图 5-21 给出了状态量的积分推进结果与优化结果的比较。

由图 5-21 可知，优化结果与积分推进结果的吻合度很高，终端拦截的位置偏差仅为 414.74 m，为终端位置的 0.005 6%；若考虑地球扁率 J_2 项影响，终端拦截位置偏差为12 934.72 m，为终端位置的 0.17%。

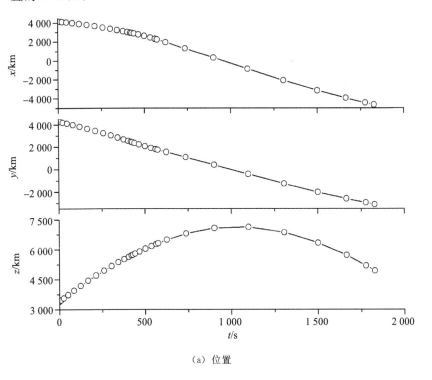

（a）位置

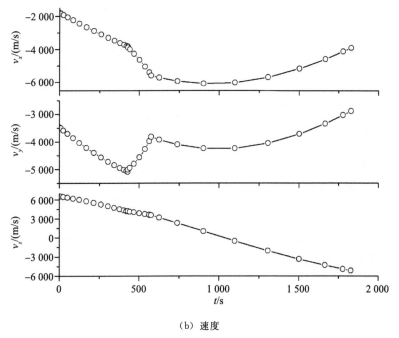

（b）速度

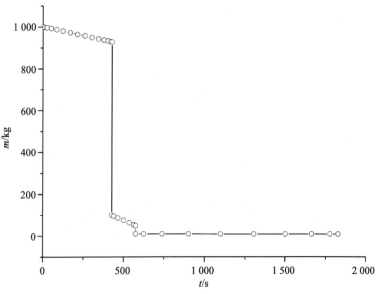

（c）质量

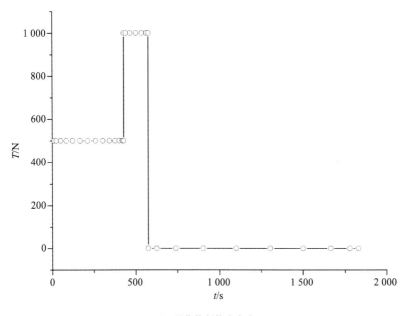

（d）最优控制推力大小

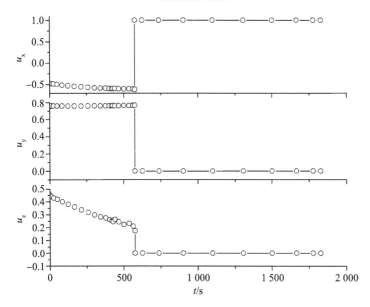

（e）最优控制推力方向单位矢量

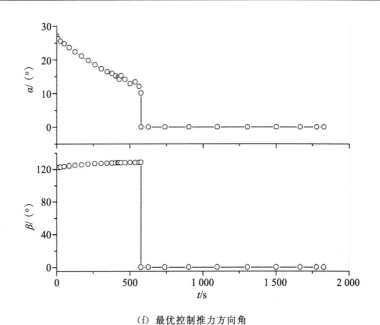

（f）最优控制推力方向角

图 5-20　基于空间发射的中高轨目标最短拦截时间优化结果

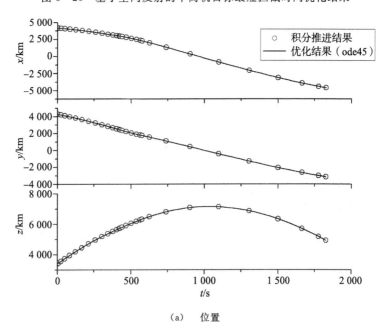

（a）位置

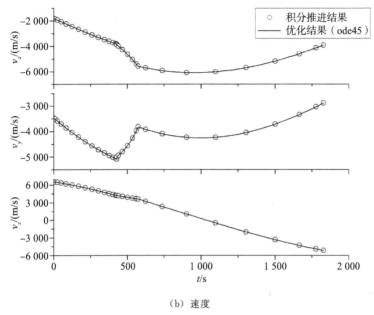

（b）速度

图 5 - 21　状态量积分推进与优化结果的比较

参 考 文 献

［ 1 ］ Qian Xue shen. Take – Off from Satellite Orbit ［J］. Amerca：Rocket So-
ciety，1953，23（4）.

［ 2 ］ 闫循良. 基于空间发射的组合机动路径规划 ［D］. 西北工业大学博士学
位论文，2011 – 03.

［ 3 ］ De Pascale P，Vasile M. Preliminary design of low – thrust multiple gravi-
ty – assist trajectories ［J］. Journal of Spacecraft and Rockets，2006，43
（5）：1065 – 1076.

［ 4 ］ Petropoulos A E，Longuski J M. Shape – based algorithm for automated
design of low – thrust，gravity –assist trajectories ［J］. Journal of Space-
craft and Rockets，2004，41（5）：787 – 796.

［ 5 ］ 崔平远，尚海滨，栾恩杰. 星际小推力转移任务发射机会的快速搜索方法
［J］. 宇航学报，2008，29（1）：40 – 45.

［ 6 ］ 任远，崔平远，栾恩杰. 最优两脉冲行星际轨道转移优化算法 ［J］. 航
空学报，2007，28（6）：1307 –1311.

［ 7 ］ 周须峰，唐硕，高小五. 空间目标可拦截区与可遭遇区的确定 ［J］. 航
天控制，2006，24（1）：33 –38.

［ 8 ］ 常燕，周军. 空间飞行器追踪区设计 ［J］. 宇航学报，2006，27（6）：
1228 – 1232.

［ 9 ］ Fahroo F，Ross I M. A Spectral Patching Method for Direct Trajectory
Optimization ［J］. Journal of the Astronautical Sciences，2000，48（2）：
269 – 286.

［10］ Ross I M，Fahroo F. A Direct Method for Solving Nonsmooth Optimal
Control Problems ［C］. Proceedings of the 2002 World Congress of the In-
ternational Federation on Automatic Control，Barcelona，Spain，2002.

［11］ Ross I M，Fahroo F. Pseudospectral Knotting Methods for Solving Optimal
Control Problems ［J］. Journal of Guidance，Control，and Dynamics，

2004，27（3）：397－405.

[12] Rao A V. Extension of a Pseudospectral Legendre Method to Non－Se-
     quential Multiple－Phase Optimal Control Problems ［C］. AIAA 2003－
     5634.

[13] Rao A V，Benson D A，Darby C，et al. GPOPS，A MATLAB Software
     for Solving Multiple－Phase Optimal Control Problems Using the Gauss
     Pseudospectral Method ［J］. ACM Transactions on Mathematical Soft-
     ware，2010，37（2）.

[14] 袁建平，和兴锁，等. 航天器轨道机动动力学 ［M］. 北京：中国宇航出
     版社，2010.

第6章　典型在轨分离系统分析与设计

在轨释放与发射后，子航天器将从主平台分离并飞向目标任务区域，因此在轨分离动力学及分离系统设计是实现航天器任务的前提。分离轨道是航天器对抗轨道的一种，分离过程是主平台进入预定轨道后，分离系统将多颗子航天器分离，之后使之自主变轨到各自的工作轨道上的过程。显然，分离和发射系统对子航天器的运动具有初始的决定作用。

由于火工品的采用会严重干扰空间平台的稳定和运动，分离系统一般不采用火工品提供分离所需冲量。本章介绍2种依靠内能的无火工品分离系统：首先介绍了基于弹性势能转换的在轨分离动力学，针对弹簧驱动的级间分离过程，详细介绍了动力学模型的建立过程；然后介绍了一种基于滚珠丝杠的大质量体在轨分离系统，对在轨分离过程的动力学进行建模，并分析了姿态运动耦合给主平台带来的影响；最后针对平台释放分离和级间分离的地面模拟试验需求，介绍了一种基于零重力气浮平台的在轨分离地面模拟试验系统，以及基于该系统的试验过程与结果。

6.1　基于弹性势能转换的在轨分离动力学

最简单的常规在轨分离机构，一般采用弹簧等部件提供分离所需冲量，可以将该类分离机构概括为基于弹性势能转换的在轨分离机构。本节采用拉格朗日分析力学方法，首先对理想情况下弹性势能向分离动能的转化过程进行动力学分析与建模；然后对扰动因素影响下的分离过程进行动力学分析与建模。

6.1.1 理想情况下弹性势能转换分离过程动力学分析与建模

在级间分离过程中，平台和子航天器在地球中心引力场作用下沿曲线轨道运行，但是考虑到分离过程时间较短，运行轨道上的任一小段都可近似为直线处理。因此，此处仅考虑一维运动，相关的位置和速度量均在一维空间讨论。

为下文建模描述方便起见，特约定符号见表 6-1。

表 6-1 符号表

符号	物理意义
m_1	平台质量
m_2	子航天器质量
s_1	平台长度
s_2	子航天器长度
x_1	平台质心位置坐标
l	分离弹簧的自然长度
Δl	分离弹簧的伸缩量（伸长为正，压缩为负）
Δx	子航天器质心相对于平台质心的位置坐标
x_2	子航天器质心位置坐标
v_1	平台质心速度
Δv	子航天器质心相对于平台质心的速度
v_2	子航天器质心速度
k	单个分离弹簧的刚度系数
T_1	平台动能
T_2	子航天器动能
T	系统总动能
V	系统弹性势能
L	系统拉格朗日函数

拉格朗日动力学普遍方程为

$$(\frac{\mathrm{d}}{\mathrm{d}t}\frac{\partial}{\partial \dot{q}_j} - \frac{\partial}{\partial q_j})L = \boldsymbol{Q}_j \qquad (6-1)$$

式中　L——系统的拉格朗日函数，$L = T - V$；

　　　T——系统动能；

　　　V——系统势能；

　　　q_j——系统位形广义坐标（$j = 1, 2, 3, \cdots, n$）。

系统广义坐标的选取不唯一，但具有等价性。此处选取平台质心位置坐标 x_1 和分离弹簧的伸缩量 Δl 为广义坐标，即

$$\begin{cases} q_1 \triangleq x_1 \\ q_2 \triangleq \Delta l \end{cases} \qquad (6-2)$$

子航天器质心位置坐标为

$$x_2 = x_1 + \frac{1}{2}(s_1 + s_2) + l + \Delta l \qquad (6-3)$$

平台动能

$$T_1 = \frac{1}{2}m_1 \dot{x}_1^2 \qquad (6-4)$$

子航天器动能

$$T_2 = \frac{1}{2}m_2 \dot{x}_2^2 = \frac{1}{2}m_2 (\dot{x}_1 + \dot{\Delta l})^2 \qquad (6-5)$$

单个分离弹簧存储的弹性势能

$$V' = \frac{1}{2}k (\Delta l)^2 \qquad (6-6)$$

假设平台和子航天器之间并联了 4 根分离弹簧，那么分离弹簧的总弹性势能为

$$V = 4V' = 2k (\Delta l)^2 \qquad (6-7)$$

由于理想情况下，级间分离过程为弹簧的弹性势能向平台和子航天器的动能的转化过程，故联立可得系统拉格朗日函数

$$L = T_1 + T_2 - V = \frac{1}{2}m_1 \dot{x}_1^2 + \frac{1}{2}m_2 (\dot{x}_1 + \dot{\Delta l})^2 - 2k (\Delta l)^2$$

$$(6-8)$$

那么有

$$\begin{cases} \dfrac{\partial L}{\partial q_1} = \dfrac{\partial L}{\partial x_1} = 0 \\[3mm] \dfrac{\partial L}{\partial q_2} = \dfrac{\partial L}{\partial \Delta l} = -4k\Delta l \end{cases} \tag{6-9}$$

$$\begin{cases} \dfrac{\partial L}{\partial \dot q_1} = \dfrac{\partial L}{\partial \dot x_1} = (m_1 + m_2)\dot x_1 + m_2 \Delta \dot l \\[3mm] \dfrac{\partial L}{\partial \dot q_2} = \dfrac{\partial L}{\partial \Delta \dot l} = m_2(\dot x_1 + \Delta \dot l) \end{cases} \tag{6-10}$$

$$\begin{cases} \dfrac{\mathrm{d}}{\mathrm{d}t}\dfrac{\partial L}{\partial \dot q_1} = \dfrac{\mathrm{d}}{\mathrm{d}t}\dfrac{\partial L}{\partial \dot x_1} = (m_1 + m_2)\ddot x_1 + m_2 \Delta \ddot l \\[3mm] \dfrac{\mathrm{d}}{\mathrm{d}t}\dfrac{\partial L}{\partial \dot q_2} = \dfrac{\mathrm{d}}{\mathrm{d}t}\dfrac{\partial L}{\partial \Delta \dot l} = m_2(\ddot x_1 + \Delta \ddot l) \end{cases} \tag{6-11}$$

现在分析广义力 $Q_j(j=1,2)$。因为发动机已关机，"平台-分离弹簧-子航天器"组成的多体系统受到的唯一外力是地球中心引力。此处假设地球中心引力与系统运动方向垂直（如果系统运行轨道是正圆，则该条件总是成立的），中心引力在其运动方向上的投影为零，对分离过程无影响，所以广义力为零。当然，上述假设条件不一定总是成立，比如若系统运行轨道是椭圆，则除了在近地点和远地点外，其他位置的地球中心引力与航天器运动方向之间的夹角就不是90°，此时地球中心引力会对系统运动有影响，广义力就非零。但是，若分离弹簧刚度系数足够大，使得分离过程弹簧弹力远大于平台和子航天器广义力，则地球引力对分离过程的影响仍然是可以忽略的，此时我们建立分离过程动力学模型时，广义力 Q_j 假设为零仍然是合理可行的。

联立前式，得分离过程动力学方程如下

$$\begin{cases} (m_1 + m_2)\ddot x_1 + m_2 \Delta \ddot l = 0 \\ m_2 \ddot x_1 + m_2 \Delta \ddot l + 4k\Delta l = 0 \end{cases} \tag{6-12}$$

写成矩阵形式如下

$$\begin{bmatrix} m_1 + m_2 & m_2 \\ m_2 & m_2 \end{bmatrix} \begin{bmatrix} \ddot{x}_1 \\ \Delta \ddot{l} \end{bmatrix} + \begin{bmatrix} 0 & 0 \\ 0 & 4k \end{bmatrix} \begin{bmatrix} x_1 \\ \Delta l \end{bmatrix} = 0 \qquad (6-13)$$

分离过程中，4 根并联弹簧的总弹力

$$F = -4k\Delta l \qquad (6-14)$$

为了便于对上述动力学方程进行数值仿真计算，有必要将动力学方程写成状态空间方程的形式。为此，定义状态变量 $(x_1, \Delta l, v_1, \Delta v)^T$，可得

$$\begin{bmatrix} \dot{x}_1 \\ \dot{\Delta l} \\ \dot{v}_1 \\ \dot{\Delta v} \end{bmatrix} = \begin{bmatrix} 0 & 0 & 1 & 0 \\ 0 & 0 & 0 & 1 \\ 0 & \dfrac{4k}{m_1} & 0 & 0 \\ 0 & -\dfrac{4k(m_1 + m_2)}{m_1 m_2} & 0 & 0 \end{bmatrix} \begin{bmatrix} x_1 \\ \Delta l \\ v_1 \\ \Delta v \end{bmatrix} \qquad (6-15)$$

采用常微分方程的龙格-库塔数值解法即可对分离动力学进行数值仿真计算。仿真初始条件为解锁器解锁瞬间，平台和子航天器等速飞行，分离弹簧处于压紧状态。仿真参数见表 6-2，仿真结束条件为弹簧伸长到自然长度处。

表 6-2 仿真参数

仿真参数	数值
平台质量 m_1	80 kg
子航天器质量 m_2	25 kg
平台长度 s_1	1.3 m
子航天器长度 s_2	0.5 m
分离弹簧自然长度 l	0.08 m

仿真结果如图 6-1，图 6-2 和表 6-3 所示。

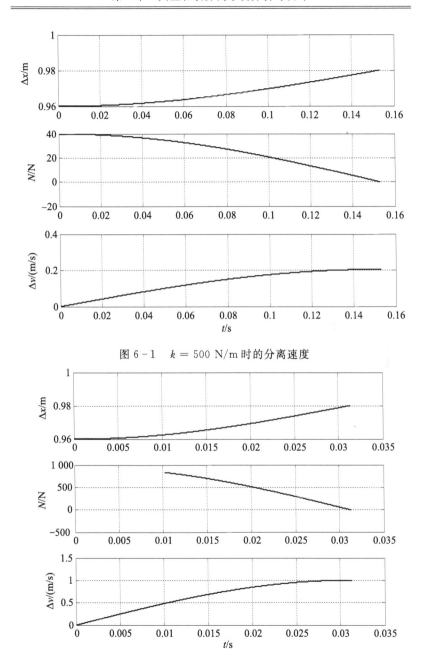

图 6-1　$k = 500\ \text{N/m}$ 时的分离速度

图 6-2　$k = 12\ 000\ \text{N/m}$ 时的分离速度

表 6 - 3   子航天器质量 25 kg，弹簧刚度取不同系数条件下的仿真结果

弹簧刚度系数 $k/$（N/m）	分离过程 耗时/s	分离速度 $\Delta v/$（m/s）	子航天器轴向 过载峰值/g
500	0.153	0.205	0.163
1 000	0.108	0.290	0.327
2 000	0.077	0.410	0.653
3 000	0.063	0.502	0.980
4 000	0.054	0.580	1.306
6 000	0.044	0.710	1.959
8 000	0.038	0.820	2.612
10 000	0.034	0.917	3.265
12 000	0.031	1.004	3.918
14 000	0.029	1.084	4.571
16 000	0.027	1.159	5.225
18 000	0.026	1.230	5.878
20 000	0.024	1.296	6.531

为了研究子航天器质量对分离过程的影响，对子航天器质量为 15 kg 的情况也进行了数值仿真，仿真结果与分离弹簧刚度系数之间的关系见表 6 - 4。

表 6 - 4   子航天器质量 15 kg，弹簧刚度取不同系数条件下的仿真结果

弹簧刚度系数 $k/$（N/m）	分离过程 耗时/s	分离速度 $\Delta v/$（m/s）	子航天器轴向 过载峰值/g
500	0.125	0.252	0.272
1 000	0.088	0.356	0.544
2 000	0.063	0.503	1.088
3 000	0.051	0.616	1.633
4 000	0.044	0.712	2.177
6 000	0.036	0.872	3.265
8 000	0.031	1.007	4.354

续表

弹簧刚度系数 k/（N/m）	分离过程 耗时/s	分离速度 Δv/(m/s)	子航天器轴向 过载峰值/g
10 000	0.028	1.126	5.442
12 000	0.026	1.233	6.531
14 000	0.024	1.332	7.619
16 000	0.022	1.424	8.708
18 000	0.021	1.510	9.796
20 000	0.020	1.592	10.884

仿真结果分析：

1）随着分离弹簧刚度系数的增加，分离过程耗时减小，分离速度增大，分离过程子航天器轴向过载峰值增大；

2）在弹簧刚度系数一定的条件下，随着子航天器质量的增大，分离过程耗时增大，分离速度减小，分离过程子航天器轴向过载峰值减小；

3）对于 25 kg 的子航天器来说，当弹簧刚度系数分别为 500 N/m、10 000 N/m、20 000 N/m 时，分离过程耗时分别为 0.153 s、0.034 s、0.024 s，而且分离耗时的减小量与弹簧刚度系数的增加量之间呈非线性关系，随着弹簧刚度系数的增加，分离耗时的缩短量越来越不明显；

4）对于 25 kg 的子航天器来说，当弹簧刚度系数分别为 500 N/m、10 000 N/m、20 000 N/m 时，分离速度分别为 0.205 m/s、0.917 m/s、1.296 m/s，而且分离速度的增加量与弹簧刚度系数的增加量之间呈非线性关系，随着弹簧刚度系数的增加，分离速度的增加量越来越不明显；

5）分离过程过载峰值的增加量与弹簧刚度系数的增加量之间呈线性关系；

6）应当根据子航天器的质量，在满足分离速度约束、子航天器轴向过载峰值约束等条件下，折中选取弹簧刚度系数。

6.1.2　分离过程扰动因素分析与建模

理想情况下，平台和子航天器可以当作轴对称旋成体处理（平台不一定就是旋成体，但可认为有对称轴），其质心在中心对称轴上。另外，级间分离机构也具有参数对称性、空间对称性，但是在工程实际中难以同时严格地满足上述所有对称性，即使几何条件对称，分离时有点摩擦也会干扰姿态，所以子航天器会受到失称干扰力矩，产生姿态扰动。

考虑到姿态扰动只是小扰动，此时子航天器的偏航、俯仰、滚转三通道的运动可以解耦，所以可将俯仰扰动和偏航扰动分离开来分别进行研究，并且在这两个通道上的数学模型是一样的，所以不失一般性，本小节仅研究子航天器的俯仰扰动运动。

（1）分离弹簧刚度失称所致的姿态扰动

级间分离时，由于上、下 2 根弹簧的刚度系数不相等，造成解锁装置解锁后，2 根弹簧伸长过程不同步。由于弹簧固连在平台和子航天器上，弹簧伸长过程中会对平台和子航天器产生推力和推力矩，前者造成质心加速度，后者造成姿态运动。若同时考虑平台质心运动和姿态运动、子航天器质心运动和姿态运动，则分离过程的系统动力学微分方程将异常复杂。

分离过程是，解锁装置解锁后，上、下 2 根弹簧——弹簧Ⅰ和弹簧Ⅱ——在各自恢复力的作用下伸长。不妨设弹簧Ⅰ的刚度系数稍小，则弹簧Ⅱ的伸长要快些，形成如图 6 - 3 所示的系统位形。当弹簧Ⅱ伸长到其自然长度后将和子航天器脱离接触，不再对子航天器产生推力，而弹簧Ⅰ因为尚未伸长到其自然长度处，所以弹簧Ⅰ将继续推动子航天器运动，形成如图 6 - 4 所示的系统位形。

下面以拉格朗日分析力学为工具，分别建立上述 2 个阶段的系统动力学方程。首先，约定相关符号见表 6 - 5。

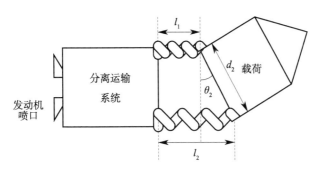

图 6 - 3　第 1 阶段弹簧推动子航天器

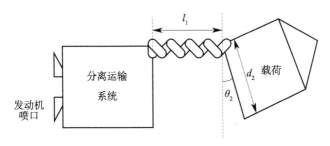

图 6 - 4　第 2 阶段弹簧推动子航天器

表 6 - 5　符号约定

符号	物理意义
m_2	子航天器质量
J_2	子航天器俯仰转动惯量
s_2	子航天器的长度
d_2	子航天器的直径
k_1	弹簧 I 的刚度系数
k_2	弹簧 II 的刚度系数
l	弹簧自然长度
l_1	弹簧 I 的瞬时长度
l_2	弹簧 II 的瞬时长度
x_2	子航天器质心位置坐标
θ_2	子航天器姿态俯仰角

第 1 阶段 2 根弹簧推动子航天器运动，这时建模方法具体如下：

多体系统动力学普遍方程

$$(\frac{d}{dt}\frac{\partial}{\partial \dot{q}_j} - \frac{\partial}{\partial q_j})L = Q_j \tag{6-16}$$

此处取某一瞬时弹簧Ⅰ的长度 l_1 和子航天器的俯仰角 θ_2 为广义坐标，即

$$\begin{cases} q_1 \triangleq l_1 \\ q_2 \triangleq \theta_2 \end{cases} \tag{6-17}$$

设子航天器质量为 m_2，质心位置坐标为 x_2，关于俯仰轴的转动惯量为 J_2，则系统总动能为

$$T = \frac{1}{2}m_2\dot{x}_2^2 + \frac{1}{2}J_2\dot{\theta}_2^2 \tag{6-18}$$

设弹簧Ⅰ和弹簧Ⅱ的刚度系数分别为 k_1 和 k_2，自然长度均为 l，在某一瞬时其实际长度分别为 l_1 和 l_2，则弹簧存储的弹性势能为

$$V = \frac{1}{2}k_1(l-l_1)^2 + \frac{1}{2}k_2(l-l_2)^2 \tag{6-19}$$

由图 6-5 显见

$$l_2 = l_1 + d_2\sin\theta_2 \tag{6-20}$$

式中　　d_2 ——子航天器分离面直径。

下面计算子航天器质心坐标 x_2。定义 x_2 为子航天器质心 O_2 到分离面的垂直距离，则由几何关系可得

$$x_2 = l_1 + \frac{1}{2}(d_2\sin\theta_2 + s_2\cos\theta_2) \tag{6-21}$$

$$\dot{x}_2 = \dot{l}_1 + \frac{1}{2}\dot{\theta}_2(d_2\cos\theta_2 - s_2\sin\theta_2) \tag{6-22}$$

联立上式得系统拉格朗日函数

$$L = \frac{1}{2}m_2\dot{l}_1^2 + \frac{1}{2}J_2\dot{\theta}_2^2 + \frac{1}{8}m_2\dot{\theta}_2^2(d_2^2\cos^2\theta_2 + s_2^2\sin^2\theta_2 - d_2s_2\sin2\theta_2) +$$

$$\frac{1}{2}m_2\dot{l}_1\dot{\theta}_2(d_2\cos\theta_2 - s_2\sin\theta_2) - \frac{1}{2}k_1(l-l_1)2 - \frac{1}{2}k_2(l-l_1-d_2\sin\theta_2)^2$$

$$\tag{6-23}$$

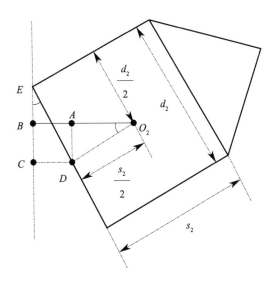

图 6-5　子航天器质心位置坐标示意图

从而可得分离过程第 1 阶段系统动力学方程如下

$$
\begin{cases}
m_2 \ddot{l}_1 + \dfrac{1}{2} m_2 (d_2 \cos\theta_2 - s_2 \sin\theta_2) \ddot{\theta}_2 \\[2mm]
= \dfrac{1}{2} m_2 \dot{\theta}_2^2 (d_2 \sin\theta_2 + s_2 \cos\theta_2) + (k_1 + k_2)(l - l_1) - k_2 d_2 \sin\theta_2 \dfrac{1}{2} m_2 \\[2mm]
(d_2 \cos\theta_2 - s_2 \sin\theta_2) \ddot{l}_1 + \left[J_2 + \dfrac{1}{4} m_2 (d_2^2 \cos^2\theta_2 + s_2^2 \sin^2\theta_2 - d_2 s_2 \sin 2\theta_2) \right] \ddot{\theta}_2 \\[2mm]
= \dfrac{1}{8} m_2 \dot{\theta}_2^2 \left[(d_2^2 - s_2^2) \sin 2\theta_2 + 2 d_2 s_2 \cos 2\theta_2 \right] + k_2 d_2 (l - l_1 - d_2 \sin\theta_2) \cos\theta_2
\end{cases}
$$

$$(6-24)$$

写成状态空间形式为

$$
\begin{cases}
\dot{l}_1 = v_1 \\
\dot{\theta}_2 = \omega_2
\end{cases}
$$

$$(6-25)$$

$$\begin{bmatrix} \dot{v}_1 \\ \dot{\omega}_2 \end{bmatrix} = \begin{bmatrix} m_2 & \frac{1}{2}m_2(d_2\cos\theta_2 - s_2\sin\theta_2) \\ \frac{1}{2}m_2(d_2\cos\theta_2 - s_2\sin\theta_2) & J_2 + \frac{1}{4}m_2(d_2^2\cos^2\theta_2 + s_2^2\sin^2\theta_2 - d_2 s_2\sin2\theta_2) \end{bmatrix}^{-1} \times$$

$$\begin{bmatrix} \frac{1}{2}m_2\omega_2^2(d_2\sin\theta_2 + s_2\cos\theta_2) + (k_1 + k_2)(l - l_1) - k_2 d_2\sin\theta_2 \\ \frac{1}{8}m_2\omega_2^2[(d_2^2 - s_2^2)\sin2\theta_2 + 2d_2 s_2\cos2\theta_2] + \\ k_2 d_2(l - l_1 - d_2\sin\theta_2)\cos\theta_2 \end{bmatrix}$$

$$(6-26)$$

分离过程第 2 阶段，子航天器与弹簧 Ⅱ 已经脱离接触，弹簧 Ⅰ 继续推动子航天器运动。此时，系统动能表达式和第 1 阶段相同，系统势能为

$$V = \frac{1}{2}k_1(l - l_1)^2 \qquad (6-27)$$

系统拉格朗日函数为

$$L = \frac{1}{2}m_2\dot{l}_1^2 + \frac{1}{2}J_2\dot{\theta}_2^2 + \frac{1}{8}m_2\dot{\theta}_2^2(d_2^2\cos^2\theta_2 + s_2^2\sin^2\theta_2 - d_2 s_2\sin2\theta_2) +$$

$$\frac{1}{2}m_2\dot{l}_1\dot{\theta}_2(d_2\cos\theta_2 - s_2\sin\theta_2) - \frac{1}{2}k_1(l - l_1)^2$$

$$(6-28)$$

从而可得级间分离第 2 阶段系统动力学方程

$$\begin{cases} m_2\ddot{l}_1 + \frac{1}{2}m_2(d_2\cos\theta_2 - s_2\sin\theta_2)\ddot{\theta}_2 = \frac{1}{2}m_2\dot{\theta}_2^2(d_2\sin\theta_2 + s_2\cos\theta_2) + \\ \qquad\qquad k_1(l - l_1) \\ \frac{1}{2}m_2(d_2\cos\theta_2 - s_2\sin\theta_2)\ddot{l}_1 + [J_2 + \frac{1}{4}m_2(d_2^2\cos^2\theta_2 + \\ s_2^2\sin^2\theta_2 - d_2 s_2\sin2\theta_2)]\ddot{\theta}_2 = \frac{1}{8}m_2\dot{\theta}_2^2[(d_2^2 - s_2^2)\sin2\theta_2 + 2d_2 s_2\cos2\theta_2] \end{cases}$$

$$(6-29)$$

写成状态空间形式为

$$
\begin{bmatrix} \dot{v}_1 \\ \dot{\omega}_2 \end{bmatrix} = \begin{bmatrix} m_2 & \frac{1}{2} m_2 \left(d_2 \cos\theta_2 - s_2 \sin\theta_2 \right) \\ \frac{1}{2} m_2 \left(d_2 \cos\theta_2 - s_2 \sin\theta_2 \right) & J_2 + \frac{1}{4} m_2 \left(d_2^2 \cos^2\theta_2 + s_2^2 \sin^2\theta_2 - d_2 s_2 \sin 2\theta_2 \right) \end{bmatrix}^{-1} \times
$$

$$
\begin{bmatrix} \frac{1}{2} m_2 \omega_2^2 \left(d_2 \sin\theta_2 + s_2 \cos\theta_2 \right) + k_1 (l - l_1) \\ \frac{1}{8} m_2 \omega_2^2 \left[(d_2^2 - s_2^2) \sin 2\theta_2 + 2 d_2 s_2 \cos 2\theta_2 \right] \end{bmatrix}
$$

$$(6-30)$$

（2）子航天器质心失称导致的姿态扰动

子航天器质心不在中心对称轴上（这种情况称为质心失称）也可导致分离过程的姿态扰动。不妨设子航天器的质心向上偏离，即处在中心对称轴的上方一小段距离处，此时由于Ⅰ号弹簧的作用线距子航天器质心较近，Ⅱ号弹簧的作用线距子航天器质心较远，若2根弹簧具有相等的刚度系数，则Ⅱ号弹簧因具有较长的力臂而产生较大的力矩，使子航天器产生一定的抬头力矩，从而产生姿态扰动。Ⅱ号弹簧首先伸长到其自然长度，即与子航天器脱离接触，Ⅰ号弹簧尚未伸长到自然长度，继续推动子航天器运动，直到也伸长到自然长度为止，级间分离过程结束。动力学模型与上一小节中基本相同，主要差别在于质心坐标存在偏差 Δd，如图 6-6 所示。

根据几何关系，可以推导得到质心坐标 x_2 表达式

$$
x_2 = l_1 + \frac{s_2}{2} \cos\theta_2 + \left(\frac{d_2}{2} - \Delta d \right) \sin\theta_2 \tag{6-31}
$$

进而，可以得到子航天器质心偏移情况下的拉格朗日函数

$$
L = \frac{1}{2} m_2 \dot{l}_1^2 + \frac{1}{2} \dot{\theta}_2^2 \left\{ m_2 \left[\left(\frac{d_2}{2} - \Delta d \right)^2 \cos^2\theta_2 + \frac{s_2^2}{4} \sin^2\theta_2 - \right. \right.
$$

$$
\left. \left(\frac{d_2}{2} - \Delta d \right) s_2 \cos\theta_2 \sin\theta_2 \right] + J_2 \right\} + m_2 \dot{l}_1 \dot{\theta}_2 \left[\left(\frac{d_2}{2} - \Delta d \right) \cos\theta_2 - \right.
$$

$$
\left. \frac{s_2}{2} \sin\theta_2 \right] - \frac{1}{2} k (l - l_1)^2 - \frac{1}{2} k (l - l_1 - d_2 \sin\theta_2)^2
$$

$$(6-32)$$

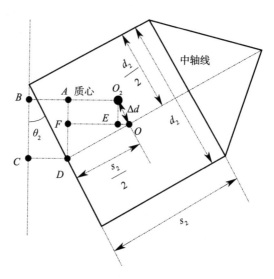

图 6-6　子航天器质心偏移情况下的质心几何关系

推导可得到考虑子航天器质心偏移时级间分离第 1 阶段的动力学模型

$$
\begin{cases}
m_2\ddot{l}_1 + m_2\ddot{\theta}_2\left[(\dfrac{d_2}{2} - \Delta d)\cos\theta_2 - \dfrac{s_2}{2}\sin\theta_2\right] - m_2\dot{\theta}_2^2\left[(\dfrac{d_2}{2} - \Delta d)\sin\theta_2 + \right. \\[2mm]
\left. \dfrac{s_2}{2}\cos\theta_2\right] - k(2l - 2l_1 - d\sin\theta_2) = 0 \\[3mm]
m_2\ddot{l}_1\left[(\dfrac{d_2}{2} - \Delta d)\cos\theta_2 - \dfrac{s_2}{2}\sin\theta_2\right] + m_2\ddot{\theta}_2\left[(\dfrac{d_2}{2} - \Delta d)^2\cos^2\theta_2 + \right. \\[2mm]
\left. \dfrac{s_2^2}{4}\sin^2\theta_2 - (\dfrac{d_2}{2} - \Delta d)s_2\cos\theta_2\sin\theta_2\right] + J_2\ddot{\theta} + \dfrac{1}{2}m_2\dot{\theta}_2^2\left[\dfrac{s_2^2}{4}\sin2\theta_2 - \right. \\[2mm]
\left. (\dfrac{d_2}{2} - \Delta d)^2\sin2\theta_2 - (\dfrac{d_2}{2} - \Delta d)s_2\cos2\theta_2\right] - kd_2(l - l_1 - \\[2mm]
d_2\sin\theta_2)\cos\theta_2 = 0
\end{cases}
$$

$$(6-33)$$

类似可得到第 1 阶段系统拉格朗日函数

$$L = \frac{1}{2} m_2 \dot{l}_1^2 + \frac{1}{2} \dot{\theta}_2^2 \{ m_2 [(\frac{d_2}{2} - \Delta d)^2 \cos^2\theta_2 + \frac{s_2^2}{4} \sin^2\theta_2 -$$

$$(\frac{d_2}{2} - \Delta d) s_2 \cos\theta_2 \sin\theta_2] + J_2 \} + m_2 \dot{l}_1 \dot{\theta}_2 [(\frac{d_2}{2} - \Delta d) \cos\theta_2 -$$

$$\frac{s_2}{2} \sin\theta_2] - \frac{1}{2} k (l - l_1)^2$$

$$(6-34)$$

以及第 2 阶段的动力学模型

$$\begin{cases} m_2 \ddot{l}_1 + m_2 \ddot{\theta}_2 [(\frac{d_2}{2} - \Delta d) \cos\theta_2 - \frac{s_2}{2} \sin\theta_2] - m_2 \dot{\theta}_2^2 [(\frac{d_2}{2} - \Delta d) \sin\theta_2 + \\ \frac{s_2}{2} \cos\theta_2] - k (l - l_1) = 0 \\ m_2 \ddot{l}_1 [(\frac{d_2}{2} - \Delta d) \cos\theta_2 - \frac{s_2}{2} \sin\theta_2] + m_2 \ddot{\theta} [(\frac{d_2}{2} - \Delta d)^2 \cos^2\theta_2 + \frac{s_2^2}{4} \sin^2\theta_2 - \\ (\frac{d_2}{2} - \Delta d) s_2 \cos\theta_2 \sin\theta_2] + J_2 \ddot{\theta} + \frac{1}{2} m_2 \dot{\theta}_2^2 [\frac{s_2^2}{4} \sin 2\theta_2 - (\frac{d_2}{2} - \Delta d)^2 \sin 2\theta_2 - \\ (\frac{d_2}{2} - \Delta d) s_2 \cos 2\theta_2] = 0 \end{cases}$$

$$(6-35)$$

（3）数值仿真与分析

①分离弹簧刚度失称所致的姿态扰动仿真和分析

仿真参数见表 6 - 6。

表 6 - 6　仿真参数

仿真参数	数值
子航天器质量 m_2	25 kg
子航天器长度 s_2	0.5 m
子航天器横截面直径 d_2	0.5 m
子航天器关于俯仰轴的转动惯量 J_2	2 kg·m²
分离弹簧 I 的刚度系数 k_1	14 000 N/m
分离弹簧自然长度 l	0.08 m

首先对弹簧Ⅱ和弹簧Ⅰ刚度系数差取不同数值时分离结果进行仿真，典型参数的结果曲线如图 6 - 7 和图 6 - 8 所示。

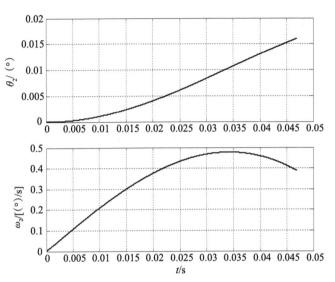

图 6 - 7　刚度系数差为 150 N/m 时

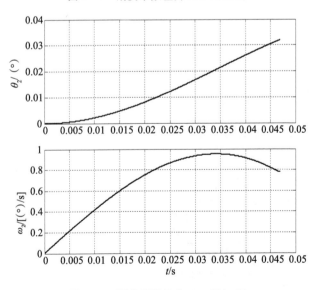

图 6 - 8　刚度系数差为 300 N/m 时

仿真结果汇总见表 6 - 7。

表 6 - 7　弹簧刚度系数差取不同数值条件下的仿真结果

弹簧Ⅱ的刚度系数 k_2/(N/m)	两弹簧刚度系数差 Δk/(N/m)	子航天器分离角速度峰值/[(°)/s]	子航大器分离角速度末值/[(°)/s]	子航天器分离角峰值/(°)	子航天器分离角末值/(°)
14 050	50	0.159	0.130	0.005	0.005
14 100	100	0.319	0.260	0.011	0.011
14 150	150	0.477	0.389	0.016	0.016
14 200	200	0.636	0.519	0.021	0.021
14 250	250	0.794	0.648	0.027	0.027
14 300	300	0.952	0.777	0.032	0.032
14 350	350	1.110	0.905	0.037	0.037
14 400	400	1.267	1.034	0.043	0.043
14 450	450	1.425	1.162	0.048	0.048
14 500	500	1.581	1.290	0.053	0.053
14 550	550	1.738	1.418	0.058	0.058
14 600	600	1.894	1.545	0.064	0.064
14 650	650	2.050	1.673	0.069	0.069
14 700	700	2.206	1.800	0.074	0.074
14 800	800	2.517	2.053	0.084	0.084

根据上述仿真结果，可知：

1）分离弹簧刚度系数失称导致子航天器分离姿态角速度和分离姿态角出现扰动；分离姿态角速度先增加，当弹簧Ⅱ与子航天器脱离接触后，分离姿态角速度开始减小，但是一直为正；因为姿态角速度一直为正，所以姿态角单调递增，当 2 根分离弹簧与子航天器均脱离接触，即分离过程结束时，子航天器姿态角达到最大；

2）子航天器在分离过程中的姿态角速度峰值、姿态角速度末值、姿态角末值（同时也是姿态角峰值）随分离弹簧刚度系数差的增加而几乎呈线性增长；

3）对于相同的分离弹簧刚度系数和系数差，分离姿态角速度峰值、角速度末值、分离姿态角末值等参数随着子航天器转动惯量增加而减小；

4）对于给定的子航天器质量和转动惯量，应根据级间分离姿态角速度和姿态角要求，严格控制分离弹簧刚度系数误差。

②子航天器质心失称导致的姿态扰动仿真和分析

对子航天器质心偏移量取不同数值时的分离结果进行仿真，得到典型参数的特性曲线如图 6 - 9 和图 6 - 10 所示。

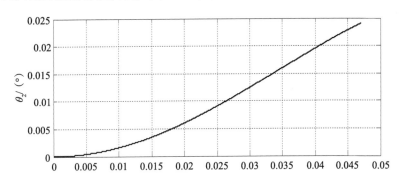

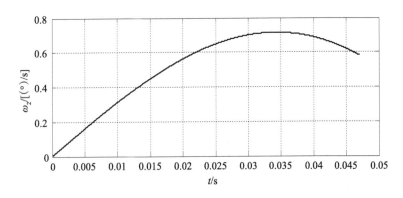

图 6 - 9　质心偏移为 0.002 m 时

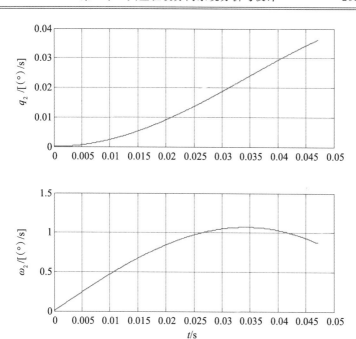

图 6 - 10　质心偏移为 0.003 m 时

质心偏移量对重要仿真结果参数的影响见表 6 - 8。

表 6 - 8　子航天器质心偏移量取不同数值条件下的仿真结果

质心偏移量 Δd/m	子航天器分离角速度峰值/[(°)/s]	子航天器分离角速度末值/[(°)/s]	子航天器分离角峰值/(°)	子航天器分离角末值/(°)
0.001	0.357	0.292	0.012	0.012
0.002	0.715	0.583	0.024	0.024
0.003	1.072	0.875	0.036	0.036
0.004	1.429	1.166	0.048	0.048
0.005	1.787	1.458	0.061	0.061
0.006	2.144	1.749	0.073	0.073
0.007	2.501	2.041	0.085	0.085
0.008	2.858	2.333	0.097	0.097
0.009	3.216	2.624	0.110	0.110
0.010	3.573	2.916	0.122	0.122

根据上述仿真结果，可知：

1）子航天器质心偏移导致分离姿态角速度和分离姿态角出现扰动；分离姿态角速度先增加，当弹簧Ⅱ与子航天器脱离接触后，姿态角速度开始减小，但是一直为正；因为姿态角速度一直为正，所以姿态角单调递增，当2根分离弹簧与子航天器均脱离接触，分离过程结束时，子航天器姿态角达到最大；

2）子航天器在分离过程中的姿态角速度峰值、姿态角速度末值、姿态角末值随质心偏移量几乎呈线性增长，而且分离姿态角速度末值对质心偏移量很敏感，可见在级间分离技术中，须高精度、严格地控制子航天器质心偏移量。

6.2　基于滚珠丝杠的大质量体可控分离动力学

本节将针对 100 kg 以上质量的子航天器从平台分离（要求分离速度可控、分离精度较高的情况）简要介绍一种新型的基于电机驱动滚珠丝杠的大质量体在轨精准分离系统，重点针对该分离系统工作过程的动力学问题进行分析与建模。

6.2.1　一种新型大质量体在轨分离系统

6.2.1.1　电机驱动滚珠丝杠的分离系统设计与分析

筒式分离系统平时安装在平台上，当接收到分离指令时，分离执行装置启动，推动承载在筒内的子航天器完成释放分离任务。以承载2个子航天器为例，总体结构如图 6-11 所示。

设计方案：开盖机构通过给记忆合金部件通电受热而使端盖处于解锁状态，接着利用扭转杆而使端盖完全打开，完成释放分离任务。在关闭端盖时，利用钢丝绳拉拽端盖使之闭合，并由开盖机构将之锁死；其中，钢丝绳一端固联于丝杠螺母，另一端固联于端盖。由于要完成2次开盖和关盖动作，在丝杠螺母解锁上设置钢丝绳展

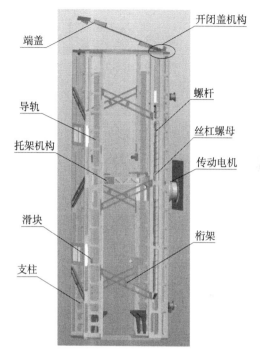

图 6 - 11　筒式分离机构

开和收拢装置。

分离流程如图 6 - 12 所示。助推释放分离时，电机轴转动带动固联于电机轴上的齿轮转动，通过齿轮传动带动滚珠丝杠转动，丝杠螺母沿着导轨作直线运动，固联于丝杠螺母上的托架机构托住上航天器两侧滑块，使上航天器出筒。上航天器安装有 2 列 2 排滑块，当被推动分离时，滑块在分离筒内的滑轨上滑动，对航天器出筒起到导向作用。

上航天器出筒后，电机轴反向旋转，带动丝杠螺母逆向直线运动，托架机构通过相关机构克服下航天器两侧的滑块阻碍，运动到下航天器的下端面，电机停止工作，完成推动下航天器出筒的准备工作。

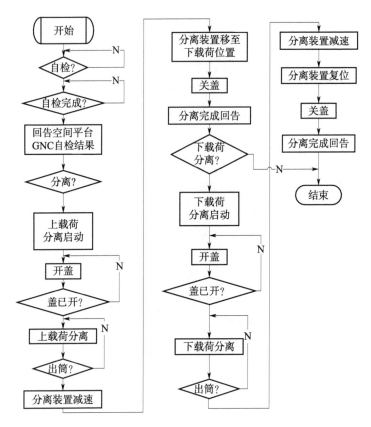

图 6-12　精准可控多次分离流程

6.2.1.2　主要结构与机构

（1）开闭盖机构

如图 6-13 所示，给记忆合金通电加热，下端的机构右移而解锁，反之，记忆合金冷却后恢复原状态，使开盖机构锁死。

（2）托架机构

如图 6-14 所示，托架机构由 2 部分组成，分别为托举架和托举手，托架机构固连于丝杠螺母上，把丝杠的螺旋运动转换为托架机构的直线运动，完成子航天器的分离过程。

分离机构具体作用过程如图 6-15 所示。分离前，分离机构在

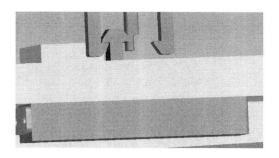

图 6-13　开闭盖机构

 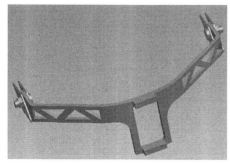

图 6-14　托架机构

上航天器的中段部分，处于未工作状态。分离上航天器时，分离机构下移一定的距离，分离机构的两侧托架遇到滑块阻碍运动而旋转一定的角度，最终使托架装置顺利通过滑块。在通过滑块的同时，由于托架与托架杆之间旋转轴部分内置一扭转弹簧，扭转弹簧恢复形变而使托架与托架杆恢复到初始相对水平位置，当分离机构完全通过航天器的下端滑块，丝杠螺母停止下移运动，改变其运动方向。由于托架具有限位机构而不能发生逆向旋转运动，从而推动子航天器运动。如此反复，可以进行多次的子航天器分离运动。

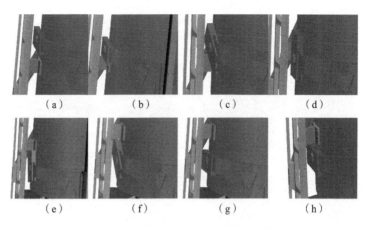

（a）　　　　　（b）　　　　　（c）　　　　　（d）

（e）　　　　　（f）　　　　　（g）　　　　　（h）

图 6-15　托架杆分离机构作用过程图解

（3）电机伺服驱动机构

传动电机带动固联于电机轴上的齿轮转动机构，电机上的齿轮通过传动而带动滚珠丝杠传动，实现运动的传递，如图 6-16 所示。

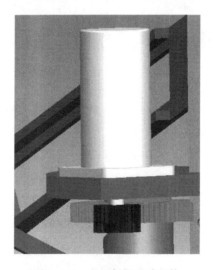

图 6-16　电机伺服驱动机构

（4）筒身结构

分离筒筒身主要由支柱、桁架、薄蒙皮组成，用 4 根支柱及若干桁架组合成分离筒筒身，再用薄蒙皮将分离筒筒身内、外隔离开来，如图 6-17 所示。

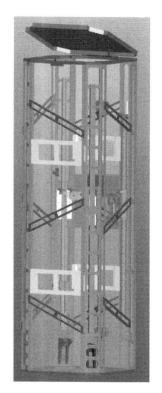

图 6-17　分离筒筒身

（5）子航天器约束装置

子航天器的助推段上安装有滑块，滑块只能在轨道中移动，以达到约束子航天器滚动的目的，在滑块上设置约束孔，将拔销器销杆插入约束孔中以达到约束子航天器轴向运动的目的，在子航天器分离前，解除子航天器的轴向约束，保证子航天器顺利出筒，约束装置如图 6-18 所示。

图 6 - 18　约束装置

6.2.2　电机驱动滚珠丝杠副的在轨分离过程动力学分析与建模

以 6.2.1 小节中描述的在轨分离系统为研究对象，对大质量体的分离过程进行动力学分析与建模，重点对卫星平台姿态运动和大质量体直线分离运动之间的耦合动力学进行推导、建模与仿真分析。

6.2.2.1　大质量体分离平动过程分析

分离平动过程为：分离推动装置推动子航天器加速到一定速度，装置进入减速阶段，子航天器以一定速度在导轨约束下沿分离筒运动，直至脱离分离筒。

以上述子航天器为例，分离推动装置的总行程为 350 mm，正向加速行程设定为300 mm，余下 50 mm 为空载减速距离。返回速度可根据实际要求设置。因此整个运动分为 3 个阶段：

1）加速阶段；

2）减速阶段；

3）返回阶段。

整个运动过程如图 6 - 19 所示。

（1）加速段

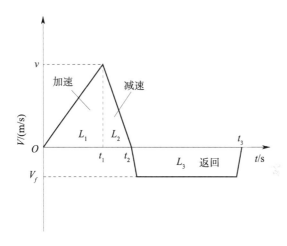

图 6-19 分离装置运动过程

若分离速度约 1 m/s，总行程约 0.3 m，假定分离推动装置对子航天器的加速段为匀加速，则可以通过简单计算得到，加速时间为 0.6 s，分离过程子航天器的加速度为 1.67 m/s²；假定子航天器质量为 80 kg，分离推动装置质量 5 kg，则分离推动装置提供的推力大小约为 141.95 N，此推力为平台受到的反作用力大小。

分离装置在平台本体系上的安装位置坐标分别为 [1.31，±1.24，±0.601 2]、[1.31，0，±0.601 2]。可知，在释放分离过程中，平台受到的干扰力矩主要施加在俯仰和偏航两个方向，大小分别为 85.17 N・m 和 176.02 N・m。

假设平台的三轴转动惯量分别为 [2 906 kg・m²，2 768 kg・m²，2 807 kg・m²]，则分离带来的角加速度为 [0 (°)/s²，0.03 (°)/s²，0.063 (°)/s²]，角速度改变量为 [0 (°)/s，0.018 (°)/s，0.038 (°)/s]。

（2）减速段

减速段主要为分离推动装置的减速，行程 0.05 m，速度由 1 m/s 减小到 0，减速时间为 0.1 s，那么平均加速度为 -10 m/s²，分离推动装置质量 5 kg，则平台受到的反作用力大小为 50 N。

对应干扰力矩大小分别为 30.06 N・m 和 62 N・m，对平台的

角加速度为 $[0\ (°)/s^2, 0.011\ (°)/s^2, 0.022\ (°)/s^2]$，角速度改变量为 $[0\ (°)/s, 0.001\ 1\ (°)/s, 0.002\ 2\ (°)/s]$。

（3）返回段

关盖返回段则为加速—匀速—减速过程，匀速过程的速度为 $0.2\ m/s$，总行程约 $350+700=1\ 050\ mm$，同时加速度为 $2\ m/s^2$，则加减速时所需的力为 $10\ N$，对应干扰力矩大小为 $6.012\ N \cdot m$ 和 $12.4\ N \cdot m$，对应平台的角加速度为 $[0\ (°)/s^2, 0.002\ 2\ (°)/s^2, 0.004\ 4\ (°)/s^2]$。

6.2.2.2　大质量体分离平动与平台姿态运动的耦合动力学建模

平台两侧各安装 3 个释放分离装置，每个装置中承载 2 套分离系统与子航天器，安装关系如图 6-20 所示。

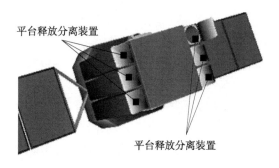

图 6-20　平台释放分离装置在平台上的安装关系示意图

在平台释放分离过程中，平台姿态运动与子航天器的出筒运动是相互耦合的复杂过程。一方面，平台姿态不可能保持完全静止不动，而是存在一定的姿态角速度和角加速度，而平台释放分离过程不是一个瞬时过程，这就使得平台姿态运动完全有可能对子航天器的分离过程产生干扰，如果平台姿态剧烈运动，则很有可能导致子航天器出筒之后出现翻滚，甚至分离失败；另一方面，子航天器出筒过程中，释放分离装置承受的反作用力会传递到平台上，从而对平台姿态产生大的扰动，平台姿态为保持稳定，必须具备较强的抗扰动能力。

基于上述分析，平台姿态运动是释放分离过程能否完成的关键因素，本小节将首先建立该过程的耦合动力学模型。约定相关符号见表 6-9。

表 6-9 符号约定

符号	物理意义
J_1	平台关于滚转轴（x 轴）的转动惯量
J_2	平台关于偏航轴（y 轴）的转动惯量
J_3	平台关于俯仰轴（z 轴）的转动惯量
m	子航天器质量
l_0	分离筒长度
θ_1	平台姿态滚转角
θ_2	平台姿态偏航角
θ_3	平台姿态俯仰角
ω_1	平台姿态滚转角速度
ω_2	平台姿态偏航角速度
ω_3	平台姿态俯仰角速度
x	子航天器质心在平台本体系下的 x 坐标（变数）
y	子航天器质心在平台本体系下的 y 坐标（常数）
z	子航天器质心在平台本体系下的 z 坐标（常数）

首先，平台姿态运动学和动力学方程如下

$$\begin{cases} \dot{\theta}_1 = \omega_1 - (\omega_2\cos\theta_1 - \omega_3\sin\theta_1)\tan\theta_3 \\ \dot{\theta}_2 = (\omega_2\cos\theta_1 - \omega_3\sin\theta_1)\dfrac{1}{\cos\theta_3} \\ \dot{\theta}_3 = \omega_2\sin\theta_1 + \omega_3\cos\theta_1 \end{cases} \qquad (6-36)$$

$$\begin{cases} \dot{\omega}_1 = \dfrac{J_2 - J_3}{J_1}\omega_2\omega_3 + \dfrac{M_1}{J_1} \\[2mm] \dot{\omega}_2 = \dfrac{J_3 - J_1}{J_2}\omega_1\omega_3 + \dfrac{M_2}{J_2} \\[2mm] \dot{\omega}_3 = \dfrac{J_1 - J_2}{J_3}\omega_1\omega_2 + \dfrac{M_3}{J_3} \end{cases} \tag{6-37}$$

式中　　M_1, M_2, M_3 ——子航天器对平台的作用力对平台质心的力矩

矢量在平台本体坐标系下的三轴分量。

由于分离筒内壁非常光滑，子航天器出筒速度和加速度又比较小，所以子航天器对平台的作用力主要是对分离筒内壁的正压力。子航天器和分离筒并非只通过一点接触，但是它们之间的作用力总是可以等效为子航天器质心对分离筒壁的作用力（法向压力）。为了给出 M_1、M_2、M_3 的具体表达式，须从分析子航天器和平台的相对运动着手。

由于平台的姿态运动以及子航天器的出筒过程相较于平台的轨道运动是快变化过程（注：所谓快变化指的是姿态运动的周期和出筒过程耗时远小于平台轨道运动的周期），所以可忽略轨道坐标系的非惯性特征（其理由是即便是低轨道航天器，其轨道周期至少为84 min，则轨道坐标系的旋转角速度即航天器公转角速度最大不过0.001 2 rad/s，约合 0.07 [(°)/s]，所以此处将轨道坐标系近似为惯性坐标系。

定义轨道坐标系三轴所对应的单位正交基为 a_1、a_2、a_3 ，形成单位正交基组 $A \triangleq (a_1, a_2, a_3)$；平台本体坐标系三轴所对应的单位正交基为 b_1、b_2、b_3 ，形成单位正交基组 $B \triangleq (b_1, b_2, b_3)$。2 组基之间的过渡关系为

$$\boldsymbol{B} = \boldsymbol{A}T_{AB} \tag{6-38}$$

其中，过渡阵为

$$
\boldsymbol{T}_{AB} = \begin{bmatrix}
\cos\theta_2\cos\theta_3 & \begin{array}{c} -\cos\theta_1\cos\theta_2\sin\theta_3 + \\ \sin\theta_1\sin\theta_2 \end{array} & \begin{array}{c} \sin\theta_1\cos\theta_2\sin\theta_3 + \\ \cos\theta_1\sin\theta_2 \end{array} \\
\sin\theta_3 & \cos\theta_1\cos\theta_3 & -\sin\theta_1\cos\theta_3 \\
-\sin\theta_2\cos\theta_3 & \begin{array}{c} \cos\theta_1\sin\theta_2\sin\theta_3 + \\ \sin\theta_1\cos\theta_2 \end{array} & \begin{array}{c} -\sin\theta_1\sin\theta_2\sin\theta_3 + \\ \cos\theta_1\cos\theta_2 \end{array}
\end{bmatrix}
$$

设子航天器质心相对于平台质心的位置矢量为

$$
\boldsymbol{r} = x\boldsymbol{b}_1 + y\boldsymbol{b}_2 + z\boldsymbol{b}_3 = \boldsymbol{B}\begin{bmatrix} x \\ y \\ z \end{bmatrix} \tag{6-39}
$$

则其相对速度矢量为

$$
\boldsymbol{v} \triangleq \frac{\mathrm{d}\boldsymbol{r}}{\mathrm{d}t} = \frac{\mathrm{d}}{\mathrm{d}t}\left\{ \boldsymbol{B}\begin{bmatrix} x \\ y \\ z \end{bmatrix} \right\} = \frac{\mathrm{d}\boldsymbol{B}}{\mathrm{d}t}\begin{bmatrix} x \\ y \\ z \end{bmatrix} + \boldsymbol{B}\frac{\mathrm{d}}{\mathrm{d}t}\begin{bmatrix} x \\ y \\ z \end{bmatrix} \tag{6-40}
$$

$$
\frac{\mathrm{d}\boldsymbol{B}}{\mathrm{d}t} = \frac{\mathrm{d}}{\mathrm{d}t}(\boldsymbol{A}\boldsymbol{T}_{AB}) = \boldsymbol{A}\dot{\boldsymbol{T}}_{AB} = \boldsymbol{B}\boldsymbol{T}_{BA}\dot{\boldsymbol{T}}_{AB} = \boldsymbol{B}\boldsymbol{T}_{AB}^{\mathrm{T}}\dot{\boldsymbol{T}}_{AB}
$$

易得

$$
\frac{\mathrm{d}\boldsymbol{B}}{\mathrm{d}t} = \boldsymbol{B}\begin{bmatrix} 0 & -\omega_3 & \omega_2 \\ \omega_3 & 0 & -\omega_1 \\ -\omega_2 & \omega_1 & 0 \end{bmatrix} \tag{6-41}
$$

考虑到分离筒的轴线平行于平台本体坐标系 x 轴，y、z 是常数，所以

$$
\frac{\mathrm{d}}{\mathrm{d}t}\begin{bmatrix} x \\ y \\ z \end{bmatrix} = \begin{bmatrix} \mathrm{d}x/\mathrm{d}t \\ \mathrm{d}y/\mathrm{d}t \\ \mathrm{d}z/\mathrm{d}t \end{bmatrix} = \begin{bmatrix} \dot{x} \\ 0 \\ 0 \end{bmatrix} \tag{6-42}
$$

$$
\boldsymbol{v} = \boldsymbol{B}\begin{bmatrix} \omega_2 z - \omega_3 y + \dot{x} \\ \omega_3 x - \omega_1 z \\ \omega_1 y - \omega_2 x \end{bmatrix} \tag{6-43}
$$

子航天器质心相对于平台质心的相对加速度矢量为

$$
\begin{aligned}
\frac{\mathrm{d}\boldsymbol{v}}{\mathrm{d}t} &= \frac{\mathrm{d}}{\mathrm{d}t}\left\{\boldsymbol{B}\begin{bmatrix} \omega_2 z - \omega_3 y + \dot{x} \\ \omega_3 x - \omega_1 z \\ \omega_1 y - \omega_2 x \end{bmatrix}\right\} \\
&= \frac{\mathrm{d}\boldsymbol{B}}{\mathrm{d}t}\begin{bmatrix} \omega_2 z - \omega_3 y + \dot{x} \\ \omega_3 x - \omega_1 z \\ \omega_1 y - \omega_2 x \end{bmatrix} + \boldsymbol{B}\frac{\mathrm{d}}{\mathrm{d}t}\begin{bmatrix} \omega_2 z - \omega_3 y + \dot{x} \\ \omega_3 x - \omega_1 z \\ \omega_1 y - \omega_2 x \end{bmatrix} \\
&= \boldsymbol{B}\begin{bmatrix} 0 & -\omega_3 & \omega_2 \\ \omega_3 & 0 & -\omega_1 \\ -\omega_2 & \omega_1 & 0 \end{bmatrix}\begin{bmatrix} \omega_2 z - \omega_3 y + \dot{x} \\ \omega_3 x - \omega_1 z \\ \omega_1 y - \omega_2 x \end{bmatrix} + \boldsymbol{B}\begin{bmatrix} \dot{\omega}_2 z - \dot{\omega}_3 y + \ddot{x} \\ \dot{\omega}_3 x + \omega_3 \dot{x} - \dot{\omega}_1 z \\ \dot{\omega}_1 y - \dot{\omega}_2 x - \omega_2 \dot{x} \end{bmatrix} \\
&= \boldsymbol{B}\begin{bmatrix} \ddot{x} - (\omega_2^2 + \omega_3^2)x + (\omega_1\omega_2 - \dot{\omega}_3)y + (\dot{\omega}_2 + \omega_1\omega_3)z \\ 2\omega_3\dot{x} + (\dot{\omega}_3 + \omega_2\omega_1)x - (\omega_1^2 + \omega_3^2)y + (\omega_2\omega_3 - \dot{\omega}_1)z \\ -2\omega_2\dot{x} + (\omega_3\omega_1 - \dot{\omega}_2)x + (\dot{\omega}_1 + \omega_3\omega_2)y - (\omega_1^2 + \omega_2^2)z \end{bmatrix}
\end{aligned}
$$

$$(6-44)$$

设子航天器对平台的作用力矢量为

$$
\boldsymbol{F} = \boldsymbol{B}\begin{bmatrix} F_1 \\ F_2 \\ F_3 \end{bmatrix} \tag{6-45}
$$

$$
m\frac{\mathrm{d}\boldsymbol{v}}{\mathrm{d}t} = -\boldsymbol{F} \tag{6-46}
$$

利用基矢量组 $\boldsymbol{B} \triangleq (\boldsymbol{b}_1, \boldsymbol{b}_2, \boldsymbol{b}_3)$ 的线性无关性可得

$$
\begin{cases}
F_1 = -m[\ddot{x} - (\omega_2^2 + \omega_3^2)x + (\omega_1\omega_2 - \dot{\omega}_3)y + (\dot{\omega}_2 + \omega_1\omega_3)z] \\
F_2 = -m[2\omega_3\dot{x} + (\dot{\omega}_3 + \omega_2\omega_1)x - (\omega_1^2 + \omega_3^2)y + (\omega_2\omega_3 - \dot{\omega}_1)z] \\
F_3 = -m[-2\omega_2\dot{x} + (\omega_3\omega_1 - \dot{\omega}_2)x + (\dot{\omega}_1 + \omega_3\omega_2)y - (\omega_1^2 + \omega_2^2)z]
\end{cases}
$$

$$(6-47)$$

求出子航天器对平台的作用力矢量后，就可以进一步计算该力矢量关于平台质心的力矩矢量

$$M = r \times F = B \begin{bmatrix} x \\ y \\ z \end{bmatrix} \times B \begin{bmatrix} F_1 \\ F_2 \\ F_3 \end{bmatrix} = B \begin{bmatrix} yF_3 - zF_2 \\ zF_1 - xF_3 \\ xF_2 - yF_1 \end{bmatrix} \triangleq B \begin{bmatrix} M_1 \\ M_2 \\ M_3 \end{bmatrix}$$

$$(6-48)$$

利用基矢量组 $B \triangleq (b_1, b_2, b_3)$ 的线性无关性就可以求得子航天器对平台的力矩矢量在平台本体系三轴下的投影分量

$$\begin{cases} M_1 = my[2\omega_2\dot{x} + (\dot{\omega}_2 - \omega_3\omega_1)x - (\dot{\omega}_1 + \omega_3\omega_2)y + (\omega_1^2 + \omega_2^2)z] + \\ \qquad mz[2\omega_3\dot{x} + (\dot{\omega}_3 + \omega_2\omega_1)x - (\omega_1^2 + \omega_3^2)y + (\omega_2\omega_3 - \dot{\omega}_1)z] \\ M_2 = mz[-\ddot{x} + (\omega_2^2 + \omega_3^2)x + (-\omega_1\omega_2 + \dot{\omega}_3)y - (\dot{\omega}_2 + \omega_1\omega_3)z] + \\ \qquad mx[-2\omega_2\dot{x} + (\omega_3\omega_1 - \dot{\omega}_2)x + (\dot{\omega}_1 + \omega_3\omega_2)y - (\omega_1^2 + \omega_2^2)z] \\ M_3 = mx[-2\omega_3\dot{x} - (\dot{\omega}_3 + \omega_2\omega_1)x + (\omega_1^2 + \omega_3^2)y + (\dot{\omega}_1 - \omega_2\omega_3)z] + \\ \qquad my[\ddot{x} - (\omega_2^2 + \omega_3^2)x + (\omega_1\omega_2 - \dot{\omega}_3)y + (\dot{\omega}_2 + \omega_1\omega_3)z] \end{cases}$$

$$(6-49)$$

代入式（6-37）就得到平台的受扰姿态标准状态方程形式为

$$\begin{bmatrix} \dot{\omega}_1 \\ \dot{\omega}_2 \\ \dot{\omega}_3 \end{bmatrix} = \begin{bmatrix} J_1 + m(y^2 + z^2) & -mxy & -mxz \\ -myx & J_2 + m(z^2 + x^2) & -myz \\ -mzx & -mzy & J_3 + m(x^2 + y^2) \end{bmatrix}^{-1} \times$$

$$\begin{cases} (J_2 - J_3)\omega_2\omega_3 + my[2\omega_2\dot{x} - \omega_3\omega_1 x - \omega_3\omega_2 y + (\omega_1^2 + \\ \omega_2^2)z] + mz[2\omega_3\dot{x} + \omega_2\omega_1 x - (\omega_1^2 + \omega_3^2)y + \omega_2\omega_3 z] \\ (J_3 - J_1)\omega_1\omega_3 + mz[-\ddot{x} + (\omega_2^2 + \omega_3^2)x - \omega_1\omega_2 y - \\ \omega_1\omega_3 z] + mx[-2\omega_2\dot{x} + \omega_3\omega_1 x + \omega_3\omega_2 y - (\omega_1^2 + \omega_2^2)z] \\ (J_1 - J_2)\omega_1\omega_2 + mx[-2\omega_3\dot{x} - \omega_2\omega_1 x + (\omega_1^2 + \omega_3^2)y - \\ \omega_2\omega_3 z] + my[\ddot{x} - (\omega_2^2 + \omega_3^2)x + \omega_1\omega_2 y + \omega_1\omega_3 z] \end{cases}$$

$$(6-50)$$

式中　$\dot{x}$ ——子航天器在分离筒中的滑行速率；

　　　$\ddot{x}$ ——滑行加速度。

这两个变量由释放分离执行机构（主要是电机）决定。

下面进行数值仿真分析，仿真参数见表 6 - 10。

表 6 - 10　耦合动力学仿真参数

仿真参数	数值
J_1	2 906 kg · m^2
J_2	2 768 kg · m^2
J_3	2 807 kg · m^2
m	25 kg
l_0	2 m
y	1 m
z	1 m
V	1 m/s

对于上子航天器来说，子航天器质心相对于平台质心的初始位置 $x_0 = 0.4$ m，完全脱离平台的分离行程为 1 m，下面以上航天器为例仿真说明出筒运动对平台姿态的影响。

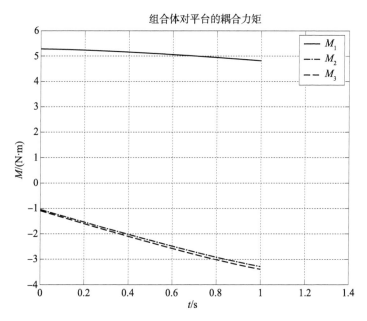

图 6 - 21　子航天器对平台的耦合力矩仿真结果

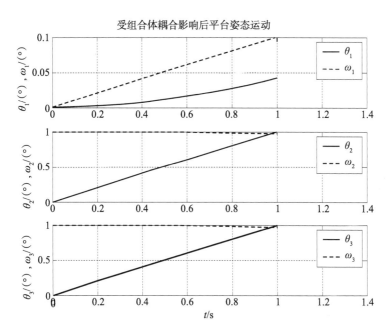

图 6-22　受子航天器影响后平台姿态运动

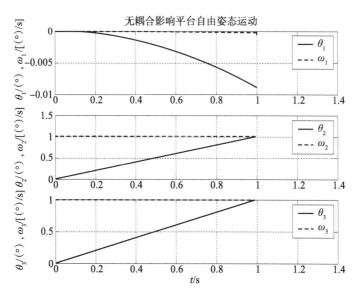

图 6-23　无耦合影响的平台姿态运动

仿真中假设平台的 3 个初始姿态角均为零，初始滚转角速度为零，初始偏航角速度为 1 (°)/s，初始俯仰角速度为 1 (°)/s。通过仿真观察子航天器出筒运动对平台姿态运动的耦合作用，这种耦合作用最终也影响了子航天器的出筒姿态角和姿态角速度。从图 6-21 ～图 6-23 中可以看出，3 个方向的分离姿态角度偏差均小于 1°，角速度偏差均小于 1 (°)/s。

6.3　在轨释放与分离地面微重力模拟试验

本节首先详细介绍一种气浮式在轨分离地面模拟试验系统，然后对典型在轨分离地面试验的内容、方法、结果与评估进行概要介绍。

6.3.1　基于气浮平台的在轨分离地面模拟试验系统

下面详细介绍试验系统主要组成与工作原理，具体分为总体组成与功能、分离运动模拟器、外部视觉测量系统、地面试验监控系统等内容。

6.3.1.1　试验系统总体组成与功能

基于气浮平台的地面试验系统可以模拟空间零阻力相对运动状态，为平台释放分离装置、级间分离装置功能与性能验证提供环境。系统总体结构如图 6-24 所示。

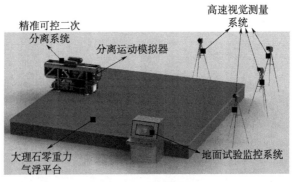

图 6-24　系统结构

该地面模拟验证系统由分离筒、分离运动模拟器系统、视觉测量系统和地面试验监控系统 4 个分系统组成。

6.3.1.2　分离运动模拟器

分离运动模拟器是气浮平台上承载分离体并实现微阻力运动的装置，是核心组成之一。

（1）机械结构

分离运动模拟器由平台级和子航天器级两部分组成，由级间分离装置固连在一起。发射平台级和子航天器级运动模拟器的机械结构示意如图 6 - 25 和图 6 - 26 所示。

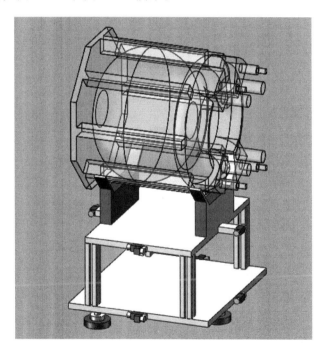

图 6 - 25　平台级运动模拟器

分离运动模拟器机械结构主要由底板、上板、气足、支撑立柱、固定工装、冷喷气推进集成块、冷喷气推进集成块支杆、气瓶挡块、调压阀座等构成。分离运动模拟器机械结构具备承载平台级装置、

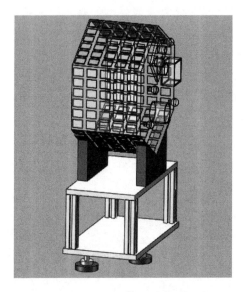

图 6 - 26　子航天器级运动模拟器

子航天器级装置及其他控制组件、供气组件、供电组件等基本功能。

（2）供气组件

模拟器供气系统主要包括 3 个单独的气路：平台释放分离装置供气系统、平台级运动模拟器供气系统、子航天器级运动模拟器供气系统。

平台级运动模拟器供气系统设计如图 6 - 27 所示。

子航天器级运动模拟器供气系统与平台级不同的是，经过高压调节器后气路不需要给喷嘴供气，只给气足供气，原理如图 6 - 28 所示。

（3）模拟器冷喷气推进系统

模拟器冷喷气推进系统设计如图 6 - 29 所示，为拉瓦尔喷管设计。喷管的喉部直径为 1.1 mm，出口截面直径为 8.8 mm，喷管的收缩段为阶梯面结构。

质量流量特性随输入压力完全呈线性关系变化，在输入压力为 0.2～0.8 MPa 时，喷管的推力随输入压力基本呈线性变化。

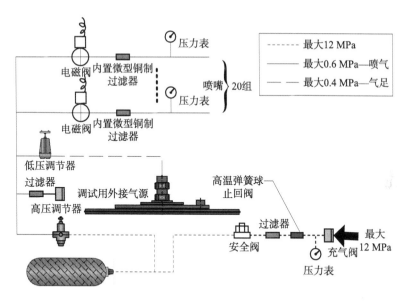

图 6 - 27　平台级模拟器供气系统原理图

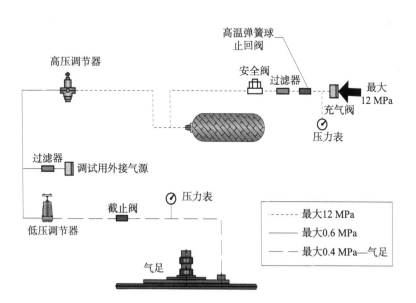

图 6 - 28　子航天器级模拟器供气系统原理图

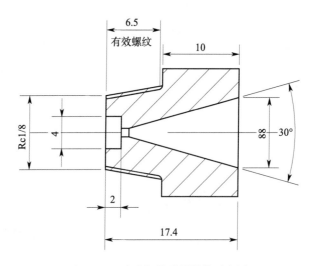

图 6-29　冷喷气推进器结构示意图

（4）模拟器电气系统

根据试验工况的任务需求，平台模拟器需配备敏感器（陀螺和加速度计）、控制器（控制计算机和控制软件）以及执行机构，子航天器模拟器则只需配备敏感器（陀螺和加速度计）和控制器（控制计算机和控制软件）。

①平台模拟器电气系统

根据平台模拟器的硬件配置和供电要求，对平台模拟器进行供电设计。系统供电图如图 6-30 所示。

锂离子电池标称供电为 24 V，由于放电过程中，电压会在 19～29 V 之间变化，因此使用 DC-DC 转换单元得到稳定的 ±5 V、+12 V、+27 V 电压，其中控制中心机供电为 +5 V 和 +12 V，惯性导航单元供电为 +12 V，分离控制器供电为 ±5 V 和 +27 V，拔销器供电使用单独的 15 V 大电流电池。高速在线控制终端自带电源转换电路，电磁阀对电压波动要求不高，因此均直接使用电池供电。

控制核心包括控制中心机和高速在线控制终端。

控制中心机要具备的功能有：通过 RS232 串口采集惯性导航单

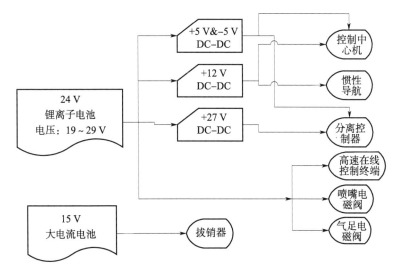

图 6-30　供电结构图

元的数据；使用 TCP/IP 协议与地面控制台相互通信；通过 RS232
串口与高速在线控制终端相互通信，将收到的指令和采集到的数据
进行实时保存。

　　高速在线控制终端包含 3 层电路板：电源板、核心板和功能板。
电源板具有 4 路 5 V 稳压电源输出，输入电源为 7.5～35 V 直流电
源，电路配有固态可恢复保险丝，以保证控制核心芯片的安全，4 路
电源输出中，其中 1 路用于给核心板和功能板供电；核心板具有
4 MHz 外部晶振，经过内部 4 分频后，可以得到频率为 16 MHz 的
时钟信号，带有 2 KB 外部 E2ROM，可以重复擦写百万次以上，数
据保存时间为 100 年，带有 2 个 RS232 协议串口，串口采用了光耦隔
离设计，防止串口电路对微控制器电路造成电磁干扰；功能板具有 24
路输入和 16 路输出，均使用光耦芯片对外部电路和微控制器电路进行
了光隔离。其中，将 1 个开关的两端分别接到输入端的 INPUTi 和
COM 端口，微控制器即可实时监测 i 开关的闭合状态。输出端口的作
用相当于 1 个可控的开关，将 OUTPUTi 和 COM 端口接入带有电源和

耗电元件，而微控制器可以对耗电元件的上电进行控制。

②子航天器模拟器电气结构

根据子航天器模拟器的硬件配置，对子航天器模拟器进行供电设计。系统供电如图 6-31 所示。

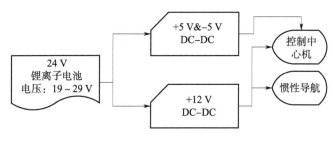

图 6-31　供电结构图

子航天器模拟器不具有冷喷气位姿控制要求，因此不需要对电磁阀供电。

（5）模拟器控制系统

模拟器控制系统负责根据当前位姿偏差产生计算控制量，通过计算控制量对执行机构进行控制，从而最终实现对模拟器的闭环控制。模拟器的理想模型为带有速率阻尼的双积分模型，但受控对象的动力学模型参数不能精确已知。根据以上分析，对受控对象模型要求不高的 PID 控制器较适合作为模拟器的控制器。

如果采样周期 T 很小，离散 PID 控制器的一般形式为

$$Y_k = K_p e_k + K_i T \sum_{m=0}^{k} e_m + \frac{K_d}{T}(e_k - e_{k-1}) \qquad (6-51)$$

PID 控制器中的微分项采用五阶差分，以提高位姿偏差微分的计算精度，则 PID 控制器的形式为

$$F_{cx}' = K_{px} x_e(k) + K_{ix} T \sum_{m=0}^{k} x_e(k) + \frac{K_{dx}}{T} D_x(k)$$

$$F_{cy}' = K_{py} y_e(k) + K_{iy} T \sum_{m=0}^{k} y_e(k) + \frac{K_{dy}}{T} D_y(k)$$

$$T_{c\varphi}' = K_{p\varphi}\varphi_e(k) + K_{i\varphi}T\sum_{m=0}^{k}\varphi_e(k) + \frac{K_{d\varphi}}{T}D_{\varphi}(k) \qquad (6-52)$$

其中微分项

$$D_x(k) =$$

$$\frac{[25x_e(k) - 48x_e(k-1) + 36x_e(k-2) - 16x_e(k-3) + 3x_e(k-4)]}{12}$$

$$D_y(k) =$$

$$\frac{[25y_e(k) - 48y_e(k-1) + 36y_e(k-2) - 16y_e(k-3) + 3y_e(k-4)]}{12}$$

$$D_{\varphi}(k) =$$

$$\frac{[25\varphi_e(k) - 48\varphi_e(k-1) + 36\varphi_e(k-2) - 16\varphi_e(k-3) + 3\varphi_e(k-4)]}{12}$$

$$(6-53)$$

根据以上公式，可以求得在平台坐标系下的控制量。

（6）模拟器软件

平台模拟器控制软件需要实现的功能有：

1）实时采集惯性导航单元的数据并保存；

2）接收地面控制台的控制指令；

3）将采集到的惯性导航数据和模拟器状态发送到地面控制台；

4）根据接收到的指令和数据，计算出控制力和控制力矩，并对力和力矩进行分配，形成控制指令，与高速在线控制终端进行通信，产生 PWM 调制信号控制冷喷气执行机构动作。

子航天器模拟器控制软件除了不与高速在线控制终端进行通信外，其余功能均与平台模拟器控制软件相同。

6.3.1.3　外部视觉测量系统

为完成对航天器分离运动时的扰动抑制方案、级间分离装置有效性和主要性能指标的测试，必须建立外部视觉测量系统，对试验过程主要指标参数进行实时高精度测量。

测量对象主要包括单自由度的角度、2 个自由度的位置，主要测量环节包括平台分离、级间分离两个过程。要求在分离运动与控制模拟器上安装特征标志点，由气浮平台上方的视觉测量系统实时测量输出高精度的角度、位置信息，可作为控制输入，也可作为测试指标的参考量。此外，允许进行平台分离和级间分离过程运动捕捉，一方面详细记录分离过程，另一方面可通过后续数据处理，得到更加详细的分离指标参数。基于多目视觉的航天模拟器运动参数测量系统示意如图 6 - 32 所示。

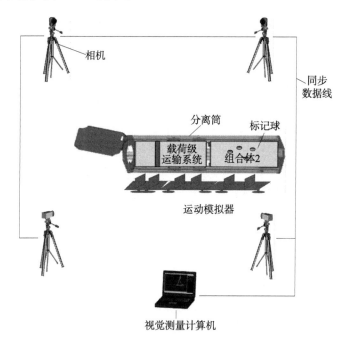

图 6 - 32　基于多目视觉的航天模拟器运动参数测量系统示意图

　　基于多目视觉的航天模拟器运动参数测量系统组成主要包括：4台高速相机系统、粘贴在航天模拟器上的红外反光标记球（标记点）、同步数据线以及控制计算机。其中，相机系统实现红外反光标记球的图像采集以及标记球中心图像坐标提取等功能；红外反光标记球作为合作目标用以求取模拟器的运动参数；同步数据线在相机内部同步控制子系统的作用下保证 4 台相机数据的同步传输；控制计算机主要实现相机内外参数标定和模拟器运动参数测量等功能。

每台相机系统的硬件构成如图 6-33 所示，红外滤光板固定于相机镜头前方，可有效滤除可见光等环境光的干扰；红外 LED 光源为圆环状结构，位于红外滤光板和相机镜头之间，该光源发出的红外光透过红外滤光板照射在红外反光标记球上，从而使标记球成像于相机图像平面上；高速图像采集卡通过 Camera Link 总线保证图像数据传输给嵌入式图像处理系统；嵌入式图像处理系统将完成标记球图像的定位提取工作。

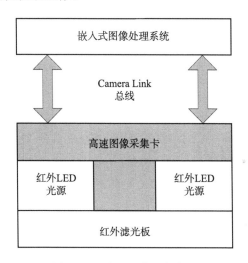

图 6-33 相机系统硬件构成

进行参数实时测量时，需要利用刚体定义时的约束关系实现特征点的立体匹配，进而恢复特征点 3D 信息、求取位置等参数。

6.3.1.4 地面试验监控系统

地面控制台需要实现的功能有：

1）提供人机交互界面；

2）接收外部视觉测量系统发来的模拟器子航天器位姿信息；

3）接收模拟器发来的惯导数据和状态信息；

4）根据用户输入和接收到的数据，产生控制指令；

5）发送控制指令给模拟器。

地面控制台由 1 台便携式工业控制计算机、路由器和 USB 转串口线组成。计算机通过路由器与平台模拟器计算机、子航天器Ⅰ模拟器计算机和子航天器Ⅱ模拟器计算机构成无线通信系统，通过串口与视觉测量系统连接。

（1）监控软件

地面控制台软件作为模拟器系统的人机交互界面和终端控制台，主要实现功能有：

1）地面控制台与平台模拟器、子航天器模拟器和子航天器Ⅱ之间的无线通信管理；

2）地面控制台与视觉测量系统的串口通信管理；

3）根据用户要求向平台模拟器、子航天器Ⅰ模拟器和子航天器Ⅱ模拟器发送控制指令；

4）操作信息及报警信息的显示；

5）实时显示和监控试验系统的数据。

（2）无线通信结构

无线通信系统包括无线路由器和无线网卡，系统结构如图6-34所示。

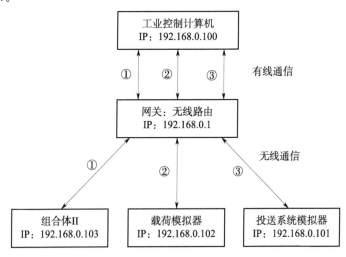

图6-34　无线通信系统结构图

6.3.2　典型在轨分离机构的地面微重力模拟试验

6.3.2.1　试验内容

本试验任务包括 2 部分：

1）完成对平台释放大质量体在轨可控分离系统方案有效性的验证，并测定在不同期望分离速度条件下的实际分离速度偏差以及分离偏差角和偏差角速度，对试验结果进行分析与评估；

2）完成基于弹性势能转换的级间分离装置有效性的验证，并测定分离速度、分离姿态角和分离姿态角速度，对试验结果进行分析与评估。

6.3.2.2　试验结果与评估

（1）大质量体在轨可控分离试验

选取期望分离速度为 0.15 m/s，将试验结果绘制成曲线，如图 6-35～图 6-37 所示。试验测试记录见表 6-11。

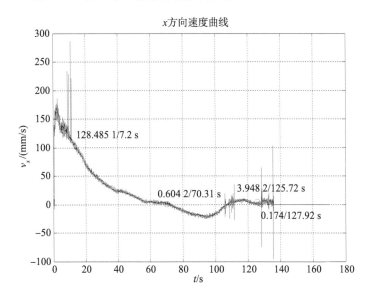

图 6-35　子航天器 I 速度变化曲线

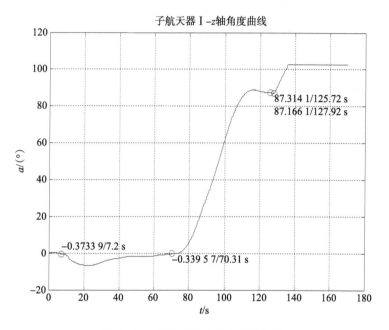

图 6-36　子航天器 I 角度变化曲线

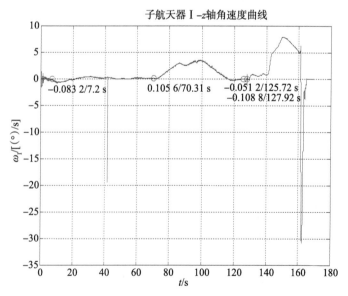

图 6-37　子航天器 I 角速度变化曲线

表 6 - 11　大质量体在轨可控分离系统试验测试记录表

测试项目	测试结果	结果偏差
子航天器 I 分离速度与偏差	分离速度 0.13 m/s	速度偏差 0.02 m/s
子航天器 I 分离角度偏差	−0.38°	—
子航天器 I 分离角速度偏差	−0.08 (°)/s	—

下面对不同分离速度条件进行测试，测量并记录对应分离速度下分离速度误差和分离姿态偏差。测试结果见表 6 - 12。

表 6 - 12　大质量体在轨可控分离系统性能指标测试记录表

测试项目	测试结果								
期望分离速度 /(m/s)	0.15	0.2	0.25	0.3	0.4	0.5	0.6	0.8	1.0
实测分离速度 /(m/s)	0.149	0.177	0.236	0.338	0.368	0.473	0.586	0.774	0.989
分离速度误差 /(m/s)	−0.001	−0.023	−0.014	0.038	−0.032	−0.027	−0.014	−0.026	−0.011
分离偏差角 /(°)	0.532	−0.87	0.360	0.079	−0.660	−0.290	−0.512	0.009	0.840
偏差角速度 /[(°)/s]	0.451	0.9	−0.097	−0.153	0.740	0.218	0.621	0.306	0.077

由表 6 - 12 可见：

1）分离速度范围在 0.15～1.0 m/s 之间，分离分系统均可实现分离；

2）分离速度偏差最大为 0.038 m/s，分离偏差可以保证小于 0.1 m/s；

3）分离偏差角最大为 0.87°，分离偏差角可以保证小于 1°；

4）分离偏差角速度最大为 0.9 (°)/s，分离偏差角速度可以保证小于 1 (°)/s。

总之，基于建立的微重力地面模拟试验系统开展了大质量体在轨可控分离分系统的各项测试，测试结果表明该分离系统是有效的且具有高精度。

(2) 基于弹性势能转换的级间分离试验

级间分离试验主要测定级间分离运动过程中子航天器系统运动模拟器在气浮平台上的位置、速度、角度、角速度。位置和速度包含 X 和 Y 两个方向，$+Y$ 方向为分离运动方向；角度和角速度包含绕 Z 轴的 1 个方向。二维位置和一维角度的测量均由高速视觉测量系统完成，位置测量精度优于 0.5 mm，角度测量精度优于 0.2°。二维速度由视觉测量得到的位置信息差分得到。角速度信息由两级运动模拟器上安装的惯导测量得到。

级间分离初始时刻将连接状态的分离运动模拟器放置在气浮平台的特定区域，X 和 Y 两方向的坐标均不为 0，将分离方向调整到 $+Y$ 方向，即 Z 轴角度在 90°附近。

取其中 1 次级间分离试验的测量数据，由测试结果可知：

1) 级间分离指令发出，火工品起爆，完成电缆切割、拔销器作动，分离弹簧释放，极短时间内完成子航天器的推动加速，初始分离速度约 0.27 m/s；

2) 级间分离扰动导致子航天器存在分离角速度偏差约 0.8 (°)/s，由于级间分离过程在 200 ms 内已经完成，因此分离扰动带来的角度偏差不超过 0.2°。

总之，测试结果表明，基于弹性势能转换的级间分离装置能够完成子航天器分系统与平台分系统的平稳分离。

参 考 文 献

[1] Minelli B, Haase S, Barton M, Borges J, Clay A H, Miller J. Designing for ESPA: The Challenges of Designing a Spacecraft for a Launch Accommodation Still in Development [R] . The 17th Annual AIAA/USU Conference on Small Satellites.

[2] Dowen D, Arulf O. Development of a Reusable, Low‐Shock Clamp Separation System for Small Spacecraft Release Applications [J] . Proceedings of the 9th European Space Mechanisms & Tribology Symposium, ESPA SP‐480 , Liege 2001.

[3] Maly J R, Haskett C S A, Wilke P S, Fowler E C, Sciulli D, Meink T E. ESPA: EELV Secondary Payload Adapter with Whole‐spacecraft Isolation for Primary and Secondary Payloads [J] . Smart Structures and Materials: Passive Damping and IsolationNewport Beach, 2000.

[4] Toorian A, Blundell E, Suari J P , Twiggs R . CUBESATS AS RESPONSIVE SATELLITES [R] . AIAA 3rd Responsive Space Conference, 2005.

[5] CubeSat Program [EB/OL] . http://cubesat. calpoly. edu/ new/index. html.

[6] CubeSat P‐PodDeployer Requirements [EB/OL] . http://cubesat. calpoly. edu.

[7] P‐POD Mechanical Assembly Procedures (PMAP) [EB: OL] . http://cubesat. calpoly. edu.

[8] PolySat‐Cal Poly State University Picosatellite Project [EB/OL] . http://polysat. calpoly. edu.

[9] Pacheco P M C L, Savi M A. MODELING AND SIMULATION OF A SHAPE MEMORY RELEASE DEVICE FOR AEROSPACE APPLICATIONS [J] . Revista de Engenharia e Ciencias Aplicadas, 2000.

[10] Fosness E R, Buckley S J , Gammill W F. DEPLOYMENT AND RE-

LEASE　DEVICES EFFORTS ATHE AIR FORCE RESEARCH LABO-RATORY SPACE VEHICLES DIRECTORATE [R]. AIAA Space 2001 - Conference and Exposition, Albuquerque, NM, 2001.

[11]　Peffer A, Denoyer K, Fosness E, Sciulli D. Development and Transition of Low - shock Spacecraft Release Devices [R]. Aerospace Conference Proceedings, IEEE, 2000, 14: 277 - 284.

[12]　Stewart A C. A New and Innovative Use of the Thermal Knife and Kevlar Cord Components in a Restraint and Release System [J]. Proc 9th European Space Mechanisms & Tribology Symposium, ESA SP - 480, Liege, 2001.

[13]　Smith S H, Dowen D. Development of Shape Memory Alloy (SMA) Actu-ated Mechanisms for Spacecraft Release Applications [J]. SSC 99 - XI - 7, 1999.

[14]　刘暾, 赵钧. 空间飞行器动力学 [M]. 哈尔滨：哈尔滨工业大学出版社, 2003.

[15]　朱战霞, 袁建平, 等. 航天器操作的微重力环境构建 [M]. 北京：中国宇航出版社, 2013.

第 7 章　在轨分离平台的自主制导与控制

本章从美国的深度撞击任务和欧洲的罗塞塔任务着手，梳理并提出在轨分离平台的自主制导与控制问题，并重点讨论平台分离初态对自主制导与控制的准确度影响、基于母平台信息的子平台自主导航方法、分离过程中的平台姿轨快速稳定控制等 3 个主要问题。

7.1　在轨分离平台的自主制导与控制问题

7.1.1　深度撞击任务

2005 年 7 月 4 日，美国的深度撞击号探测器用 1 个铜质锥体撞击了坦普尔 1 号彗星的彗核，这是人类历史上前所未有的空间科学实验，为解开彗星之谜，深入解读地球生命和防止小行星撞击地球提供了试验依据。

深度撞击号探测器质量 973 kg，由轨道器（也叫飞越器）和撞击器组成。其中轨道器质量 603 kg，撞击器质量 370 kg。轨道器内还专门设置了 1 个仪器平台，用于保证高精度仪器的安装。轨道器用 X 波段和地面进行通信，用 S 波段和撞击器通信，轨道器、撞击器外形如图 7 - 1 和图 7 - 2 所示。

图 7 - 1　轨道器外形图

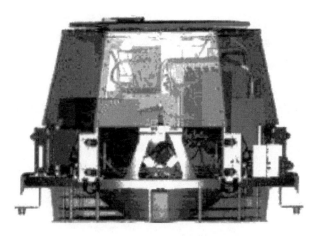

图 7 - 2　撞击器外形图

撞击器与轨道器的基本参数见表 7-1。

表 7-1　轨道器和撞击器的基本参数

指标	撞击器	轨道器
质量	发射时 370 kg，含 8 kg 的推进剂	发射时 603 kg，含 86 kg 的推进剂
尺寸	长 1 m，直径 1 m	长 3.3 m，宽 1.7 m，高 2.3 m
材质	含 3% 铍的铜合金	铝
能源	非蓄电池	1 个固定太阳能帆板和小型镍氢蓄电池
携带载荷	撞击器目标敏感器成像导航定位	1 台防宇宙辐射的主控计算机，碎片防护装置，1 部高增益天线和 2 部低增益天线，1 台高分辨率成像仪和 1 台中分辨率成像仪
机动能力	携带提供 25 m/s 推进速度的肼推进系统	

深度撞击任务的试验过程如图 7-3 和图 7-4 所示。图 7-3 给出了从发射到撞击过程中，地球、太阳、深度撞击号探测器和彗星的相对位置关系。

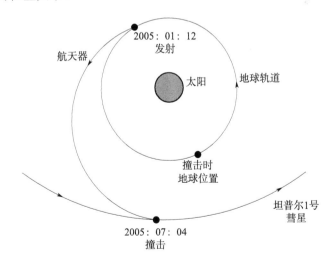

图 7-3　地球、太阳、探测器和彗星的相对位置

图 7-4 是从轨道器释放撞击器，到轨道器重新开始成像的过程示意图，包括撞击器的 3 次轨道调整，轨道器自我保护模式的启动、结束等过程。

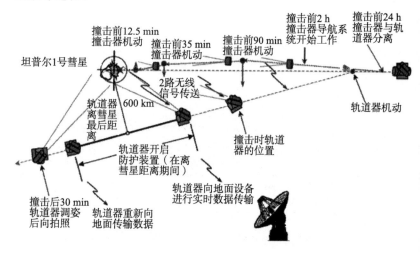

图 7-4　轨道器释放撞击器后的试验过程示意图

在上述过程中，当完成在轨分离后，轨道器为撞击器的 3 次轨道调整提供了关键的导航信息支持，保证了撞击任务的成功。自主制导与控制方面的核心技术包括以下 3 方面。

（1）预测撞击点

采用预测撞击点制导方式，飞行器速度始终保持在预测撞击点方向，预测点变化一般不会很大，因此过载不会很大，而且对测量误差不敏感，这相当于把一个高速运动的目标变为低速目标，从而使撞击器导引到目标的控制过程不会出现过载，探测器上的推进系统容易满足制导的要求。

（2）撞击器自主导航

在轨道器辅助下，撞击器对目标彗星及其背景恒星进行拍照，在轨道器与撞击器之间的通信链路支持下，通过深空图像处理、积分预报、数据滤波等过程，获得理想撞击点的导航信息。

基本步骤如下：

1) 撞击器在惯性坐标系的位置和速度是由深空 1 号（DS‐1）开发的软件和星载撞击器目标敏感器（ITS）所测得的彗星和恒星在深空的图像按自主导航方式来确定的。每 20 min 执行 1 次；

2) 积分运动方程至观测时刻；

3) 通过已知的星历表计算彗星的轨道，从而可以估算彗核在 ITS CCD 阵面上的坐标。每 15 s 执行 1 次；

4) 将彗核在 CCD 阵面上的坐标计算值与观测值之差作为系统残差，再经过数据滤波，得到最优相对轨道估计值。每 1 min 执行 1 次；

5) 根据相对轨道可以获得预测点与理想撞击点（亮度中心）的偏差。

(3) 撞击器轨道机动（ITM）

预测撞击点和理想撞击点的偏差，确定对撞击器施加的轨道机动控制指令，即计算推力大小和方向。该过程总共进行 4 次轨道机动，4 次机动的主要目的如下，其中括号内数字表示撞击前时间。

1) ITM0（2 h）：修正分离引起的撞击器航向偏差，该偏差主要由非对称推力器消除分离姿态偏差引起；

2) ITM1（100 min）：首次利用预测撞击点偏差进行轨道校正，消除分离前的轨道偏差，控制持续时间 20 s；

3) ITM2（35 min）：修正轨道偏差，确保在最后一次控制（ITM3）无法实施的情况下（发生故障），仍能撞击目标；

4) ITM3（9 min）：最后一次机动，确保撞击点瞄准中心区。

7.1.2　罗塞塔任务

罗塞塔号探测器质量 3 t，主要包括轨道器和着陆器。轨道器是 1 个大型铝制箱体。质量 165 kg 的 11 台科学仪器安装在顶部的有效载荷舱内。轨道器侧面有 1 个直径为 2.2 m 的可控高增益天线，2 块巨大的太阳能帆板安装在轨道器的 2 个侧面。

图 7 - 5　罗塞塔号探测器总体结构

罗塞塔号探测器具体指标见表 7 - 2。

表 7 - 2　探测器概况

主结构尺寸	2.8 m×2.1 m×2.0 m
太阳能帆板跨度	32 m
发射质量	2 900 kg
推进剂质量	1 720 kg
科学载荷质量	165 kg
着陆器质量	100 kg
推进子系统	24 个双组元 10 N 推力器
操作寿命	12 年

　　罗塞塔号探测器携带的彗核软着陆器——菲莱（Philae），总质量约 108 kg。2014 年 11 月，菲莱着陆器与母船分离，下降过程中利用动量轮进行姿态调整，实现在彗星软着陆、成像、采样分析等科学探测任务。由于彗星引力很小，与彗星表面接触时，着陆器利用 3 条鱼叉式的"腿"装置锚定在彗星表面，减小发生弹跳的可能性，并旋转、抬高或倾斜，使着陆器保持直立状态。这是人类历史上首次飞行器着陆彗星的表面。

图 7-6 菲莱软着陆器从罗塞塔号探测器上分离与着陆彗星后的状态示意图

菲莱通过喷射装置与罗塞塔号轨道器分离并沿弹道下降，依靠稳定控制，沿规划好的轨迹降落至彗星表面。下降时，使用有效的下降系统，即冷气系统（ADS）。在最终着陆段，着陆器将向彗星表面抛锚，ADS 再次点火对速度进行制动，从而减少了反弹的可能。

在菲莱从罗塞塔号探测器上分离的过程中，从自主制导和控制角度看，重点解决了以下 3 个问题。

（1）分离初态的精确控制

探测器在约 1 km 的高度上将着陆器释放出去，着陆器将以不到 1 m/s 的速度在合适的着陆区接触到彗核表面。因为彗星的引力太小，稍有偏差，着陆器就可能远离彗星，无法着陆，因此分离窗口的选择、分离速度的大小和方向是能否顺利安全着陆的影响因素之一。

（2）子平台分离后的快速扰动抑制

菲莱从罗塞塔号探测器上分离后，快速进入稳定下降状态，保证在彗星着陆和锚定。

（3）母平台的稳定控制

菲莱分离过程中，分离反作用对罗塞塔号探测器造成大扰动力和力矩；分离后，罗塞塔号探测器质量特性发生明显变化，姿控系统实现了自适应调整和快速稳定。

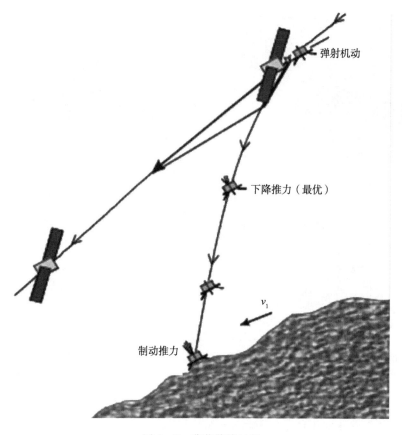

图 7 - 7　菲莱着陆过程

7.1.3　问题的提出

　　深度撞击任务和罗塞塔号彗星小行星探测任务的目标都是彗星，平台在轨分离过程中的自主制导与控制问题具有典型性，涉及在轨分离控制的 3 个主要问题：

　　1 ）初始分离状态对分离后轨道机动准确度的影响；

　　2 ）在轨分离过程中母平台对子平台的信息支持与导引问题；

　　3 ）分离过程中母平台和子平台的姿轨控制问题。

7.2　分离初态对分离后轨道机动准确度的影响分析

深度撞击的轨道机动过程属于典型的轨道拦截机动，在轨分离过程中，地面首先完成在轨母平台和目标拦截点（根据轨道拦截机动任务确定的虚拟点）的高精度轨道预报，作为后续制导解算的输入。地面完成上述辅助变轨和优化计算的任务后，根据优化结果完成子平台任务规划，将相关参数上传给母平台，再由母平台装定到子平台上。母平台携带子平台到达分离窗口的释放点时，将子平台释放，子平台被释放后经过速率阻尼操作建立初始姿态；子平台通过姿态机动建立并保持点火分离所需姿态，在到达分离点时，尾部大推力发动机点火，提供初制导的变轨速度增量，完成初制导轨道控制。

在分离过程中，分离窗口参数的计算是完成拦截任务的基础。分离窗口参数包括 4 部分：分离点相位角、目标拦截点轨道根数（或位置与速度）、转移时间及变轨速度增量矢量。由于分离窗口的计算需要进行很多次 Lambert 问题的求解，计算量庞大，为保证计算准确，需要对母平台和目标拦截点进行高精度轨道预报，其计算量超过母平台和子平台上计算机的运算能力，因此分离窗口参数需要由地面计算并上传给母平台，由母平台来实现在轨分离。

分离窗口参数的求解方法主要涉及到 Lambert 交会问题的求解、推进剂最优的寻优方法等。本章对具体方法不再赘述，重点分析不同分离速度对分离后轨道机动的准确度影响。

7.2.1　零速度分离条件下分离窗口求解

已知目标拦截点和母平台轨道数据见表 7 - 3，以停泊时间（从下达拦截指令到轨道转移开始的时间）和拦截时间（从下达拦截指令到拦截目标的时间）作为优化变量，采用实数编码遗传算法进行寻优可以得到期望的优化结果。

表 7 - 3　初始轨道根数

轨道根数	半长轴/km	偏心率	轨道倾角/ (°)	升交点赤经/ (°)	近地点幅角/ (°)	真近点角/ (°)
目标卫星	42 167.842	0.000 2	4	51	10	190
母平台	10 000	0.000 228 2	5	51	10	10

经计算可知停泊时间为 2 693 s，拦截时间为 19 000 s，转移时间为拦截时间与停泊时间之差，其值为 16 307 s。初制导所需要的速度增量为 $[-513.554 \quad -1\,687.461 \quad 390.232]^T$，大小为 1 806.528 m/s。

轨道转移过程如图 7 - 8 所示。

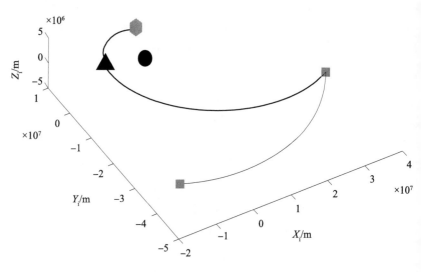

图 7 - 8　远程导引拦截轨迹图

图 7 - 8 中，圆球表示地球，菱形表示母平台的初始位置，三角形表示子平台的初始分离位置，正方形表示目标星的初始位置，母平台初始位置到子平台分离位置的粗线表示停泊轨道，子平台分离到拦截到目标卫星的粗线表示转移轨道，细线表示目标星的运行轨道。

相对拦截点的距离变化如图 7 - 9 所示。经过 2 693 s 的停泊后执行初制导，从母平台上分离子平台实现轨道拦截机动，理论计算可知其终端误差在 10 m 范围内。

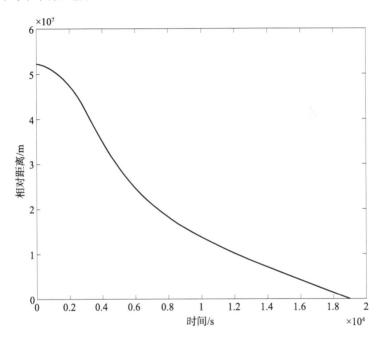

图 7 - 9　子平台相对于目标拦截点的相对距离变化图

7.2.2　初始分离速度对轨道拦截机动性能的影响分析

实际在轨分离过程中，子平台分离初速度不可能为零，此种情况不同于零速度分离情况，子平台相对于母平台具有向前的分离速度，该分离速度为轨道系下子平台相对于母平台在轨道坐标系下的分离速度。而初制导的速度是在惯性系下的，因此也要把分离时刻的分离速度转换到惯性坐标系下。

表 7 - 4　轨道系下分离速度对应的惯性系下分离速度

轨道系下分离速度/（m/s）	惯性系下分离速度/（m/s）（分离结束时刻）
$[0.2\ \ 0\ \ 0]^T$	$[-0.04\ \ -0.196\ \ -0.008]^T$
$[0.5\ \ 0\ \ 0]^T$	$[-0.101\ \ -0.489\ \ -0.02]^T$
$[1\ \ 0\ \ 0]^T$	$[-0.202\ \ -0.979\ \ -0.04]^T$
$[1.5\ \ 0\ \ 0]^T$	$[-0.302\ \ -1.468\ \ -0.06]^T$
$[2\ \ 0\ \ 0]^T$	$[-0.403\ \ -1.957\ \ -0.08]^T$

　　下面对不同分离速度条件下对终端误差的影响进行仿真。分别考虑分离速度为0.2 m/s、0.5 m/s 和 1 m/s 对终端制导相对距离的影响，仿真结果如图 7 - 10～图 7 - 12 所示。

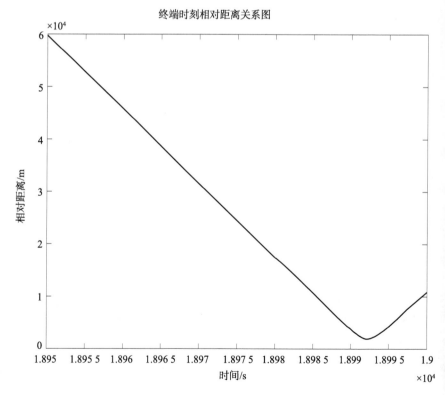

图 7 - 10　分离速度为 0.2 m/s 对应的终端制导相对距离

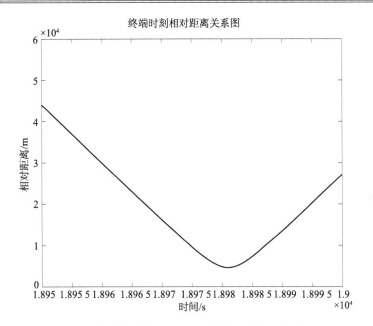

图 7 - 11　分离速度为 0.5 m/s 对应的终端制导相对距离

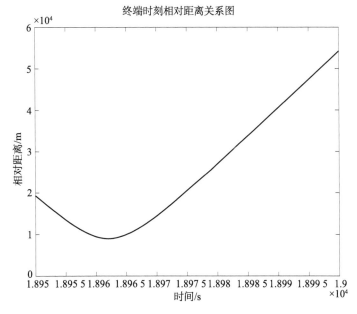

图 7 - 12　分离速度为 1 m/s 对应的终端制导相对距离

　　由仿真结果可得不同分离速度对应的终端制导相对距离见表7-5。

表7-5　不同分离速度对应的终端制导相对距离（拦截误差）

轨道系下分离速度/（m/s）	终端相对距离/m	最小距离/m
$[0.2 \ 0 \ 0]^T$	1 900	1 100
$[0.5 \ 0 \ 0]^T$	27 000	4 500
$[1 \ 0 \ 0]^T$	54 160	8 930

　　由此可见，在轨道拦截机动任务中，只进行初制导时，分离速度越大，其终端偏差会越大，在保障分离安全的前提下，需要尽量减小分离速度、方向等的偏差。同时，在分离初态存在偏差的情况下，再考虑到推力器执行误差及摄动力影响，若不进行中制导修正，终端偏差将非常大，难以满足拦截任务要求，因此必须进行中制导修正。

7.3　基于母平台信息的子平台自主导航方法

　　在深度撞击过程中，轨道器携带 1 部高增益天线和 2 部低增益天线，用于和地球进行通信。当轨道器与撞击器分离后，轨道器转移到彗星附近，作为中继卫星，把撞击器采集的信息发送到地面，起到信息支援的作用。

　　轨道器上的光学载荷用于接近彗星过程中的自主导航，撞击器上的光学载荷则用于从轨道器上分离后，向彗星撞击过程中的自主导航。两者均利用各自安装的敏感器实现自主导航。

　　实际上，轨道器也可以借助自身携带的光学载荷通过对撞击器及其背景星空进行拍照观测，再借助与撞击器之间的通信链路，实现撞击器的精确导引，这种方法称为基于天基母平台观测辅助的自主导航方法。

　　基于天基母平台观测辅助的自主导航方法的基本原理可概括为：母平台实时跟踪、测量与子平台的星光角距和伪距，并通过平台间链路传输信息,辅助子平台完成状态估计与导航滤波,从而为子平台的自主中制导修正提供自主导航信息。

7.3.1 自主导航方法

本小节提出的基于母平台实时跟踪观测的子平台在轨绝对导航方法,其导航方案如图7-13所示。具体过程为:

1) 母平台通过高精度伺服控制装置实时控制光学敏感器跟踪拍摄子平台,并计算母平台与子平台的连线矢量坐标 BA,同时光学敏感器通过星图匹配算法解算拍摄背景恒星矢量信息 BC,与子平台连线矢量构成星光角距 $α$ 测量信息,与此同时母平台通过星上测距通信系统完成与子平台的伪距测量;

2) 一旦母平台完成对子平台的拍摄测量,立即将所测得的星光角距测量信息、伪距测量信息以及母平台实时轨道参数和所观测背景恒星星历信息发送至子平台;

3) 航天器根据接收的测量信息,结合星载SINS预估的状态信息,根据最优滤波算法估计得到子平台的轨道根数最优估计值。

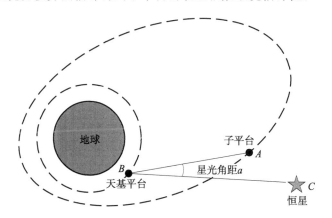

图 7 - 13　基于母平台跟踪观测的子平台在轨绝对导航方案

星光角距测量方程和伪距测量方程分别为

$$\alpha = a\cos \frac{\boldsymbol{r}_{BA} \cdot \boldsymbol{r}_{BC}}{|\boldsymbol{r}_{BA}| \cdot |\boldsymbol{r}_{BC}|}$$

$$= a\cos \frac{(x-x_B) \cdot s_x + (y-y_B) \cdot s_y + (z-z_B) \cdot s_z}{\sqrt{(x-x_B)^2 + (y-y_B)^2 + (z-z_B)^2}}$$

$$(7-1)$$

$$\rho = \sqrt{(x-x_B)^2 + (y-y_B)^2 + (z-z_B)^2} + w \qquad (7-2)$$

式中　　$\boldsymbol{r}_{BA}$——母平台与子平台的连线矢量；

　　　　$\boldsymbol{r}_{BC}$——光学敏感器相对于恒星的矢量；

　　　　(x, y, z)——子平台位置；

　　　　(x_B, y_B, z_B)——母平台位置；

　　　　(s_x, s_y, s_z)——某恒星矢量；

　　　　w——测量噪声；

　　　　α——星光角距测量量；

　　　　ρ——伪距测量量。

星光角距测量量 α 随着母平台以及子平台的位置的改变而变化，故该星光角距测量信息能有效地修正子平台动力学方程的轨道预报误差。通过观测进行几何分析可得，航天器的位置可由 1 个以子平台为圆锥面顶点，母平台与背景恒星连线为圆锥轴线，星光角距为锥心角的圆锥面来确定；通过对第 2 个恒星与航天器的观测构造可得到第 2 个圆锥面，进一步将航天器位置空间限制在了 2 个圆锥面的 2 条交线上，可通过第 3 个圆锥面的观测构造确定具体选择的交线，故通过母平台对航天器以及 3 颗背景恒星的观测可确定母平台与子平台连线的矢量方向信息，而连线方向的位置模糊度则可通过伪距测量值消除。因此，在基于母平台跟踪观测的在轨导航方案中，通过星光角距测量和伪距测量可完全消除子平台轨道预报误差，原理如图 7 - 14 所示。

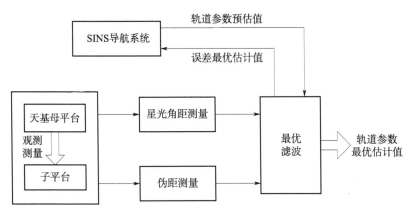

图 7 - 14　在轨绝对导航原理框图

7.3.2　自主导航滤波模型

（1）状态方程

为适应子平台大范围机动运行特性，选取星载 SINS 系统误差方程作为轨道参数预估状态方程，状态变量 $\boldsymbol{X}$ 为

$$\boldsymbol{X} = [\delta x, \delta y, \delta z, \delta v_x, \delta v_y, \delta v_z, \phi_x, \phi_y, \phi_z, \varepsilon_{bx}, \varepsilon_{by}, \varepsilon_{bz}, \varepsilon_{rx}, \varepsilon_{ry}, \varepsilon_{rz},$$
$$\nabla_{rx}, \nabla_{ry}, \nabla_{rz}]$$

式中　$(\delta x, \delta y, \delta z)$ ——位置误差；

　　　$(\delta v_x, \delta v_y, \delta v_z)$ ——速度误差；

　　　(ϕ_x, ϕ_y, ϕ_z) ——姿态角误差；

　　　$(\varepsilon_{bx}, \varepsilon_{by}, \varepsilon_{bz})$ ——陀螺常值偏差；

　　　$(\varepsilon_{rx}, \varepsilon_{ry}, \varepsilon_{rz})$ ——陀螺一阶马尔科夫误差；

　　　$(\nabla_{rx}, \nabla_{ry}, \nabla_{rz})$ ——加速度计一阶马尔科夫误差；

组合导航系统的状态方程为

$$\dot{\boldsymbol{X}}(t) = \boldsymbol{F}(t)\boldsymbol{X}(t) + \boldsymbol{G}(t)\boldsymbol{W}(t) \qquad (7-3)$$

式中　$\boldsymbol{X}(t)$ ——组合导航系统的状态变量；

　　　$\boldsymbol{F}(t)$ ——系统状态矩阵；

　　　$\boldsymbol{G}(t)$ ——系统噪声矩阵；

$W(t)$ —— 系统噪声矢量。

系统状态矩阵 $F(t)$ 为

$$F(t) = \begin{bmatrix} F_N(t) & F_S(t) \\ 0 & F_M(t) \end{bmatrix} \qquad (7-4)$$

其中

$$F_N(t) = \begin{bmatrix} 0_{3\times3} & I_{3\times3} & 0_{3\times3} \\ E_{3\times3} & 0_{3\times3} & f_{3\times3} \\ 0_{3\times3} & 0_{3\times3} & 0_{3\times3} \end{bmatrix}$$

$$F_S = \begin{bmatrix} 0 & 0 & 0 \\ 0 & 0 & C_b^n \\ C_b^n & C_b^n & 0 \end{bmatrix}$$

$$F_M = \mathrm{diag}\left[0,0,0, -\frac{1}{T_{gx}}, -\frac{1}{T_{gy}}, -\frac{1}{T_{gz}}, -\frac{1}{T_{ax}}, -\frac{1}{T_{ay}}, -\frac{1}{T_{az}}\right]$$

$$E = \begin{bmatrix} 3\mu\dfrac{x^2}{r^5} - \dfrac{\mu}{r^3} & 3\mu\dfrac{xy}{r^5} & 3\mu\dfrac{xz}{r^5} \\[2mm] 3\mu\dfrac{xy}{r^5} & 3\mu\dfrac{y^2}{r^5} - \dfrac{\mu}{r^3} & 3\mu\dfrac{yz}{r^5} \\[2mm] 3\mu\dfrac{xz}{r^5} & 3\mu\dfrac{yz}{r^5} & 3\mu\dfrac{z^2}{r^5} - \dfrac{\mu}{r^3} \end{bmatrix}$$

$$f = \begin{bmatrix} 0 & -f_z^n & f_y^n \\ f_z^n & 0 & -f_x^n \\ -f_y^n & f_x^n & 0 \end{bmatrix}$$

式中　μ —— 地心引力常数；

　　f —— 加速度计测量值在本体系中的投影；

　　C_b^n —— 本体系到姿态坐标系的转换矩阵；

　　T_g，T_a —— 陀螺和加速度计的一阶马尔科夫相关时间。

噪声矩阵 $G(t)$ 为

$$G = \begin{bmatrix} \boldsymbol{0} & \boldsymbol{0} & \boldsymbol{0} \\ \boldsymbol{0} & \boldsymbol{0} & \boldsymbol{0} \\ \boldsymbol{C}_b^n & \boldsymbol{0} & \boldsymbol{0} \\ \boldsymbol{0} & \boldsymbol{0} & \boldsymbol{0} \\ \boldsymbol{0} & \boldsymbol{I}_{3\times3} & \boldsymbol{0} \\ \boldsymbol{0} & \boldsymbol{0} & \boldsymbol{I}_{3\times3} \end{bmatrix} \qquad (7-5)$$

系统的噪声矢量 $\boldsymbol{W}(t)$ 为

$$\boldsymbol{W}(t) = [w_g, w_\varepsilon, w_\nabla]^T \qquad (7-6)$$

式中　$w_g, w_\varepsilon, w_\nabla$ ——三轴的陀螺测量白噪声、三轴的一阶马尔科夫
测量白噪声和三轴的加速计一阶马尔科夫白
噪声。

（2）测量方程及滤波方案

平台导航测量包括星光角距测量和伪距测量，星光角距测量方程为

$$\boldsymbol{Z}_1(k) = \boldsymbol{H}_1(k)\boldsymbol{X} + w_1(k) \qquad (7-7)$$

$$\boldsymbol{H}_1 = \begin{bmatrix} \dfrac{\partial \alpha_1}{\partial x} & \dfrac{\partial \alpha_1}{\partial y} & \dfrac{\partial \alpha_1}{\partial z} & 0 & \cdots & 0 \\ \vdots & \vdots & \vdots & & & \\ \dfrac{\partial \alpha_i}{\partial x} & \dfrac{\partial \alpha_i}{\partial y} & \dfrac{\partial \alpha_i}{\partial z} & 0 & \cdots & 0 \end{bmatrix}$$

$$\begin{cases} \dfrac{\partial \alpha}{\partial x} = \dfrac{-[s_x \cdot X_B{}^2 + (s_y \cdot Y_B + s_z \cdot Z_B) \cdot X_B - s_x \cdot bp]}{bp \cdot \sqrt{bp - ap^2}} \\[3mm] \dfrac{\partial \alpha}{\partial y} = \dfrac{-[s_x \cdot Y_B{}^2 + (s_x \cdot X_B + s_z \cdot Z_B) \cdot Y_B - s_y \cdot bp]}{bp \cdot \sqrt{bp - ap^2}} \\[3mm] \dfrac{\partial \alpha}{\partial z} = \dfrac{-[s_z \cdot Z_B{}^2 + (s_x \cdot X_B + s_y \cdot Y_B) \cdot Z_B - s_z \cdot bp]}{bp \cdot \sqrt{bp - ap^2}} \end{cases}$$

$$X_B = x - x_B$$
$$Y_B = y - y_B$$
$$Z_B = z - z_B$$
$$ap = X_B \cdot s_x + Y_B \cdot s_y + Z_B \cdot s_z$$

$$bp = X_B{}^2 + Y_B{}^2 + Z_B{}^2$$

式中　　$\boldsymbol{H}_1$ —— $i \times 18$ 维矩阵，i 为所利用的恒星数；

　　　　$w_1(k)$ —— 星光角距测量噪声。

测距量测方程为

$$\boldsymbol{Z}_2(k) = \boldsymbol{H}_2(k)\boldsymbol{X} + w_2(k) \tag{7-8}$$

式中　　$\boldsymbol{H}_2$ ——1×18 维矩阵，且非零元素，$H_2(1,1) = \dfrac{x}{\sqrt{bp}}$，

$$H_2(1,2) = \frac{y}{\sqrt{bp}}, \ H_2(1,3) = \frac{z}{\sqrt{bp}}。$$

除此之外，子平台运用自带星敏感器通过敏感恒星矢量信息进行姿态最优估计，具体测量方程不再列举。组合导航系统采用集中卡尔曼滤波器进行状态估计。工作流程为：在平台对子平台进行观测成像期间，仅运用航天器自带 SINS 系统结合自带星敏感器进行自主轨道参数估计；当子平台接收到母平台发送的星光角距测量信息和伪距测量信息时，则同时运用 SINS 系统预估信息和平台测量信息，根据集中卡尔曼滤波算法最优估计得到航天器轨道参数最优估计值。

7.3.3　自主导航精度分析

影响自主导航精度的因素主要包括地球遮挡、滤波周期影响、伪距测量误差和照相测量误差等因素。

（1）地球遮挡因素

当子平台与母平台运行至地球两侧面时，母平台将无法跟踪拍摄到子平台，同时子平台与母平台也将无法通信，此时子平台的轨道参数只能通过轨道动力学预报更新，估计误差将逐渐发散，因此地球遮挡将是影响子平台估计精度的重要因素，如图 7 - 15 所示。据初步仿真，子平台从分离点运动至远地点的超过 20 000 s 时间内，有约 6 000 s 时间处于地球遮挡的情况。具体仿真结果如图 7 - 16 所示。

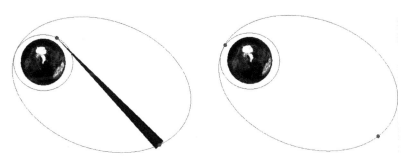

图 7 - 15　地球遮挡情况

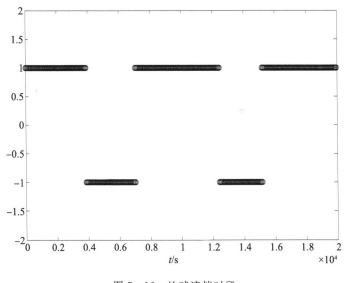

图 7 - 16　地球遮挡时段

在图 7 - 16 中，横坐标表示时间，单位为 s；纵坐标表示可见与不可见的标志位，其中常值 1 表示可见，常值 -1 表示不可见。从图中可得，从分离点到远地点的 2 万秒时间内有 2 个时间段子平台处于地球遮挡。

（2）滤波周期影响

一般设置滤波周期越短，导航精度越高，但是由于基于母平台照相观测的方案中，每次导航解算子平台与母平台之间要进行多次通信，故滤波周期不可能取得太短。

（3）伪距测量误差

伪距测量误差包括钟差频差引起的伪距测量误差，以及大气层、电离层等太空环境干扰引起的伪距测量误差。

（4）照相测量误差

天基母平台对子平台的照相观测精度是决定子平台自主导航的决定性因素之一，一般要求照相精度达到 10 个角秒以上，其间断性定轨精度才能达到比较理想的结果。

7.3.4　自主导航方法仿真分析

（1）仿真条件设置

设置在轨分离后子平台进入大椭圆拦截轨道，母平台停留在圆轨道，两者的初始轨道参数见表 7-6。

表 7-6　仿真初始轨道根数

轨道根数	半长轴/km	偏心率	轨道倾角/（°）	升交点赤经/（°）	近地点幅角/（°）
子平台	25 440	0.67	23	0.1	0.1
母平台	8 200	0.01	0.1	51	10

标称轨道参数考虑地球引力摄动项、太阳光压、日月摄动以及大气阻力项。机动平台的姿态模拟惯性空间稳定，在 $T_1 = 1\,000$ s 时，发动机点火，推力沿子平台本体系的 x 轴负方向，作用加速度为 1 m/s^2，作用时间为 200 s，$T_2 = 1\,200$ s 时关机；在 $T_3 = 2\,000$ s 时，发动机再次点火，推力沿子平台本体系 z 方向，作用加速度为 2 m/s^2，作用时间为 100 s，$T_4 = 2\,100$ s 时关机。

设置子平台轨道初值误差为：各项位置估计初始误差 800 m，各项速度估计初始误差 0.5 m/s。

设置 SINS 系统误差为：加速计随机常值漂移为 0.000 1 g，一阶马尔科夫相关时间设置为 1 800 s，一阶马尔科夫白噪声为

0.000 1 g；陀螺随机常值漂移为 0.1 (°)/h，一阶马尔科夫相关时间为 3 600 s，一阶马尔科夫白噪声为 0.1 (°)/h；设置母平台照相观测成像精度为 5″，通信测距设备的测距精度为 20 m。

设置仿真时间：加速计和陀螺输出频率为 10 Hz，母平台照相观测更新周期和通信测距更新周期为 5 s，滤波周期为 5 s，仿真总时间为 30 000 s。

（2）仿真分析

根据上述设置得仿真结果如下：

1）当设置母平台位置估计误差为随机噪声 80 m(1σ) 时，测量信息包括平台观测星光角距，伪距测量信息，仿真结果如图 7-17 和图 7-18 所示，由仿真结果统计得出位置估计误差为 114.5 m(1σ)，速度估计误差为 0.186 m/s(1σ)，由于 SINS 系统在机动过程中能准确测量加速度，因此机动过程对导航精度基本没有影响。

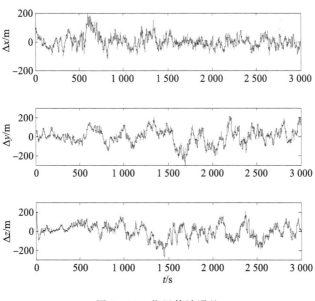

图 7-17　位置估计误差

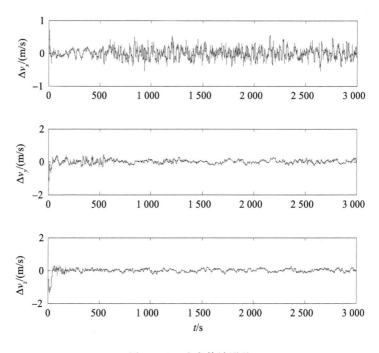

图 7-18　速度估计误差

2）当设置母平台三轴位置估计误差不仅包括随机噪声 80 m(1σ)，并且存在系统误差80 m，测量信息包括平台观测星光角距、伪距测量信息，仿真结果如图 7-19 和图 7-20 所示。由仿真结果可知，母平台存在系统误差导致子平台也存在量值与平台系统误差相仿的系统误差，这是由于平台的估计误差发散趋势会导致子平台与母平台估计误差整体漂移发散，据结果统计位置估计误差为 197.5 m(1σ)，速度估计误差为 0.256 m/s(1σ)。

3）当设置母平台三轴位置估计误差为随机噪声 80 m(1σ)，测量信息仅包括平台观测星光角距，仿真结果如图 7-21 和图 7-22 所示。由于伪距测量信息约束了平台与子平台连线方向的误差发散趋势，故当测量信息只有星光角距时，子平台的位置估计误差显著增大且有缓慢发散的趋势，据统计在仿真时段内自主导航位置估计误差为 582.4 m(1σ)，速度估计误差为 0.238 m/s(1σ)。

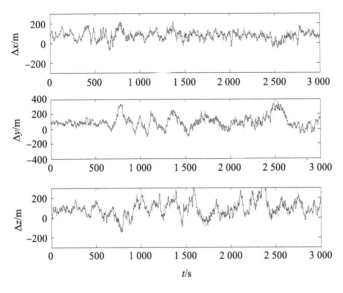

图 7 - 19　位置估计误差

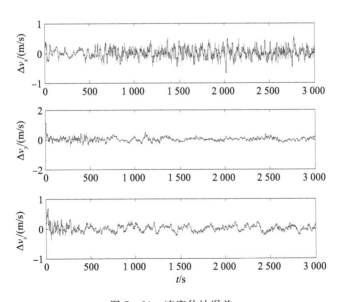

图 7 - 20　速度估计误差

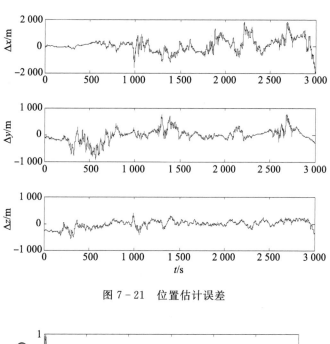

图 7 - 21　位置估计误差

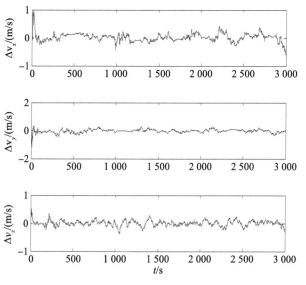

图 7 - 22　速度估计误差

本节提出了一种基于天基母平台观测辅助的大椭圆子平台在轨导航方法，子平台通过实时接收低轨道母平台发送的星光角距测量信息和测距信息，结合自身 SINS 系统预估信息，根据卡尔曼滤波算法实时估计得到轨道参数的最优估计值。仿真分析表明，子平台在充分利用母平台照相观测角距信息和测距信息，以及母平台具备较高的自主导航精度前提下能有效实现在轨导航解算，且具备较高的导航精度，因此该在轨导航方案能有效解决在轨分离后子平台快速大范围机动情形下的在轨导航问题。

7.4　在轨快速分离过程中的平台姿轨复合控制

子平台在轨分离必然对母平台产生多方面影响，包含动力学影响和非动力学影响（如冲击破坏、推进剂和废弃物污染等）。其动力学影响有可能导致母平台脱离原运行轨道或改变姿态，影响后续停泊任务的执行，还有可能导致子平台位置和速度产生较大的变化。

在轨快速分离过程中，母平台姿态运动与子平台的分离运动是相互耦合的复杂过程。一方面，母平台姿态不可能保持完全静止不动，而是存在一定的姿态角速度和角加速度，而平台释放分离过程不是一个瞬时过程，从分离装置启动到子平台完全离开，需要一定时间，这就使得母平台姿态运动对子平台的分离过程产生干扰，如果母平台姿态运动剧烈，则很有可能导致子平台分离之后的翻滚，甚至导致分离失败；另一方面，子平台分离过程中，释放分离装置承受的反作用力会传递到母平台上，从而对母平台姿态产生大的扰动，母平台姿态为保持稳定，必须具备较强的抗扰动能力。

7.4.1　在轨快速分离过程中子平台姿态稳定控制方法

子平台由母平台释放分离后，为保证后续任务正常开展，子平台姿态角和角速度都必须在尽量短的时间内进入稳定状态。尽管在平台分离过程中，可以由释放分离装置尽量保证将分离时姿态角和角速度约束在较小范围，但考虑到实际工程中可能出现的突发情况，子平台自身必须具备大分离扰动下的姿态快速稳定控制能力。

考察闭环姿态控制系统，首先由姿态确定系统确定当前姿态，然后按照姿态控制规律解算控制指令，产生执行机构的相应指令，施加控制力矩。可见，为保证子平台在平台分离后尽快进入稳定，需要结合子平台自身约束，对姿态确定方法和姿态控制规律设计展开分析。

7.4.1.1　姿态确定方法

在平台释放分离过程中，为尽快使子平台姿态进入稳定，必须尽早获得姿态信息。综合上述约束，选择陀螺组合为姿态敏感器，采用陀螺积分确定平台释放分离期间子平台姿态。陀螺积分姿态确定算法可由图 7 - 23 概括。

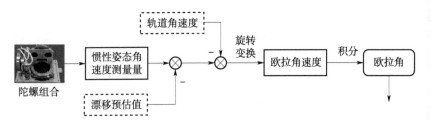

图 7 - 23　陀螺积分姿态确定算法流程

首先，由陀螺输出得到当前平台惯性角速度在子平台本体系下表示为

$$\begin{aligned}
\omega_{\mathrm{bi}x} &= \omega_{x\mathrm{Tl}} - b_x \\
\omega_{\mathrm{bi}y} &= \omega_{y\mathrm{Tl}} - b_y \\
\omega_{\mathrm{bi}z} &= \omega_{z\mathrm{Tl}} - b_z
\end{aligned} \tag{7-9}$$

式中　$\omega_{x\mathrm{Tl}}$，$\omega_{y\mathrm{Tl}}$，$\omega_{z\mathrm{Tl}}$——陀螺三轴输出角速度；

　　　b_x，b_y，b_z——陀螺三轴常值漂移预估值。

考虑到子平台轨道系中，轨道角速度 $\omega_0 = \begin{bmatrix} 0 & -\omega_0 & 0 \end{bmatrix}^{\mathrm{T}}$，可以得到卫星本体系相对于轨道系的旋转角速度

$$\omega_{\mathrm{bo}} = \omega_{\mathrm{bi}} - R_{\mathrm{bo}}\omega_0 \tag{7-10}$$

式中　R_{bo}——轨道系到本体系的坐标转换矩阵；

　　　ω_{bi}——惯性角速度；

　　　ω_{bo}——本体系相对于轨道系在本体坐标系下的角速度。

考虑到整个任务过程中姿态角速度不大，前后姿态矩阵之间的 R_{bo} 差别很小，因此可由前一次的姿态角 φ_{k-1}、θ_{k-1}、ψ_{k-1} 表示。采用 3-1-2 旋转顺序时

$$R_{bo} = A_Y(\theta_{k-1}) A_X(\varphi_{k-1}) A_Z(\psi_{k-1}) \qquad (7-11)$$

根据旋转角速度和姿态角速度之间的旋转关系，可以由 ω_{bo} 确定子平台当前姿态角速度

$$
\begin{bmatrix} \dot{\varphi} \\ \dot{\theta} \\ \dot{\psi} \end{bmatrix} = \frac{1}{\cos\varphi_{k-1}} \begin{bmatrix} \cos\theta_{k-1}\cos\psi_{k-1} & 0 & \sin\theta_{k-1}\cos\varphi_{k-1} \\ \sin\theta_{k-1}\sin\varphi_{k-1} & \cos\varphi_{k-1} & -\cos\theta_{k-1}\sin\varphi_{k-1} \\ -\sin\theta_{k-1} & 0 & \cos\theta_{k-1} \end{bmatrix} \omega_{bo}
$$

$$(7-12)$$

进而，由姿态确定数据更新周期 T，得到当前姿态角

$$\varphi_k = \varphi_{k-1} + T\dot{\varphi}$$

$$\theta_k = \theta_{k-1} + T\dot{\theta} \qquad (7-13)$$

$$\psi_k = \psi_{k-1} + T\dot{\psi}$$

7.4.1.2　姿态控制规律

姿控执行机构采用推力器，姿态控制规律相应选择开关控制，同时开关线控制具有较高的鲁棒性，适用于姿态捕获等高动态情况。为适应更宽泛的初始状态，设计速率阻尼和斜开关线控制 2 种模式。在角速度较大时，采用速率阻尼模式，将角速度控制到较小范围内之后，转到斜开关线控制模式。

（1）速率阻尼模式

速率阻尼模式的相平面曲线如图 7-24 所示。

根据角速度不同，设置 2 档控制。一、三象限有 2 块不控区域，考虑到姿态角与姿态角速度反向，且姿态角较大，可利用其角速度自动减小姿态角偏差。

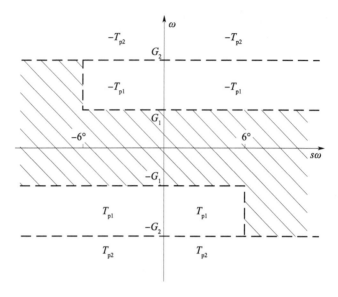

图 7 - 24　速率阻尼控制模式的相平面曲线

对应的控制律数学描述如下

$$T_{on} = \begin{cases} T_{p2} & (\omega \leqslant -G_2) \\ T_{p1} & (s\omega \geqslant -6, G_1 \leqslant \omega \leqslant G_2) \\ 0 & (\text{其他情况}) \\ -T_{p1} & (s\omega \leqslant 6, -G_2 \leqslant \omega \leqslant -G_1) \\ -T_{p2} & (\omega \geqslant G_2) \end{cases}$$

$$T_c = \frac{M_c T_{on}}{T} \qquad\qquad (7-14)$$

式中　ω——角速度大小；

　　　$s\omega$——角度大小；

　　　T_{p1}, T_{p2}——从小到大的两档喷气脉宽；

　　　G_1, G_2——设置的角速度阈值；

　　　T——姿控周期；

　　　M_c——子平台的转动惯量大小。

变量可取 $\boldsymbol{M}_c = [20.09\quad 30.18\quad 30.18]^T$，$G_1 = 0.8$ (°)/s，$G_2 = 2$

$(°)/s$，$T = 200$ ms。

（2）斜开关线控制模式

如图 7 - 25 所示，同时以偏差角和偏差角速度作为控制量，共分 2 档。在不同区域输出不同的喷气脉宽，最终形成偏差角和偏差角速度的极限环，从而将两者控制在满足要求的范围内。

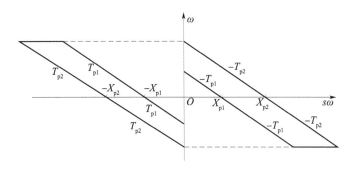

图 7 - 25　斜开关线控制律相平面图

相平面中，Ⅱ、Ⅳ象限的不喷气区域设计目的是利用"角速度偏差与角度偏差异号且较大"这一特性使状态自然漂移完成极限环，减少喷气并防止角速度超调。该不喷气区域的边缘由角速度决定，选为 2 $(°)/s$。

对应的控制律数学描述如下

$$T_{on} = \begin{cases} T_{p2} & (-1 > \tau\omega + s\omega, s\omega \leq 0, \omega \leq 2.0) \\ T_{p1} & (-0.5 > \tau\omega + s\omega \geq -1, s\omega \leq 0, \omega \leq 2.0) \\ 0 & (其他情况) \\ -T_{p1} & (1 > \tau\omega + s\omega \geq 0.5, s\omega \geq 0, \omega \geq -2.0) \\ -T_{p2} & (\tau\omega + s\omega \geq 1, s\omega \geq 0, \omega \geq -2.0) \end{cases}$$

$$(7 - 15)$$

式中　ω——角速度大小；

　　　$s\omega$——角度大小；

　　　τ——开关线斜率；

　　　T_{p1}，T_{p2}——从小到大的两档喷气脉宽，$T_{p1} = 10$ ms，$T_{p2} = $
　　　　　　　　　　20 ms，$\tau = 2$。

7.4.1.3　数学仿真分析

（1）仿真条件

平台分离时间 11 400 s，为防止子平台对母平台的损伤，设定子平台分离后 5 s 内不控，11 405 s 开始进行姿态控制。

主要仿真参数如下：

1）仿真步长 0.1 s；

2）陀螺常值漂移 3.5 (°)/h (3σ)，陀螺随机游走 0.05 (°)/h (3σ)，陀螺量测噪声 0.15 (°)/h (3σ)；

3）姿控推力器推力大小 10 N，推力大小误差 5%。

假定分离后子平台三轴姿态角偏差均为 1°，姿态角速度均为 1.5 (°)/s。

（2）仿真结果

对分离后 50 s 内子平台运动与控制情况进行仿真，得到姿态确定和姿态控制的结果如图 7-26～图 7-29 所示。

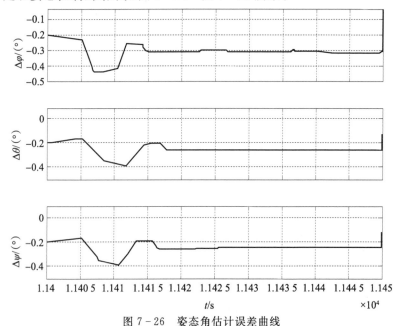

图 7-26　姿态角估计误差曲线

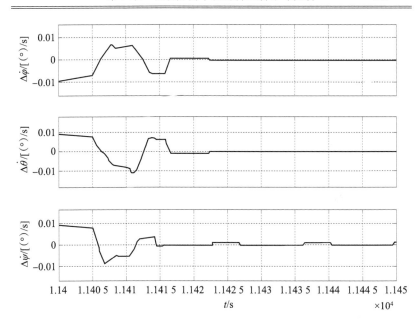

图 7 - 27　姿态角速度估计误差曲线

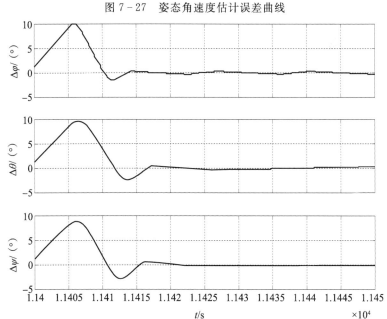

图 7 - 28　姿态角控制误差曲线

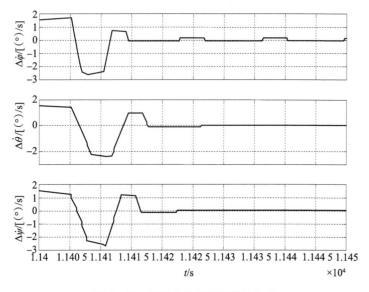

图 7-29　姿态角速度控制误差曲线

由上述仿真结果可知:

1) 由陀螺积分定姿,在分离后的较短时间内,姿态确定误差并没有明显发散,三轴姿态角估计误差小于 0.4°,且当控制进入稳定后误差稳定在 0.25° 以内,姿态角速度误差始终优于 0.01 (°)/s;

2) 分离后 5 s 内不控,在 1.5 (°)/s 的角速度偏差作用下,姿态角偏差逐渐增大,5 s 后三轴分别增大到 10°、9.6°、8.2°,姿态角速度偏差受到轨道角速度影响缓慢变化;

3) 11 405 s 开始进行姿控,约 10 s 后即进入稳定区域,稳定后三轴姿态角偏差均小于 0.5°,三轴姿态角速度误差均小于 0.2 (°)/s。

综上所述,按照设计的闭环姿态控制系统,子平台在较大的分离姿态偏差下能够在约 10 s 内进入稳定,说明系统是有效的。

7.4.2　在轨快速分离过程中母平台快速稳定控制方法

在轨分离过程中,为实现对母平台的姿轨快速稳定控制,需要准确已知分离变化之后的被控对象质量特性参数(包括质量、惯量、质心位置），常见的方法是在地面通过各种手段计算（基于 CAD 技术）、测量其质量特性。然而，在轨快速分离过程中，会导致系统的质量特性发生剧烈变化。因此，首先要解决质量特性的在轨辨识问题。

此外，考虑到母平台一般均带有大型帆板、天线等挠性机构，在轨分离过程的反作用力和力矩导致这些附件出现柔性振动，这是破坏母平台稳定状态的重要原因，因此在轨分离后必须对母平台尽快实施主动振动抑制控制。

7.4.2.1 母平台质量特性参数自主辨识方法

（1）动力学与运动学模型

由刚体复合运动关系，卫星的空间旋转角速度矢量 $\boldsymbol{\omega}$ 等于卫星本体坐标系 $OX_bY_bZ_b$ 相对于质心轨道坐标系 $OX_oY_oZ_o$ 的旋转角速度矢量 $\boldsymbol{\omega}_{bo}$ 与质心轨道坐标系 $OX_oY_oZ_o$ 相对于惯性坐标系 O_iXYZ 的牵连角速度矢量 $\boldsymbol{\omega}_{oi}$ 之和，即

$$\boldsymbol{\omega} = \boldsymbol{\omega}_{bo} + \boldsymbol{R}_{bo}\,\boldsymbol{\omega}_{oi} \qquad (7-16)$$

将式（7-16）投影至卫星本体坐标系，则有

$$\boldsymbol{\omega} = \boldsymbol{\omega}_{bo} + \boldsymbol{R}_{bo}\,\boldsymbol{\omega}_{oi} = \begin{bmatrix} \dot{\varphi}\cos\theta - \dot{\psi}\cos\varphi\sin\theta - \omega_0(\cos\theta\sin\psi + \sin\theta\sin\varphi\cos\psi) \\ \dot{\theta} + \dot{\psi}\sin\varphi - \omega_0\cos\varphi\cos\psi \\ \dot{\psi}\cos\theta\cos\varphi + \dot{\varphi}\sin\theta - \omega_0(\sin\theta\sin\psi - \cos\theta\sin\varphi\cos\psi) \end{bmatrix}$$

$$(7-17)$$

式（7-17）可写成矩阵的形式为

$$\begin{bmatrix} \omega_x \\ \omega_y \\ \omega_z \end{bmatrix} = \boldsymbol{A} \begin{bmatrix} \dot{\varphi} \\ \dot{\theta} \\ \dot{\psi} \end{bmatrix} + \boldsymbol{B}\,\omega_0 \qquad (7-18)$$

$$\boldsymbol{A} = \begin{bmatrix} \cos\theta & 0 & -\sin\theta\cos\phi \\ 0 & 1 & \sin\phi \\ \sin\theta & 0 & \cos\theta\cos\phi \end{bmatrix}$$

$$\boldsymbol{B} = \begin{bmatrix} -\cos\theta\sin\psi + \sin\theta\sin\phi\cos\psi \\ -\cos\phi\cos\psi \\ -(\sin\theta\sin\psi - \cos\theta\sin\phi\cos\psi) \end{bmatrix}$$

由上式得

$$\begin{bmatrix} \dot{\varphi} \\ \dot{\theta} \\ \dot{\psi} \end{bmatrix} = \begin{bmatrix} \cos\theta & 0 & \sin\theta \\ \sin\theta\tan\varphi & 1 & -\cos\theta\tan\varphi \\ -\dfrac{\sin\theta}{\cos\varphi} & 0 & \dfrac{\cos\theta}{\cos\varphi} \end{bmatrix}$$

$$\begin{bmatrix} \omega_x + \omega_0\cos\theta\sin\theta\psi + \omega_0\sin\theta\sin\psi\cos\psi \\ \omega_y + \omega_0\cos\psi\cos\psi \\ \omega_z + \omega_0\sin\theta\sin\psi - \omega_0\cos\theta\sin\psi\cos\psi \end{bmatrix}$$

$$(7-19)$$

式中　$\boldsymbol{\omega}$，$\boldsymbol{\omega}_{bo}$——卫星本体坐标系相对地心惯性坐标系和轨道坐标系的旋转角速度在本体坐标系上的分量；

$\boldsymbol{\omega}_{oi}$——轨道坐标系相对地心惯性坐标系的旋转角速度在轨道坐标系中的分量，即 $\boldsymbol{\omega}_{oi} = \begin{bmatrix} 0 & -\omega_0 & 0 \end{bmatrix}^T$，$\omega_0$ 为轨道角速度。

当卫星的姿态小角度变化时，有

$$\boldsymbol{\omega} = \begin{bmatrix} \omega_x \\ \omega_y \\ \omega_z \end{bmatrix} = \begin{bmatrix} \dot{\varphi} - \omega_0\psi \\ \dot{\theta} - \omega_0 \\ \dot{\psi} + \omega_0\varphi \end{bmatrix} \qquad (7-20)$$

考虑刚体卫星，以推力器作为主要执行机构，根据动量矩定理可得

$$\dot{\boldsymbol{H}} + \boldsymbol{\omega} \times \boldsymbol{H} = \boldsymbol{T}_c + \boldsymbol{T}_d \qquad (7-21)$$

式中　$\boldsymbol{T}_c$，$\boldsymbol{T}_d$——卫星受到的控制力矩和除推力器力矩外的干扰力矩；

$\boldsymbol{\omega}$——卫星相对惯性空间的角速度；

$\boldsymbol{H}$——卫星系统的总转动角动量，星体的惯量阵 $\boldsymbol{J}$ 与 $\boldsymbol{\omega}$ 的

乘积。

可得

$$\dot{\boldsymbol{\omega}} = \boldsymbol{J}^{-1}\left[-\boldsymbol{\omega}\times(\boldsymbol{J}\boldsymbol{\omega})+\boldsymbol{T}_{\mathrm{c}}+\boldsymbol{T}_{\mathrm{d}}\right] \qquad (7-22)$$

对于推力器作为控制执行结构的卫星，推力器和力矩扰动产生的绕真实质心的力矩为

$$\boldsymbol{T}_{\mathrm{c}}+\boldsymbol{T}_{\mathrm{d}} = \boldsymbol{N}_{\mathrm{t}}+\boldsymbol{\tau}_{\mathrm{disturb}} = (\boldsymbol{L}\times\boldsymbol{D})\,\boldsymbol{F}_{k}+\boldsymbol{\tau}_{\mathrm{disturb}} \qquad (7-23)$$

式中　$\boldsymbol{N}_{\mathrm{t}}$——推力器力矩；

　　$\boldsymbol{L}$，$\boldsymbol{D}$——推力器的位置和方向，它们都是 $3\times n$ 阶矩阵，每一列对应一个推力器的信息，n 为飞行器实际安装的推力器个数；

　　$\boldsymbol{F}_{k}$——第 k 次更新时各推力器的推力大小。

$\boldsymbol{F}_{k}$ 可表示为

$$\boldsymbol{F}_{k} = (\boldsymbol{F}_{\mathrm{nom}}+\boldsymbol{F}_{\mathrm{random},k})\,\boldsymbol{T}_{k} \qquad (7-24)$$

（2）转动惯量辨识算法

转动惯量辨识算法将快速分离子平台的陀螺输出和推力器工作输出作为算法的输入，设置转动惯量为辨识量，使用扩展卡尔曼滤波方法进行估计。若所选卫星的转动惯量阵形式为

$$\boldsymbol{J} = \begin{bmatrix} J_{x} & J_{xy} & J_{xz} \\ J_{xy} & J_{y} & J_{yz} \\ J_{xz} & J_{yz} & J_{z} \end{bmatrix} \qquad (7-25)$$

定义待辨识参数为 $\boldsymbol{X} = \begin{bmatrix} J_{x} & J_{y} & J_{z} & J_{xy} & J_{xz} & J_{yz} \end{bmatrix}^{\mathrm{T}}$，采用扩展卡尔曼滤波理论对其进行状态估计，可得离散化的测量方程的观测矩阵为

$$\boldsymbol{H}_{k} = \begin{bmatrix} \dot{\omega}_{x} & -\omega_{z}\omega_{y} & \omega_{z}\omega_{y} & \dot{\omega}_{y}-\omega_{z}\omega_{x} & \dot{\omega}_{z}+\omega_{y}\omega_{x} & \omega_{z}^{2}-\omega_{y}^{2} \\ \omega_{z}\omega_{x} & \dot{\omega}_{y} & -\omega_{z}\omega_{x} & \dot{\omega}_{x}+\omega_{z}\omega_{y} & \omega_{z}^{2}-\omega_{x}^{2} & \dot{\omega}_{z}-\omega_{y}\omega_{x} \\ -\omega_{y}\omega_{x} & \omega_{y}\omega_{x} & \dot{\omega}_{z} & \omega_{x}^{2}-\omega_{y}^{2} & \dot{\omega}_{x}-\omega_{z}\omega_{y} & \dot{\omega}_{y}+\omega_{z}\omega_{x} \end{bmatrix}$$

$$(7-26)$$

估计误差协方差阵的时间更新公式为

$$\boldsymbol{P}_{k/k-1} = \boldsymbol{\Phi}(k,k-1)\boldsymbol{P}_{k-1}\boldsymbol{\Phi}(k,k-1)^{\mathrm{T}}+\boldsymbol{Q}_{k-1} \qquad (7-27)$$

$$P_k = (I - K_k H_k) P_{k/k-1} \tag{7-28}$$

式中　Q_{k-1} ——离散系统的噪声方差矩阵；

　　　$\boldsymbol{\Phi}(k, k-1)$ ——状态转移矩阵取单位矩阵。

滤波增益矩阵由式（7-29）给出

$$K_k = P_{k/k-1} H_k^{\mathrm{T}} \left[H_k P_{k/k-1} H_k^{\mathrm{T}} + R \right]^{-1} \tag{7-29}$$

更新状态估计值为

$$\hat{x}_k = \hat{x}_{k-1} + K_k (z_k - H_k \cdot \hat{x}_{k-1}) \tag{7-30}$$

式中　z_k ——当前时刻的指令力矩。

算例

假设转动惯量真实值 $\boldsymbol{J} = \begin{bmatrix} 10.459 & 0 & 0 \\ 0 & 15.035 & 0 \\ 0 & 0 & 15.035 \end{bmatrix}$，

转动惯量初始值 $\boldsymbol{J}_0 = \begin{bmatrix} 20.917 & 0 & 0 \\ 0 & 30.07 & 0 \\ 0 & 0 & 30.07 \end{bmatrix}$，

对转动惯量的辨识算法进行仿真，可以得到主惯量辨识误差曲线和惯量积辨识误差曲线，如图 7-30 和图 7-31 所示。

转动惯量表示的辨识算法能够在约 100 s 以内完成转动惯量的在轨辨识，辨识误差小于 0.2 kg·m²。

（3）质心偏移最小二乘辨识算法

质心偏移最小二乘辨识算法利用分离后母平台姿态动力学方程进行变换，结合转动惯量的更新值，将质心偏差的辨识方程转换成最小二乘问题求解的标准形式，采用递推最小二乘法进行求解。

卫星的质心 C 决定了体坐标系的原点，因此也决定了推力器的位置矩阵 L。设 r_g 为实际质心与标称质心的位置差，则有

$$\begin{aligned} C &= C_{\mathrm{nom}} + r_g \\ L &= L_{\mathrm{nom}} - r_g \begin{bmatrix} 1 & 1 & \cdots & 1 \end{bmatrix} \end{aligned} \tag{7-31}$$

式中　C_{nom} ——质心位置的标称值；

　　　L_{nom} ——推力器位置的标称值。

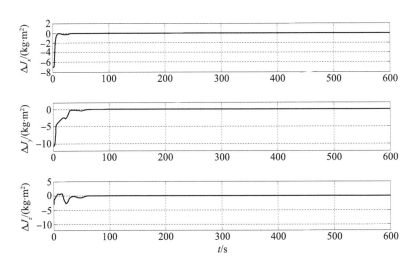

图 7 - 30　主惯量辨识误差曲线

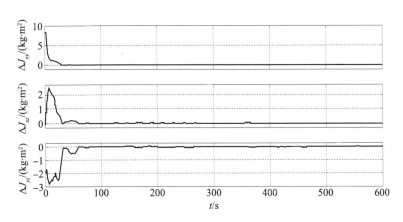

图 7 - 31　惯量积辨识误差曲线

设 $F_{\text{random},k} = 0$ ，$\tau_{\text{disturb}} = 0$ ，代入姿态动力学方程中，有

$$(D F_{\text{nom}} T_k) \times r_g = J\dot{\omega} + \omega \times (J\omega) - (L_{\text{nom}} \times D) F_{\text{nom}} T_k$$

$$(7 - 32)$$

引入 3×1 的矢量变量 $c_k = D F_{\text{nom}} T_k$ ，可改写为

$$\begin{bmatrix} 0 & -c_3 & c_2 \\ c_3 & 0 & -c_1 \\ -c_2 & c_1 & 0 \end{bmatrix} \begin{bmatrix} r_{gx} \\ r_{gy} \\ r_{gz} \end{bmatrix} = \boldsymbol{J}\dot{\boldsymbol{\omega}} + \boldsymbol{\omega} \times (\boldsymbol{J}\boldsymbol{\omega}) - (\boldsymbol{L}_{\text{nom}} \times \boldsymbol{D}) \, \boldsymbol{F}_{\text{nom}} \, \boldsymbol{T}_k$$

$$(7-33)$$

由于 $\boldsymbol{\omega} \times (\boldsymbol{J}\boldsymbol{\omega})$ 项非常小，可以忽略。主要噪声源为 $\dot{\boldsymbol{\omega}}$，最小二乘法的定义是建立在假设测量噪声前没有乘积项的基础上的，因此需左乘 $\boldsymbol{J}^{-1}$ 项

$$\boldsymbol{J}^{-1} \begin{bmatrix} 0 & -c_3 & c_2 \\ c_3 & 0 & -c_1 \\ -c_2 & c_1 & 0 \end{bmatrix} \begin{bmatrix} r_{gx} \\ r_{gy} \\ r_{gz} \end{bmatrix} = \dot{\boldsymbol{\omega}} + \boldsymbol{J}^{-1} \boldsymbol{\omega} \times (\boldsymbol{J}\boldsymbol{\omega}) -$$

$$\boldsymbol{J}^{-1} (\boldsymbol{L}_{\text{nom}} \times \boldsymbol{D}) \, \boldsymbol{F}_{\text{nom}} \, \boldsymbol{T}_k$$

$$(7-34)$$

式 (7-34) 即形成了 $\boldsymbol{Ax} \cong \boldsymbol{b}$ 的形式，其中

$$\boldsymbol{A}_k = \boldsymbol{J}^{-1} \begin{bmatrix} 0 & -c_3 & c_2 \\ c_3 & 0 & -c_1 \\ -c_2 & c_1 & 0 \end{bmatrix}, \boldsymbol{x} = \begin{bmatrix} r_{gx} \\ r_{gy} \\ r_{gz} \end{bmatrix} \quad (7-35)$$

$$\boldsymbol{b}_k = \dot{\boldsymbol{\omega}} + \boldsymbol{J}^{-1} \boldsymbol{\omega} \times (\boldsymbol{J}\boldsymbol{\omega}) - \boldsymbol{J}^{-1} (\boldsymbol{L}_{\text{nom}} \times \boldsymbol{D}) \boldsymbol{F}_{\text{nom}} \boldsymbol{T}_k$$

式 (7-35) 即可用最小二乘法进行迭代求解。最小二乘估计是一种普遍应用的参数估计算法，其特点是算法简单，不必知道与被估计量及测量量有关的任何统计信息。最小二乘估计问题可以描述如下：设 $\boldsymbol{X}$ 为某一确定性常值矢量，维数为 n，并且在一般情况下无法对 $\boldsymbol{X}$ 直接测量，而只能测量到 $\boldsymbol{X}$ 各分量的线性组合。记第 k 次测量 $\boldsymbol{A}_k$ 为

$$\boldsymbol{A}_k \boldsymbol{X}_k = \boldsymbol{b}_k \quad (7-36)$$

式中　　$\boldsymbol{b}_k$ —— m 维矢量；

　　　　$\boldsymbol{A}_k$ ——第 k 次测量的 $m \times n$ 阶测量矩阵。

最小二乘估计的指标是在 r 次测量中，使各次测量 $\boldsymbol{b}_k$ 与由 $\boldsymbol{X}$ 的估计值 $\hat{\boldsymbol{X}}$ 确定的 $\hat{\boldsymbol{b}}_i = \boldsymbol{A}_i \hat{\boldsymbol{X}}$ 之差的平方和 $J(\hat{\boldsymbol{X}})$ 最小

$$J(\hat{X}) = \sum_{i=1}^{r} (b_i - A_i \hat{X})^{\mathrm{T}} (b_i - A_i \hat{X}) \qquad (7-37)$$

实际在实现最小二乘算法时，一般使用递推最小二乘估计。递推最小二乘估计从每次获得的测量值中提取被估计量信息，用于修正上一步所得的估计。测量的次数越多，修正的次数也越多，估计的精度就越高。设 X 为待确定矢量，第 $k+1$ 次测量后 X 的估计量 $\hat{X}_{k+1}$ 由前 k 次测量的估计 $\hat{X}_k$ 确定

$$\hat{X}_{k+1} = \hat{X}_k + P_{k+1} A_{k+1}^{\mathrm{T}} (b_{k+1} - A_{k+1} \hat{X}_k)$$
$$P_{k+1} = P_k - P_k (I + A_{k+1} P_k A_{k+1}^{\mathrm{T}})^{-1} A_{k+1} P_k \qquad (7-38)$$
$$P_1 = (A_1^{\mathrm{T}} A_1)^{-1}$$

对于上述基于质心偏移的最小二乘估计算法，主要通过轨控产生的干扰力矩推算质心的偏移量。在稳态控制中，选用转动惯量辨识算法对子平台的转动惯量进行实时更新，以消除推进剂消耗对子平台转动惯量的影响，保证姿态控制的精度。

7.4.2.2　母平台主动振动抑制

在平台释放分离过程中，分离子平台对母平台抗冲击性、姿态稳定性、快速姿态机动及稳定能力有很高的要求。子平台的分离会对母平台造成较大冲击，导致母平台姿态产生偏差，给母平台的姿态控制带来困难。

本小节引入输入成形方法以削弱姿态稳定控制力矩对母平台低频模态的激励作用，实现分离过程的母平台挠性振动抑制和姿态快速稳定控制。

（1）基于输入成形的振动抑制控制方法

考虑一个输入给定的母平台系统，并且该系统包含有挠性模态，则在这个系统的输出结果中会出现振动。这是因为母平台制导系统的控制指令通常是根据任务需求计算得来，而并没有考虑到航天器自身的动力学特性。

为了在执行控制指令的同时不激发或抑制母平台挠性附件的振

动，可以结合挠性模态对制导系统的控制指令进行再设计，这就是输入成形方法的基本思想。

姿态稳定控制指令　　　输入成形　　　需执行的指令

图 7 - 32　输入成形方法示意图

为简单起见，仅考虑单模态的振动抑制问题，分以下 2 步介绍。

①输入成形器（指令脉冲设计）

指令脉冲设计方法源于线性系统的叠加原理。下面结合一个简单的单自由度二阶线性振动系统进行说明，该线性系统可用下式表示

$$\ddot{x} + 2\zeta\omega\dot{x} + \omega^2 x = F(t) \qquad (7-39)$$

式中　x——系统状态变量；

　　　ω——系统振动频率；

　　　$F(t)$——外界作用。

对于上述系统，输入成形器是只有 2 个脉冲的脉冲序列。这两个脉冲，当作用于上述系统时，每一个脉冲都会引起震荡。根据线性系统的叠加原理，如果分别在零时刻和半周期时刻对系统施加脉冲力，且脉冲力的大小合适，则当这两个脉冲力的作用结束后，系统是无振动的。

图 7 - 33 中，横坐标表示时间，$F(t_1)$ 和 $F(t_1)$ 表示与时间相关的 2 次脉冲。

以上是最简单的二脉冲序列。如果增加其他约束并且满足下面条件的话，可以得到性能很好的输入成形器：

1）所有脉冲的幅度大小之和等于 1；

2）每一个脉冲都是正脉冲。

如果所有的脉冲幅度之和等于 1，则经过成形和没经过成形的输入信号的最后输出完全一样。第 1 点是必须的，因为加入输入成形

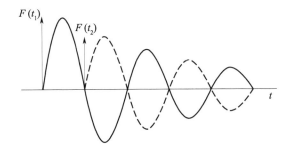

图 7 - 33　单模态双脉冲振动抑制示意图

器后不要改变系统的最后输出。以上是最简单的一阶模态输入成形器。输入成形器的参数还可以通过时域方法得到。假设 m 个脉冲作用后系统的余振可表示为

$$V(\omega,\zeta) = \mathrm{e}^{-\zeta\omega T_{m-1}} \sqrt{\Big[\sum_{i=0}^{m-1} A_i \mathrm{e}^{-\zeta\omega T_i} \cos(\omega_{\mathrm{d}} T_i) \Big]^2 + \Big[\sum_{i=0}^{m-1} A_i \mathrm{e}^{-\zeta\omega T_i} \sin(\omega_{\mathrm{d}} T_i) \Big]^2}$$

$$(7-40)$$

式中　ω——系统的自然频率；

　　　ζ——阻尼比；

　　　ω_{d}——衰减频率，$\omega_{\mathrm{d}} = \omega \sqrt{1-\zeta^2}$；

　　　A_{i-1}，T_{i-1}——脉冲序列第 i 个脉冲的幅值与作用时间。

显然，如果对 $V(\omega, \zeta)$ 施加约束条件，即可实现对振动的抑制。

　　最简单的约束条件是置系统处于标称模态（标称的频率和阻尼比）时，余振为零

$$V(\omega,\zeta) = 0 \qquad (7-41)$$

式（7-41）成立的充要条件为

$$\sum_{i=0}^{m-1} A_i \mathrm{e}^{-\zeta\omega T_i} \cos(\omega_{\mathrm{d}} T_i) = 0$$

$$(7-42)$$

$$\sum_{i=0}^{m-1} A_i \mathrm{e}^{-\zeta\omega T_i} \sin(\omega_{\mathrm{d}} T_i) = 0$$

通过式（7-42）可得到无穷多种方案的脉冲序列，其中最简单的脉

冲序列为

$$A_0 = \frac{1}{K} \qquad T_0 = 0 \qquad K = e^{-\frac{\zeta \pi}{\sqrt{1-\zeta^2}}}$$

$$A_1 = \frac{K}{1+K} \qquad T_1 = \frac{\pi}{\omega \sqrt{1-\zeta^2}} = \frac{\pi}{\omega_d} \tag{7-43}$$

A_0 和 A_1 分别是作用于时间 T_0 和 T_1 的脉冲的幅度大小，此脉冲序列的长度为 T_1。这个脉冲序列就是所谓的 ZV 成形器（Zero Vibration）。

但是，ZV 成形器需要输入标称模态的先验信息，对模型误差很灵敏。如果系统频率偏离标称频率，那么系统将有较大的余振，而且随着偏离的程度越大，系统余振的幅度也越大。有很多种方法可以减弱系统对模型参数不确定的敏感度，即提高系统的鲁棒性，最简单的方法就是求其余振表达式对频率的微分，并置为零，即

$$\frac{\partial V(\omega, \zeta)}{\partial \omega} = 0 \tag{7-44}$$

综合考虑可得到新的输入成形器

$$A_0 = \frac{1}{1+2K+K^2} \qquad T_0 = 0$$

$$A_1 = \frac{2K}{1+2K+K^2} \qquad T_1 = \frac{\pi}{\omega \sqrt{1-\zeta^2}} = \frac{\pi}{\omega_d} \tag{7-45}$$

$$A_2 = \frac{K^2}{1+2K+K^2} \qquad T_2 = 2T_1$$

这种类型的输入成形器就是所谓的 ZVD 成形器（Zero Vibration and Derivative）。增加的约束条件决定了脉冲序列的脉冲数量增加，因此 ZVD 输入成形器有 3 个脉冲。

为了增加鲁棒性，在 ZVD 的基础上增加约束条件

$$\frac{\partial^2 V(\omega, \zeta)}{\partial \omega^2} = 0 \tag{7-46}$$

那么，得到的脉冲序列称为 ZVDD 输入成形器。由于增加了约束方程，满足要求的脉冲序列需包含 4 个脉冲。这 4 个脉冲的幅值与作用时间如式（7-47）所示

$$A_0 = \frac{1}{1 + 3K + 3K^2 + K^3} \quad T_0 = 0$$

$$A_1 = \frac{3K}{1 + 3K + 3K^2 + K^3} \quad T_1 = \frac{\pi}{\omega_d}$$

$$A_2 = \frac{3K^2}{1 + 3K + 3K^2 + K^3} \quad T_2 = 2T_1 \tag{7-47}$$

$$A_3 = \frac{K^3}{1 + 3K + 3K^2 + K^3} \quad T_2 = 3T_1$$

显然，继续增加约束可以得到 ZVDDD 等成形器。

以上成形器采用相同的方法提高系统鲁棒性，还有一种提高系统鲁棒性的方法是允许系统在标称频率处有一定的余振幅度，但是在低于和高于标称频率 2 处系统的余振幅度为零，并且在标称频率处的余振微分为零。这样就拓宽了系统的敏感曲线，提高了系统的鲁棒性，应用该方法可得到 EI 输入成形器（Extra - Insensitive shaper）。这种设计并不是要求系统在标称频率处的余振为零，而是置在比标称频率高一点和低一点 2 处系统的余振为零，约束条件为

$$V(\omega_{low}) = 0$$
$$V(\omega_{high}) = 0 \tag{7-48}$$

式中　V——系统在标称频率处可接受的余振百分比，对于阻尼比非零的情况，不能直接求出其解，必须进行优化，求时间最短的最优解。

求解约束方程进可得到下面的脉冲序列（不考虑阻尼）

$$A_0 = \frac{1+V}{4} \quad T_0 = 0$$

$$A_1 = \frac{1-V}{2} \quad T_1 = \frac{\pi}{\omega} \tag{7-49}$$

$$A_2 = \frac{1+V}{4} \quad T_2 = 2T_1$$

②最终指令成形

成形指令可由下式得到

$$\boldsymbol{C}(t) = \boldsymbol{C}_0(t) * \boldsymbol{A}_s(t) \tag{7-50}$$

式中　$C(t)$——成形指令；

　　　$C_0(t)$——姿态稳定控制指令；

　　　$A_s(t)$——成形器（脉冲序列）；

　　　*——卷积运算符。

（2）基于输入成形的振动抑制控制律设计

控制器设计目标是完成子平台从母平台释放分离期间的母平台姿态稳定的控制任务，同时抑制挠性附件的振动。输入成形没有考虑干扰和模型不精确等因素的影响，需要与闭环控制方法结合使用。因此，利用输入成形 PD 控制方法设计了输入成形器和闭环控制器，并进行了仿真分析，验证了输入成形方法对挠性体的抑制作用。

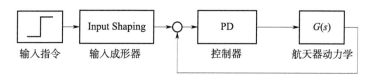

输入指令　　　输入成形器　　　　　控制器　　　　航天器动力学

图 7 - 34　输入成形与 PD 控制系统框图

为简化闭环控制器设计，假设采用输入成形技术后，挠性振动被迅速抑制，其对母平台本体的影响可以忽略不计，进而利用刚体动力学模型设计 PD 控制器，这种简化的合理性将在本小节后面通过数值仿真进行验证。基于四元数的刚体动力学模型如下

$$\begin{cases} \begin{bmatrix} \dot{q}_{e0} \\ \dot{\boldsymbol{q}}_e \end{bmatrix} = \dfrac{1}{2} \begin{bmatrix} -\boldsymbol{q}_e^{\mathrm{T}} \\ \boldsymbol{q}_{e0} + \boldsymbol{q}_e \end{bmatrix} \boldsymbol{\omega} \\ \boldsymbol{J}\dot{\boldsymbol{\omega}} + \boldsymbol{\omega} \times \boldsymbol{J}\boldsymbol{\omega} = \boldsymbol{u} \end{cases} \tag{7-51}$$

式中　$\boldsymbol{J}$——母平台转动惯量；

　　　$\boldsymbol{\omega}$——三轴惯性角速度；

　　　$(q_{e0} \quad \boldsymbol{q}_e)$——误差四元数；

　　　$\boldsymbol{u}$——控制量。

利用四元数和三轴角速度构造 PD 控制律

$$\boldsymbol{u} = -k_1 \boldsymbol{\omega} - k_2 \boldsymbol{q}_e \tag{7-52}$$

其中

$$k_1 > 0, k_2 > 0$$

下面证明式（7-43）代表的航天器系统在控制器作用下的稳定性。构造 Lyapunov 函数

$$V_0 = \frac{1}{2} c_1 (1 - q_{e0}) + \frac{1}{2} c_2 \boldsymbol{\omega}^{\mathrm{T}} \boldsymbol{J} \boldsymbol{\omega} \geqslant 0 \qquad (7-53)$$

其中

$$c_1 > 0, c_2 = \frac{c_1}{k_1}$$

对式（7-42）求导得

$$\dot{V}_0 = c_1 \boldsymbol{q}_e^{\mathrm{T}} \boldsymbol{\omega} + c_2 \boldsymbol{\omega}^{\mathrm{T}} (-\boldsymbol{\omega} \times \boldsymbol{J} \boldsymbol{\omega} + \boldsymbol{u})$$
$$= -c_2 k_2 \boldsymbol{\omega}^{\mathrm{T}} \boldsymbol{\omega} \leqslant 0$$

从而在控制律式（7-44）作用下，系统式（7-43）是稳定的，且根据不变集原理，闭环状态收敛到最大不变集 $\theta = \{x \mid \boldsymbol{\omega} = 0\}$ 中。

由 $\boldsymbol{\omega} \to 0$ 得 $\dot{\boldsymbol{\omega}} \to 0$，从而 $\boldsymbol{u} \to 0$，考虑式（7-45）可得 $\boldsymbol{q}_e \to 0$，$q_{e0} \to \pm 1$。从四元数的物理意义可知，$q_{e0} = 1$ 与 $q_{e0} = -1$ 代表同一角度，即采用控制律式（7-44）使得系统式（7-43）渐近稳定。另外由式（7-44）可看出，PD 控制律设计简单，且不依赖于模型，这是 PD 控制的优点。

（3）仿真分析

假设目标姿态角为 $(0 \quad 0 \quad 0)^{\mathrm{T}}$，初始姿态角为 $(-4 \quad 20 \quad 14)^{\mathrm{T}}$，单位为（°）。对输入成形方法在挠性附件振动抑制中的效果进行数值仿真分析。

中心体姿态的 PD 控制器参数分别为 $k_1 = 1\,000, k_2 = 60$，不考虑外加干扰和轨道机动，且初始时刻表示挠性振动的各阶广义坐标均为零。

挠性振动模型可等效为下列形式

$$\ddot{\boldsymbol{\eta}} + \boldsymbol{C} \dot{\boldsymbol{\eta}} + \boldsymbol{K} \boldsymbol{\eta} + \boldsymbol{\delta} \dot{\boldsymbol{\omega}} = 0 \qquad (7-54)$$

式中　$\boldsymbol{\eta}$——挠性振动的广义坐标；

  C——阻尼阵；

  K——刚度阵；

  δ——耦合矩阵。

  假定母平台上安装的帆板模态频率为（2.5 Hz，14.5 Hz），阻尼可近似为 0。选取 3.2 Hz 和 5 Hz 作为设计频率，设计 ZVD 输入成形器，成形器参数如下

$$\begin{array}{c} \omega_1 = 3.2\ \text{Hz} \\ \zeta_1 = 0 \end{array} \Rightarrow \begin{array}{ll} A_{10} = 0.25 & T_{10} = 0 \\ A_{11} = 0.5 & T_{11} = 0.891\ 7 \\ A_{12} = 0.25 & T_{12} = 1.963\ 5 \end{array}$$

$$\begin{array}{c} \omega_2 = 5\ \text{Hz} \\ \zeta_2 = 0 \end{array} \Rightarrow \begin{array}{ll} A_{20} = 0.25 & T_{20} = 0 \\ A_{21} = 0.5 & T_{21} = 0.628\ 3 \\ A_{22} = 0.25 & T_{22} = 1.256\ 6 \end{array}$$

将 2 个输入成形器相卷积后即得二模态输入成形器。机动指令通过输入成形器后得到的成形指令如图 7-35 所示。

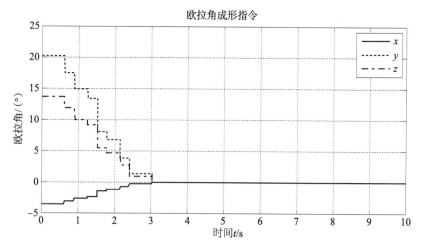

图 7-35   成形指令

  为了便于对比输入成形对挠性振动的抑制作用，这里分别对加入输入成形器前后的 PD 控制响应进行仿真。

  PD 控制响应如图 7-36～图 7-38 所示，可以看出在没有外加

干扰的条件下，仅采用 PD 控制同样可实现母平台的姿态控制。虽然
由于挠性振动的影响，姿态角存在一定的抖动，但是仍然满足任务
要求。从振动模态响应图可看到，PD 控制一定程度上激起了挠性振
动，但是模态坐标迅速衰减，因此本例中挠性振动受 PD 控制影响较
小。但这并不能简单归结为 PD 控制对挠性振动的抑制作用，事实上
更一般的情况是，不适当的控制作用可能激发挠性振动，而由于母
平台的弱阻尼特性，激发的振动会出现持续振荡，严重影响空间
操作。

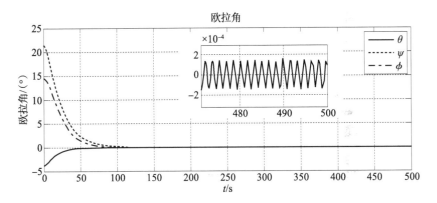

图 7 - 36　姿态角响应曲线（PD）

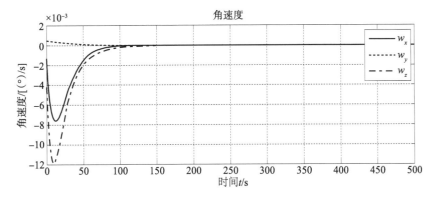

图 7 - 37　姿态角速度响应（PD）

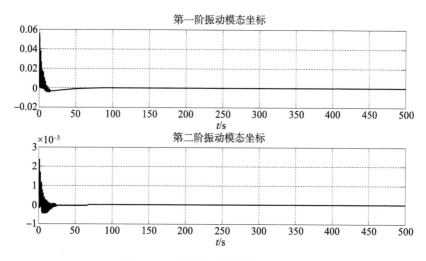

图 7-38　挠性振动响应曲线 (PD)

　　加入输入成形后的控制响应如图 7-39～图 7-40 所示。从仿真结果可看到，输入成形器虽然并不是针对所有频率设计的，并且设计频率与真实频率存在误差，但是依然能获得较好的振动抑制效果，进而验证了 ZVD 成形器的鲁棒性。虽然挠性附件的振动收敛时间并没有显著减少，但控制系统并没有激发激烈的振动，取得了良好的减振效果。

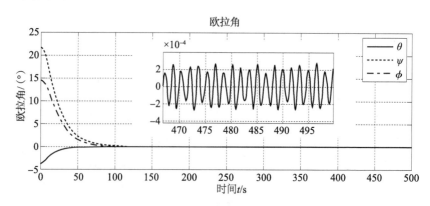

图 7-39　姿态角响应 (PD+ZVD)

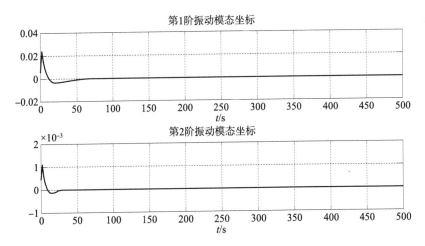

图 7 - 40 挠性振动响应（PD＋ZVD）

参 考 文 献

［1］ 袁建平，和兴锁，等．航天器轨道机动动力学［M］．北京：中国宇航出版社，2010．

［2］ 袁建平，等．航天器相对运动轨道动力学［M］．北京：中国宇航出版社，2013．

［3］ 敬忠良，袁建平，等．航天器自主操作的测量与控制［M］．北京：中国宇航出版社，2011．

［4］ MUIRHEAD B K. Deep Impact, the Mission［D］. California：Jet Propulsion Laboratory, 2005：147 - 155.

［5］ MATTEW M K. Ground - based Visible and New - IR Observations of Comet - 99/Temple - 1 during the Deep Impact Encounter［J］. Icarus, 2007, 191 (2)：403 - 411.

［6］ 林来兴．从深度撞击探测器看空间拦截技术的发展［J］．航天控制，2006，24 (1)：92 - 96．

［7］ 刘暾，赵钧．空间飞行器动力学［M］．哈尔滨：哈尔滨工业大学出版社，2003．

［8］ 丁濛，童若锋，董金祥．大范围轨道机动的燃料消耗优化方法［J］．航天控制，2008，26 (6)：47 - 53．

［9］ 郭海林，曲广吉．航天器空间交会过程综合变轨策略研究［J］．中国空间科学与技术，2004：60 - 67．

［10］ 桑艳，周进．基于 Lambert 算法的脉冲精确变轨策略［J］．国防科技大学学报，2009，31 (3)：29 - 32．

［11］ 陈峰，肖业伦，陈万春．基于零控脱靶量的大气层外超远程拦截制导［J］．航空学报，2009，30 (9)：1583 - 1589．

［12］ 李健，刘新建，侯中喜．考虑推力及姿态误差的空间拦截最优初制导方法［J］．宇航学报，2009，29 (4)：1264．

［13］ 高大远，陈克俊，胡德文．动能拦截器末制导控制系统建模与仿真［J］．

宇航学报，2005，26（4）：124.

[14] 刘洋，周军. 天基动能拦截器末制导研究与仿真［J］. 弹箭与制导学报，2006，26（1）：185－188.

[15] 谷良贤，龚春林，郝波. 动能拦截器姿控与轨控方案设计及仿真［J］. 西北工业大学学报，2007，25（3）：402－405.

[16] 宁海军，于云峰. 大气层外侧向力控制 KKV 末制导仿真与分析［J］. 弹箭与制导学报，2005，25（4）：327－330.

[17] 田源，任章. 大气层外动能拦截器末段导引规律设计［J］. 宇航学报，2009，30（2）：474－478.

[18] 郗晓宁，王威. 近地航天器轨道基础［M］. 长沙：国防科技大学出版社，2003.

第8章　悬浮与拼接轨道优化设计

随着空间应用领域的扩展，轨道机动幅度和范围越来越大，过程越来越复杂。针对一些特殊的任务，如对高纬度区域进行长时间的定点观测或者通信，传统的对地观测卫星或地球静止轨道卫星都无法满足要求，需要设计一种新的轨道。由于悬浮轨道具有相对于参考系保持静止的特点，很自然就成为实现这一任务的首选轨道。该轨道在赤道平面上方或者下方悬浮，其轨道半径和角速度与地球静止轨道的轨道半径和角速度保持一致。但是，悬浮轨道作为一种典型的强非开普勒轨道，轨道上的航天器在长时间悬浮过程中需要耗费大量的能量，故轨道保持的代价势必很大。为了实现这一任务，将太阳帆和太阳能电推进方式相结合，利用混合小推力来提高推进器的性能。此外，为了进一步延长执行悬浮任务的航天器的寿命，通过开普勒与非开普勒轨道之间的拼接可以完成其在停泊轨道、转移轨道和悬浮轨道之间的机动。

8.1　悬浮轨道的特点与应用分析

悬浮轨道（Displaced Orbit）的特点是航天器在旋转参考系下保持静止，且对应的轨道为位于中心体上方的圆轨道，如图 8-1 所示[1]，参考坐标系选为具有角速度大小 ω（相对于惯性系）的旋转坐标系，航天器在连续常值推力加速度大小 a（在方向 n 上的推力 T）作用下围绕引力势为 $\Phi = -GM/r$ 的天体运行。

定义一个增广势 $V = \Phi + v$，其中 v 表示向心加速度大小，在柱极坐标 (ρ, z) 下可以表示为

$$V(\rho, z; \omega) = -\left[\frac{1}{2} (\omega \rho)^2 + GM/r \right] \qquad (8-1)$$

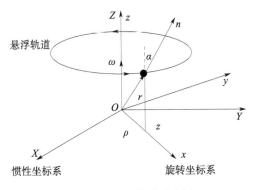

图 8 - 1　悬浮轨道示意图

要求的推力加速度大小和推力方向矢量大小（由 1 个俯仰角来定义）分别为

$$a(\rho,z;\omega) = \left[\rho^2(\omega^2-\widetilde{\omega}^2)^2 + z^2\widetilde{\omega}^4\right]^{1/2} \qquad (8-2)$$

$$\tan\alpha(\rho,z;\omega) = (\rho/z)\left[1-(\omega/\widetilde{\omega})^2\right] \qquad (8-3)$$

其中

$$\widetilde{\omega}^2 = \frac{GM}{r^3} \qquad (8-4)$$

悬浮轨道属于典型的非开普勒轨道，当前悬浮轨道主要分为太阳悬浮轨道、行星悬浮轨道和地球悬浮轨道等。应用潜力主要有以下几个方面：

1) 空间通信。悬浮轨道在空间通信中具有潜在优势。例如，可以使用地球悬浮轨道实现与高纬度的用户（如科学空间站和运输船）、极轨道卫星星座等的通信[2]；在星际航行中，利用与某空间点同步的悬浮轨道可以避免通信盲区[3]；采用悬浮轨道可以缩短地球与火星之间的通信信号传播时间，确保在火星表面和地球之间的连续通信，图 8 - 2 显示了基本原理[4]；通过设计地、月、系统三体问题的悬浮轨道来实现覆盖月球南极的通信[5]。

2) 地球观测与地球工程。通过设计合理的悬浮轨道实现高纬度地区的同步观测，采用人工拉格朗日点的周期轨道也能实现地球两

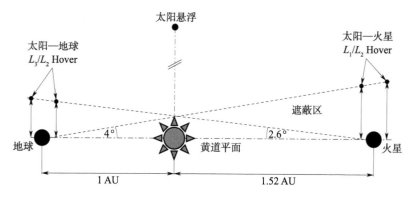

图 8 - 2　悬浮轨道在地球—火星通信中的应用

极地区的不间断观察，这项技术还可以用于实时半球状侦察、天气预测等高纬度及两极地区的低分辨率成像[6]，图 8 - 3 显示了针对地球极地观测的与地球公转同步的日心悬浮轨道（太阳帆 Pole sitter 任务轨道）。另外一个有前景的应用是利用强非开普勒轨道和人造悬浮平衡点概念设计天基太阳遮光板，以减少日照量，从而达到减缓全球变暖的效应[7]。

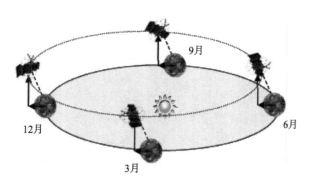

图 8 - 3　太阳帆 Pole sitter 任务轨道示意图

3）空间观测。通过设计悬浮轨道将飞行器维持在 1 个空间固定点上或者悬浮于某个对象的上方，可以实现诸如土星环的原位观测、彗星或小行星的观测等任务[8]。美国开展了 GeoStorm 计划，采用了 1 种特征加速度为 0.169 mm/s² 的太阳帆，将飞行器置于 L_1 点的悬浮轨道上，从而实现磁暴的预警[9]，并通过改进的菱形构型，实现对太空物理环境的多点测量[10]。

8.2　基于太阳帆推进的悬浮轨道设计

太阳帆利用太阳光子击打轻质帆膜所引起的动量交换，不断产生微小的力来推动航天器飞行。这种推力虽然很微小，但在没有空气阻力的太空，却会使太阳帆航天器不断加速前进。相比其他推进方式，太阳帆不消耗推进剂，轨道转移时可提供很大的 Δv 储备，特别适合执行长周期、低成本的空间任务。太阳帆推进本质上属于连续小推力推进方式，可在不耗能情况下，形成许多独特的非开普勒轨道，诸如日心悬浮轨道、行星中心悬浮轨道、人工拉格朗日点轨道。下面以太阳帆航天器为例对悬浮轨道进行动力学特性分析。

8.2.1　太阳帆航天器推进原理

8.2.1.1　光压力模型

考虑一平面太阳帆航天器[11-12]，所受太阳光压力主要受 2 个因数影响，即距太阳的距离以及太阳帆姿态。其中，帆姿可用帆面法矢量 n 描述，而法矢量 n 可进一步用钟角 θ 和锥角 α 描述，锥角 α 定义为太阳帆的法线方向与太阳光方向的夹角，具体如图 8-4 所示（e_r、e_t 分别为轨道径向和切向单位矢量）。

图 8-5 为一面积为 A 且可以完全反射的理想太阳帆在光压 P 下的受力示意图，总的光压力可以通过式（8-5）得到

$$\boldsymbol{F}_r = PA(\boldsymbol{e}_r \cdot \boldsymbol{n})\boldsymbol{e}_r, \boldsymbol{F}_{r'} = -PA(\boldsymbol{e}_r \cdot \boldsymbol{n})\boldsymbol{e}_{r'} \tag{8-5}$$

又因为 $\boldsymbol{e}_r - \boldsymbol{e}_{r'} = 2(\boldsymbol{e}_r \cdot \boldsymbol{n})\boldsymbol{n}$，故

$$\boldsymbol{F}_{\text{SRP}} = \boldsymbol{F}_r + \boldsymbol{F}_{r'} = 2PA(\boldsymbol{e}_r \cdot \boldsymbol{n})^2 \boldsymbol{n} = 2PA\cos^2\alpha\boldsymbol{n} \tag{8-6}$$

对于 1 个可完全反射的理想太阳帆，所受光压力将沿帆面法矢量。在 1 AU 处，理想黑体上太阳光压为 $(P_0)_{\text{1AU}} = 4.563 \ \mu\text{N}/\text{m}^2$，

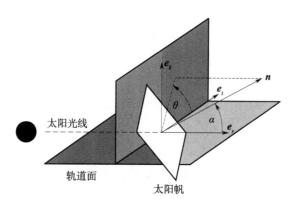

图 8-4 太阳帆帆姿定义

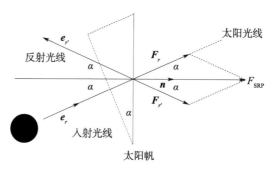

图 8-5 理想反射

因此于此处垂直太阳光线方向放置一理想太阳帆，其所受光压为 2 $(P_0)_{1AU} = 9.126 \ \mu N/m^2$。但现实中，帆面不可能达到完全反射，在各种效应的影响下，光压力的方向势必与帆面法矢量方向存在一定程度上的偏离（如图 8-6 所示）。但是，在初步的任务分析中，只要帆面锥角 β 不是很大，仍然可认为光压力与帆面法矢量保持一致，但用一参数 η 来表征法向力的减少，比如对于 1 个 $\eta = 0.85$ 的塑基铝膜太阳帆，在 1 AU 处垂直太阳光线放置时，所受光压为

$$(P_{eff})_{1AU} = 2\eta(P_0)_{1AU} = 7.757 \ \mu N/m^2 \tag{8-7}$$

由于太阳光压和太阳引力一样与帆日距离 r 的平方呈反比，对

于一自由姿态太阳帆，所受光压力为

$$\boldsymbol{F}_{\mathrm{SRP}} = (P_{\mathrm{eff}})_{1\mathrm{AU}} \cdot \left(\frac{1\ \mathrm{AU}}{r}\right)^2 A \cos^2\alpha\boldsymbol{n} \qquad (8-8)$$

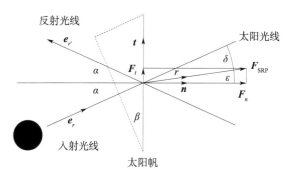

图 8-6　非理想反射

8.2.1.2　性能参数

在分析太阳帆轨道动力学前，有必要先定义几个关键参数：

1）帆载 σ。定义为太阳帆航天器质量与太阳帆面积之比，即

$$\sigma = \frac{m}{A} \qquad (8-9)$$

2）特征加速度 a_{c}。定义为太阳帆航天器在距日 1 AU 处所受到的最大光压加速度，即

$$a_{\mathrm{c}} = \frac{(P_{\mathrm{eff}})_{1\ \mathrm{AU}}}{\sigma} \qquad (8-10)$$

3）光压因子 β。定义为太阳帆航天器在距日 1 AU 处所受到的最大光压加速度与此处太阳万有引力加速度之比，即

$$\beta = \frac{a_{\mathrm{c}}}{5.93\ \mathrm{mm/s^2}} \qquad (8-11)$$

利用此因子，太阳帆所受的光压力可写为如下形式

$$\boldsymbol{F}_{\mathrm{SRP}} = \beta\frac{\mu m}{r^2}\cos^2\alpha\boldsymbol{n} \qquad (8-12)$$

其中，$\mu = Gm_{\mathrm{S}}$，m_{S} 为太阳质量。

8.2.2　太阳帆悬浮轨道动力学分析

假设航天器在 2 个天体的引力场中运动，且航天器的运动不影响天体的运动，这种问题称为限制性三体问题。以太阳-行星-航天器组成的三体问题为例，如图 8-7 所示，以太阳和行星的公共质心为坐标原点，太阳指向行星的方向为 x 轴，行星角速度的方向为 z 轴，y 轴与 x 轴、小轴组成右手坐标系。设太阳的质量和引力常数分别为 m_S 和 μ_1，行星的质量 m_E，行星的引力常数用 μ_2 表示，旋转坐标系的角速度大小为 ω，则航天器在旋转坐标系 $OXYZ$ 下的运动方程式为

$$\ddot{r} + 2\omega \times \dot{r} + \omega \times (\omega \times r) = \frac{\partial U}{\partial r} + a \tag{8-13}$$

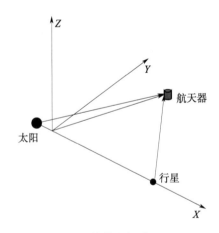

图 8-7　旋转坐标系 $OXYZ$

其中

$$U = \frac{\mu_1}{r_1} + \frac{\mu_2}{r_2}$$

$$r_1 = \left[\left(X + \frac{m_E}{m_S + m_E} \, AU \right)^2 + Y^2 + Z^2 \right]^{1/2}$$

$$r_2 = \left\{ \left[X - \left(1 - \frac{m_E}{m_S + m_E} \right) AU \right]^2 + Y^2 + Z^2 \right\}^{1/2}$$

$$a = \beta \frac{\mu_1}{r_1^4} (n \cdot r_1)^2 n$$

如果太阳帆在 2 个天体引力下运动，且太阳帆受到的太阳光压力相对于 2 个天体的引力不能忽略，将会产生新的动力学特性。太阳帆受到的光压力大小与太阳帆的帆载和姿态都有关，选择合适的帆载和姿态，太阳帆能在限制性三体模型下产生人工拉格朗日点。在由太阳、行星和太阳帆组成的限制性三体问题中，当太阳帆远离行星时，行星的引力相对于太阳引力和太阳光压力可以忽略不计。假设太阳帆只受到太阳引力和太阳光压力作用，用二体模型分析太阳帆的动力学特性，太阳帆的轨道可以为日心悬浮轨道。当太阳帆在某行星附近时，太阳对太阳帆的引力提供了太阳帆绕太阳旋转的向心力，其他摄动量相对于行星引力和太阳光压力可以忽略不计。在特定的旋转坐标系下，用二体模型分析太阳帆的动力学特性，太阳帆的轨道可以为行星悬浮轨道。下面将分别介绍日心悬浮轨道、行星悬浮轨道和人工拉格朗日点。

8.2.2.1　日心悬浮轨道

在太阳和行星-太阳帆组成的系统中，太阳帆除了受到太阳和行星的引力外，还受到太阳光压力。当太阳帆远离行星时，相对于太阳引力和太阳光压力，行星的引力非常小，可以忽略不计。假设太阳帆只受到太阳引力和太阳光压力的作用，将坐标系 $OXYZ$ 的原点移至太阳质心，坐标系的角速度选择为悬浮轨道的角速度 ω。令式（8-13）中 $\mu_2 = 0$，$r = r_1$，$\ddot{r} = 0$ 和 $\dot{r} = 0$，则式（8-13）可以表示为如下代数方程式

$$a = \omega \times (\omega \times r) - \frac{\partial U}{\partial r} \qquad (8-14)$$

式（8-14）的解为系统的平衡点，该平衡点在惯性系下为一个悬浮在黄道面上的周期轨道，称为悬浮轨道。悬浮轨道由 3 个参数确定：轨道半径 ρ，悬浮高度 h，轨道角速度 ω，如图 8-8 所示。由式（8-14）知，产生悬浮轨道的一个必要条件是太阳帆的法线方向必须位于 r 和 ω 构成的平面内，求解式（8-14）得

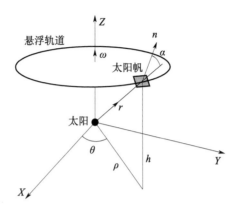

图 8-8　日心悬浮轨道示意图

$$\tan\alpha = \dfrac{\dfrac{h}{\rho}\left(\dfrac{\omega}{\tilde{\omega}}\right)^2}{\left(\dfrac{h}{\rho}\right)^2 + 1 - \left(\dfrac{\omega}{\tilde{\omega}}\right)^2} \tag{8-15}$$

$$\beta = \left[1 + \left(\dfrac{h}{\rho}\right)^2\right]^{\frac{1}{2}} \dfrac{\left\{\left(\dfrac{h}{\rho}\right)^2 + \left[1 - \left(\dfrac{\omega}{\tilde{\omega}}\right)^2\right]^2\right\}^{\frac{3}{2}}}{\left[\left(\dfrac{h}{\rho}\right)^2 + 1 - \left(\dfrac{\omega}{\tilde{\omega}}\right)^2\right]^2} \tag{8-16}$$

其中

$$\tilde{\omega}^2 = \mu_1/r_0^3, \, r_0 = \sqrt{\rho^2 + h^2}$$

　　式（8-15）表示不同悬浮轨道需要的太阳光压因子，式（8-16）表示悬浮轨道对太阳帆姿态的要求。悬浮轨道有 3 个未知数而太阳帆只有 2 个参数可以选择，在给定太阳帆参数的情况下，无法通过上述 2 个方程唯一确定悬浮轨道参数，即 1 组太阳帆参数可能对应多个悬浮轨道参数。相反，在给定悬浮轨道参数时，通过求解方程可以确定唯一太阳帆参数，这对任务设计非常有利。

　　McInnes[11] 定义了 3 种不同类型的悬浮轨道。第 1 种情况的角速度等于半径为 r_0 的开普勒轨道的角速度，即 $\omega = \tilde{\omega}$。将 $\omega = \tilde{\omega}$ 代入式（8-15）和式（8-16）可得

$$\tan\alpha = \dfrac{\rho}{h} \tag{8-17}$$

$$\beta = \frac{r_0}{h} \tag{8 - 18}$$

第 2 种情况为同步悬浮轨道，选择悬浮轨道的角速度等于某一常数。当该常数为地球绕太阳的公转角速度时，对应的悬浮轨道为地球同步日心悬浮轨道。第 3 种情况为最优悬浮轨道，给定悬浮轨道半径和悬浮高度的情况下，通过选择悬浮轨道的角速度使得太阳帆的光压因子最小。由 $\partial \beta / \partial \omega = 0$ 可以得到

$$\omega_0 = \tilde{\omega} \sqrt{1 + \frac{3}{2}\left(\frac{h}{\rho}\right)^2} \sqrt{1 - \sqrt{1 - \frac{1 + \left(\frac{h}{\rho}\right)^2}{\left[1 + \frac{3}{2}\left(\frac{h}{\rho}\right)^2\right]^2}}}$$

$$\tag{8 - 19}$$

8.2.2.2　行星中心悬浮轨道

当太阳帆在某行星附近时，假设行星运行在绕太阳的小偏心率椭圆上，如图 8 - 9 所示，悬浮轨道偏移太阳矢径方向的夹角为 γ，定义如下坐标系。

1）坐标系 $o_1 x_1 y_1 z_1$：原点 o_1 为太阳质心；x_1 轴为行星绕太阳的角动量方向，相应的单位矢量记为 e_1；z_1 轴从太阳指向行星方向；y_1 轴与 x_1 轴和 z_1 轴形成右手坐标系。

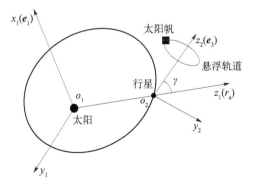

图 8 - 9　行星中心悬浮轨道示意图

2) 坐标系 $o_2x_2y_2z_2$ ：原点 o_2 为行星的质心；x_2 轴与 x_1 轴平行；z_2 轴从 o_2 指向悬浮轨道中心，相应的单位矢量记为 e_3 ；y_2 轴与 x_2 轴和 z_2 轴形成右手坐标系，相应的单位矢量记为 e_2 。

3) 坐标系 $OXYZ$ ：该坐标系由 $o_2x_2y_2z_2$ 绕 z_2 轴旋转得到，旋转的角速度与悬浮轨道的角速度一致。

设 r_a 为从太阳到行星的矢径，r 为行星到太阳帆的矢径，f 为行星的真近点角，γ 为悬浮轨道偏移 r_a 的角度。如果悬浮轨道与 r_a 的相对位置保持不变（情况 1），则 γ 为常数。如果悬浮轨道与行星的日心速度方向相对位置保持不变（情况 2），则 γ 为真近点角的周期函数。坐标系 $o_1x_1y_1z_1$ 相对惯性系的角速度为 $\dot{f}e_1$ ，坐标系 $o_2x_2y_2z_2$ 相对坐标系 $o_1x_1y_1z_1$ 的角速度为 $\dot{\gamma}e_1$ ，坐标系 $OXYZ$ 相对坐标系 $o_2x_2y_2z_2$ 的角速度为 ωe_3 。则坐标系 $OXYZ$ 相对惯性系的角速度可以表示为

$$\boldsymbol{\omega}_t = (\dot{f} + \dot{\gamma})e_1 + \omega e_3 \tag{8-20}$$

通过对角速度求导得到角加速度为

$$\begin{aligned}
\dot{\boldsymbol{\omega}}_t &= \ddot{f}e_1 + \ddot{\gamma}e_1 + \omega \dot{e}_3 \\
&= (\ddot{f} + \ddot{\gamma})e_1 + (\dot{f} + \dot{\gamma})\omega e_1 \times e_3 \\
&= (\ddot{f} + \ddot{\gamma})e_1 - (\dot{f} + \dot{\gamma})\omega e_2
\end{aligned} \tag{8-21}$$

表达式中各导数项为

$$\dot{f} = n_a \frac{(1 + e_a\cos f)^2}{(1 - e_a^2)^{\frac{3}{2}}} \tag{8-22}$$

$$\dot{\gamma} = \begin{cases} 0 & \text{（情况 1）} \\ \dfrac{n_a (1 + e_a\cos f)^2}{(1 + 2e_a\cos f + e_a^2)\sqrt{1 - e_a^2}} & \text{（情况 2）} \end{cases} \tag{8-23}$$

$$\ddot{f} + \ddot{\gamma} = \begin{cases} \dfrac{-2n_a^2 (1 + e_a\cos f)^4 e_a\sin f}{(1 - e_a^2)^3} & \text{（情况 1）} \\ \dfrac{2n_a^2}{(1 - e_a^2)^3} \dfrac{(1 + e_a\cos f)^4 e_a\sin f}{1 + 2e_a\cos f + e_a^2}\left(\dfrac{1 - e_a^2}{1 + 2e_a\cos f + e_a^2} - 2\right) & \text{（情况 2）} \end{cases}$$

$$\tag{8-24}$$

式中　n_a ——行星的平均角速度；

e_a ——行星轨道的偏心率。

在惯性坐标系下，太阳帆的动力学方程可以表示为

$$\frac{\mathrm{d}^2 (\boldsymbol{r}_a + \boldsymbol{r})}{\mathrm{d}t^2} = -\frac{\mu_1}{|\boldsymbol{r}_a + \boldsymbol{r}|^3}(\boldsymbol{r}_a + \boldsymbol{r}) - \frac{\mu_2}{r^3}\boldsymbol{r} + \frac{\lambda\mu_1}{|\boldsymbol{r}_a + \boldsymbol{r}|^2}\left(\boldsymbol{n} \cdot \frac{\boldsymbol{r}_a}{r_a}\right)^2 \boldsymbol{n}$$

$$(8-25)$$

惯性系和坐标系 $OXYZ$ 下的导数转换关系可以表示为

$$\frac{\mathrm{d}\boldsymbol{r}}{\mathrm{d}t} = \dot{\boldsymbol{r}} + \boldsymbol{\omega}_t \times \boldsymbol{r} \qquad (8-26)$$

$$\frac{\mathrm{d}^2 \boldsymbol{r}}{\mathrm{d}t^2} = \ddot{\boldsymbol{r}} + 2\boldsymbol{\omega}_t \times \dot{\boldsymbol{r}} + \boldsymbol{\omega}_t \times (\boldsymbol{\omega}_t \times \boldsymbol{r}) + \dot{\boldsymbol{\omega}}_t \times \boldsymbol{r} \qquad (8-27)$$

式中 $\dot{\boldsymbol{r}}, \ddot{\boldsymbol{r}}$ —— $OXYZ$ 下的导数；

$\dfrac{\mathrm{d}\boldsymbol{r}}{\mathrm{d}t}, \dfrac{\mathrm{d}^2 \boldsymbol{r}}{\mathrm{d}t^2}$ ——惯性系下的导数。

将上述转换关系代入动力学方程式得

$$(\ddot{\boldsymbol{r}}_a + \ddot{\boldsymbol{r}}) + 2\boldsymbol{\omega}_t \times (\dot{\boldsymbol{r}}_a + \dot{\boldsymbol{r}}) + \boldsymbol{\omega}_t \times [\boldsymbol{\omega}_t \times (\boldsymbol{r}_a + \boldsymbol{r})] + \dot{\boldsymbol{\omega}}_t \times (\boldsymbol{r}_a + \boldsymbol{r})$$

$$= -\frac{\mu_1}{|\boldsymbol{r}_a + \boldsymbol{r}|^3}(\boldsymbol{r}_a + \boldsymbol{r}) - \frac{\mu_2}{r^3}\boldsymbol{r} + \frac{\lambda\mu_1}{|\boldsymbol{r}_a + \boldsymbol{r}|^2}\left(\boldsymbol{n} \cdot \frac{\boldsymbol{r}_a}{r_a}\right)^2 \boldsymbol{n}$$

$$(8-28)$$

由于行星在太阳的引力场下作开普勒运动，有如下关系成立

$$\ddot{\boldsymbol{r}}_a + 2\boldsymbol{\omega}_t \times \dot{\boldsymbol{r}}_a + \boldsymbol{\omega}_t \times (\boldsymbol{\omega}_t \times \boldsymbol{r}_a) + \dot{\boldsymbol{\omega}}_t \times \boldsymbol{r}_a = -\frac{\mu_1}{r_a^3}\boldsymbol{r}_a \quad (8-29)$$

将式（8-28）代入式（8-27）得

$$\ddot{\boldsymbol{r}} + 2\boldsymbol{\omega}_t \times \dot{\boldsymbol{r}} + \boldsymbol{\omega}_t \times (\boldsymbol{\omega}_t \times \boldsymbol{r}) + \dot{\boldsymbol{\omega}}_t \times \boldsymbol{r}$$

$$= \frac{\mu_1}{r_a^3}\boldsymbol{r}_a - \frac{\mu_1}{|\boldsymbol{r}_a + \boldsymbol{r}|^3}(\boldsymbol{r}_a + \boldsymbol{r}) - \frac{\mu_2}{r^3}\boldsymbol{r} + \frac{\lambda\mu_1}{|\boldsymbol{r}_a + \boldsymbol{r}|^2}\left(\boldsymbol{n} \cdot \frac{\boldsymbol{r}_a}{r_a}\right)^2 \boldsymbol{n}$$

$$(8-30)$$

式（8-29）为考虑太阳和行星引力时太阳帆的动力学方程。设悬浮轨道由参数 ρ、h 和 ω 确定，为了简化上述动力学方程，假设在行星附近时，太阳帆在悬浮轨道的角速度与绕行星的相同尺寸的开普勒轨道的角速度同一量级，即 ω 可以估计为

$$\omega = \sqrt{\frac{\mu_2}{(\rho^2 + h^2)^{\frac{3}{2}}}} \tag{8-31}$$

设行星的密度为 ρ_a，且行星是半径为 R_a 的球体，则角速度可以表示为

$$\omega = \sqrt{\frac{4G\rho_a \pi R_a^3}{3(\rho + h^2)^{\frac{3}{2}}}} \tag{8-32}$$

当悬浮轨道的尺寸与行星半径同一量级时，角速度可以进一步简化为

$$\omega \approx \sqrt{G\rho_a \pi} \tag{8-33}$$

此时，悬浮轨道的角速度只与行星的密度相关。

对于行星悬浮轨道而言，同样存在 3 种不同的类型。第 1 种情况为行星极地轨道的同步轨道，使得悬浮轨道的周期与半径为 ρ 的行星极地轨道的周期一致，即 $\omega = \sqrt{\mu_2/\rho^3}$。第 2 种情况为悬浮轨道的周期与某一绕行星半径为 r 的轨道周期一致，即 $\omega = \sqrt{\mu_2/r^3}$。第 3 种情况为最优悬浮轨道，对于给定悬浮轨道的半径和悬浮高度的情况下，通过选择悬浮轨道的角速度使得太阳帆的光压因子最小。由 $\partial\beta/\partial\omega = 0$ 可以得到最优角速度为 $\omega_0 = \tilde{\omega}$。

上述方法可以应用于悬浮轨道与太阳—行星连线垂直的情况（如图 8 - 10 所示）。当悬浮轨道偏离太阳—行星连线时，如图 8 - 11 所示，此时产生悬浮轨道的条件为太阳帆的法线方向必须与 Z 方向一致，且悬浮轨道的角速度由悬浮轨道的尺寸确定为 $\omega_0 = \sqrt{\mu_2/r_0^3} = \tilde{\omega}$。

8.2.2.3 人工拉格朗日点

当太阳和行星的引力都不能忽略时，必须利用限制三体模型研究太阳帆的动力学。对于地日系统，太阳帆在旋转坐标系的动力学方程由方程（8-13）描述。令 $\ddot{r} = 0$ 和 $\dot{r} = 0$，可以得该系统的平衡点，对应旋转坐标系下的平衡位置。当太阳光压因子不为零时，该系统的平衡位置不同于经典拉格朗日点，称为人工拉格朗日点。记

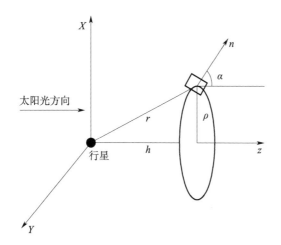

图 8 - 10　垂直太阳—行星连线的行星悬浮轨道示意图

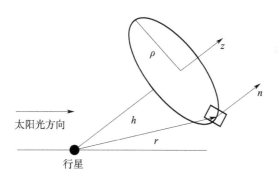

图 8 - 11　偏离太阳—行星连线的行星悬浮轨道示意图

$\boldsymbol{\Phi} = \boldsymbol{\omega}_E \times (\boldsymbol{\omega}_E \times \boldsymbol{r}) - \partial U / \partial \boldsymbol{r}$ ，则产生位置为 $\boldsymbol{r}$ 的人工拉格朗日点需要太阳帆的光压因子和法向方向分别为

$$\beta = \frac{|\boldsymbol{\Phi}|}{\dfrac{1-\mu_1}{r_1^4} (\boldsymbol{r}_1 \cdot \boldsymbol{n})^2} \qquad (8-34)$$

$$\boldsymbol{n} = \boldsymbol{\Phi} / |\boldsymbol{\Phi}| \qquad (8-35)$$

8.3　混合小推力推进的地球静止悬浮轨道设计

8.3.1　地球静止悬浮轨道特点

地球静止悬浮轨道在赤道平面上方或者下方悬浮，并且轨道半径和轨道角速度与地球静止轨道的轨道半径 r_{GEO} 和轨道角速度 ω_e 一致。

地球静止悬浮轨道向惯性坐标系的转换表明航天器实现了一个远离中心体中心的圆轨道悬浮，如图 8-12 所示。图中旋转参考坐标系 $R(x_R, y_R, z_R)$ 以相对于惯性坐标系 $I(X, Y, Z)$ 为常值的角速度 $\omega = \omega \hat{z}_R$ 旋转。图中显示的地球静止悬浮轨道在距离 h 处，保持轨道半径和轨道角速度等于地球静止轨道的轨道半径 r_{GEO} 和轨道角速度 ω_e。悬浮轨道在旋转坐标系内保持稳定，这种悬浮轨道为非开普勒轨道，因为对于给定稳定的悬浮非开普勒轨道的半径，要求推力加速度 a 以其最小的代价保持非开普勒轨道。

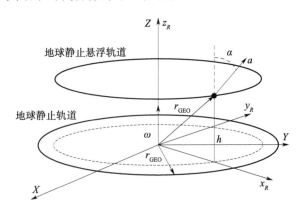

图 8-12　地球静止悬浮轨道的定义

根据动力学原理，对于在地球静止悬浮轨道上的卫星有

$$-r\omega_e^2 = -\frac{u}{r_{GEO}^3} \cdot r_{GEO} + a \qquad (8-36)$$

式中 μ ——地球引力常数；

r ——悬浮轨道半径矢量，$r = r_{GEO} - h$；

r_{GEO} ——指向卫星的长度为 r_{GEO} 的矢量；

a ——推力加速度。

由式 8-36 可得

$$a = \frac{u}{r_{GEO}^3} \cdot r_{GEO} - (r_{GEO} - h)\omega_e^2 \qquad (8-37)$$

对于赤道面内的地球静止卫星有

$$r_{GEO}\omega_e^2 = \frac{u}{r_{GEO}^2} \qquad (8-38)$$

所以，推力加速度为

$$a = h\omega_e^2 = \frac{\mu h}{r_{GEO}^3} \qquad (8-39)$$

式（8-39）表明推力方向需要垂直于地球静止悬浮轨道并且推力大小仅是地球引力常数、悬浮距离和轨道半径的方程。注意到若一个地球静止轨道悬浮在赤道平面上方（$h > 0$），则要求加速度指向 Z 轴正向，而对于轨道悬浮在赤道平面下方，要求加速度指向 Z 轴负向。

当给定地球引力常数和轨道半径时，确定地球静止悬浮轨道唯一需要指定的就是悬浮距离，该距离是为了防止在地球静止轨道上的干扰和航天器碰撞，需要考虑不同的悬浮距离。

8.3.2 基于太阳能电推进的悬浮轨道航天器寿命分析

太阳能电推进技术是利用太阳能帆板将太阳能转化为电能来加速工质，使其形成高速射流而产生推力的技术。本小节针对采用太阳能电推进的航天器运行在地球静止悬浮轨道上的寿命进行了分析。

首先，推进剂的消耗可以通过积分质量微分方程得到，质量微分方程式如下

$$\dot{m} = -\frac{T}{I_{sp}g_0} \qquad (8-40)$$

式中　T ——太阳能电推进的推力大小，$T = ma$ ；

　　　　a ——航天器加速度大小；

　　　　I_{sp} ——推进系统比冲；

　　　　g_0 ——重力加速度。

推进剂用完时，航天器的质量与航天器初始质量的比值为

$$\frac{m_f}{m_0} = \frac{m_0 - m_{prop}}{m_0} \tag{8-41}$$

式中　m_0 ——航天器的初始质量；

　　　　m_f ——航天器推进剂消耗完全时（即航天器达到寿命时间 L 时）的质量；

　　　　m_{prop} ——推进剂的质量。

式（8-40）可以写为

$$\frac{\mathrm{d}m}{m} = -\frac{a}{I_{sp} g_0}\mathrm{d}t \tag{8-42}$$

两边积分可得

$$\int_{m_0}^{m_f} \frac{\mathrm{d}m}{m} = -\int_{t_0}^{t_f} \frac{a}{I_{sp} g_0}\mathrm{d}t \tag{8-43}$$

计算该积分，并令 $t_0 = 0$ ，则航天器的寿命为

$$L = t_f = \ln\left(\frac{m_0}{m_f}\right)\frac{I_{sp} g_0}{a} \tag{8-44}$$

图 8-13 中显示了航天器寿命与比冲和末初质量比的关系，（a）、（b）、（c）分别给出了悬浮轨道高度 h 为 35 km、75 km、150 km 的寿命分析着色函数图，悬浮在赤道面上方和下方相同高度处的航天器具有相同的加速度大小，所以其寿命分析函数也相同。从图中可以看出对于相同的比冲和末初质量比，悬浮轨道高度越高，航天器的寿命越短，这是因为悬浮轨道高度的增加会导致维持悬浮轨道代价的增高。图中比冲的范围为 [2 000 s，8 000 s]，m_f/m_0 的范围为 [0.1，0.9]，这只是一个理想的范围，就目前的航天器来说很难达到如此高的比冲（8 000 s）和如此低的质量比（0.1）。对于目前的地球静止卫星，一般设计寿命为 10～15 年，如果悬浮轨道高度为

35 km，地球静止悬浮轨道卫星寿命要达到 10 年，需要使质量比尽可能小或者比冲尽可能大（例如 $m_f/m_0 = 0.1$，$I_{sp} = 2\,600$ s 或者 $m_f/m_0 = 0.42$，$I_{sp} = 8\,000$ s）。

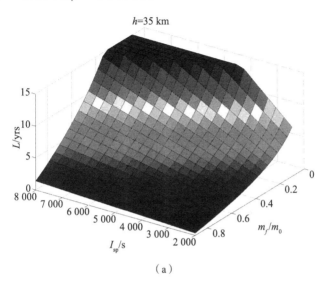

（a）

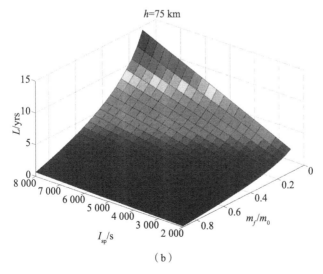

（b）

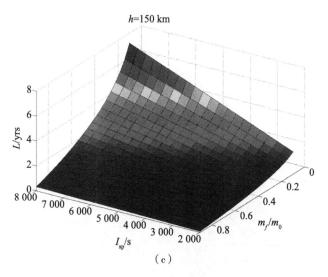

图 8 - 13　太阳能电推进的地球静止悬浮轨道航天器寿命分析

8.3.3　基于混合小推力推进的悬浮轨道推进策略

为了提高推进器的性能,给出一种采用太阳能电推进与太阳帆混合动力推进技术,达到提高地球静止悬浮轨道航天器使用寿命的目的。

航天器在悬浮轨道上的加速度 a 可以由太阳能电推进提供的加速度 a_{SEP} 和太阳帆提供的加速度 a_S 构成

$$a = a_{SEP} + a_S \tag{8-45}$$

通过 8.3.2 小节可以知道太阳帆提供的加速度为

$$a_S = \beta \frac{\mu_S}{r_S^2} \cos^2 \alpha \cdot n \tag{8-46}$$

式中　μ_S——太阳引力常数,$\mu_S = 1.327\,124\,40 \times 10^{20}\ \mathrm{m}^3/\mathrm{s}^2$;

α——太阳帆的单位法矢量 n 与太阳光矢量 r_S 的夹角,r_S 的大小为 1 AU。这里考虑一个可完全反射的理想太阳帆,所受光压力将沿着帆面法矢量;

β——光压因子,是航天器质量的函数。

由于混合小推力航天器的质量会随着太阳能电推进系统消耗推进剂而变小，所以光压因子也可以表达为

$$\beta = \beta_0 \frac{m_0}{m}$$

其中，角标 0 表示 $t = 0$ 时刻的参数值。

为了求解太阳帆加速度 $\boldsymbol{a}_S$，定义一个随地球自转的地球固定坐标系 $OX_EY_EZ_E$[13]，OX_E 在赤道平面内指向格林尼治天文台所在子午线，OZ_E 垂直赤道平面指向正北，OY_E 与 OX_E、OZ_E 构成右手直角坐标系。该坐标系与地球具有相同的自转角速度，由于该坐标系与黄道平面具有一定的倾斜角，所以太阳光矢量 $\boldsymbol{r}_S$ 的方向在 1 年内不断地变化，如图 8 - 14 所示，角 χ 可以描述 1 年内的时间，冬至时 $\chi = 0$，则太阳光矢量 $\boldsymbol{r}_S$ 的方向与赤道平面的夹角 ψ 是 χ 的函数。

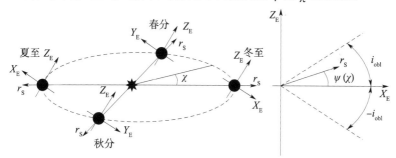

图 8 - 14　太阳光矢量的方向一年内的变化

冬至时 $\psi(\chi) = i_{obl} = 23.439°$ 即黄赤交角，夏至时 $\psi(\chi) = -i_{obl} = -23.439°$，可得

$$\psi(\chi) = \sin^{-1}\left[\sin(23.439°)\cos\chi\right] \qquad (8 - 47)$$

$\boldsymbol{r}_S$ 的单位矢量在坐标系 $OX_EY_EZ_E$ 中的坐标为

$$\frac{\boldsymbol{r}_S}{|\boldsymbol{r}_S|} = \left[\cos\psi \quad 0 \quad \sin\psi\right]^T \qquad (8 - 48)$$

太阳帆的单位法矢量 $\boldsymbol{n}$ 在坐标系 $OX_EY_EZ_E$ 中可以由俯仰角 α_S 和偏航角 δ_S 来描述，如图 8 - 15 所示。

$$\boldsymbol{n} = \left[\sin\alpha_S\sin\delta_S \quad \sin\alpha_S\cos\delta_S \quad \cos\alpha_S\right]^T \qquad (8 - 49)$$

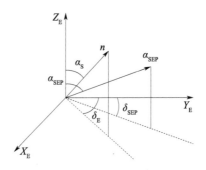

图 8 - 15　太阳帆和太阳能电推进器的俯仰和偏航角定义

太阳光矢量 $\boldsymbol{r}_S$ 与太阳帆单位法矢量 $\boldsymbol{n}$ 的夹角 α 有如下关系

$$\cos^2\alpha = \left(\frac{\boldsymbol{r}_S}{|\boldsymbol{r}_S|}\cdot\boldsymbol{n}\right)^2 = (\cos\psi\sin\alpha_S\sin\delta_S + \sin\psi\cos\alpha_S)^2 \quad (8-50)$$

将式（8-48）、式（8-49）和式（8-50）代入式（8-45）可以得到太阳帆提供的加速度

$$\boldsymbol{a}_S = \begin{bmatrix} a_{S,X_E} \\ a_{S,Y_E} \\ a_{S,Z_E} \end{bmatrix} = -\beta_0\frac{m_0}{m}\frac{\mu_S}{r_S^2}(\cos\psi\sin\alpha_S\sin\delta_S + \sin\psi\cos\alpha_S)^2\begin{bmatrix} \sin\alpha_S\sin\delta_S \\ \sin\alpha_S\cos\delta_S \\ \cos\alpha_S \end{bmatrix}$$

$$(8-51)$$

太阳能电推进提供的加速度 $\boldsymbol{a}_{SEP}$，可以由式（8-38）、式（8-44）和式（8-51）联立得到

$$a_{SEP} = a - a_S = \begin{bmatrix} a_{SEP,X_E} \\ a_{SEP,Y_E} \\ a_{SEP,Z_E} \end{bmatrix}$$

$$= \begin{bmatrix} -\beta_0\dfrac{m_0}{m}\dfrac{\mu_S}{r_S^2}(\cos\psi\sin\alpha_S\sin\delta_S + \sin\psi\cos\alpha_S)^2\sin\alpha_S\sin\delta_S \\[2mm] -\beta_0\dfrac{m_0}{m}\dfrac{\mu_S}{r_S^2}(\cos\psi\sin\alpha_S\sin\delta_S + \sin\psi\cos\alpha_S)^2\sin\alpha_S\cos\delta_S \\[2mm] \dfrac{\mu h}{r_{GEO}^3} - \beta_0\dfrac{m_0}{m}\dfrac{\mu_S}{r_S^2}(\cos\psi\sin\alpha_S\sin\delta_S + \sin\psi\cos\alpha_S)^2\cos\alpha_S \end{bmatrix}$$

$$(8-52)$$

提高航天器的寿命，技术途径就是减少推进剂的消耗，即尽可能地减少所需要的来自太阳能电推进系统的加速度。从式（8 - 51）中可以看出，对于给定 m、ψ 的情况，可以通过优化太阳帆的姿态角 α_S、δ_S 使 a_{SEP} 达到最小。姿态角 δ_S、α_S 的范围分别为

$$\delta_S \in \left[-\frac{\pi}{2}, \frac{\pi}{2} \right] \tag{8 - 53}$$

$$\begin{cases} h > 0, & \alpha_S \in \left[-\psi, \dfrac{\pi}{2} \right] \\[2mm] h < 0, & \alpha_S \in \left[\dfrac{\pi}{2}, \pi - \psi \right] \end{cases} \tag{8 - 54}$$

a_{SEP} 最小的最优性条件为

$$\frac{\partial a_{SEP}}{\partial \delta_S} = \frac{\partial a_{SEP}}{\partial \alpha_S} = 0 \tag{8 - 55}$$

$$a_{SEP} = \sqrt{a_{SEP, X_E}^2 + a_{SEP, Y_E}^2 + a_{SEP, Z_E}^2} \tag{8 - 56}$$

化简得

$$a_{SEP} = \sqrt{\left(\beta_0 \frac{m_0}{m} \frac{\mu_S}{r_S^2} \right)^2 \cos^4 \alpha - 2 \left(\beta_0 \frac{m_0}{m} \frac{\mu_S}{r_S^2} \right) \left(\frac{\mu h}{r_{GEO}^3} \right) \cos^2 \alpha \cos \alpha_S + \left(\frac{\mu h}{r_{GEO}^3} \right)^2} \tag{8 - 57}$$

其中 $\cos^2 \alpha$ 由式（8 - 49）表示，由 $\dfrac{\partial a_{SEP}}{\partial \delta_S} = 0$ 可以得到

$$\frac{1}{2 a_{SEP}} 4 \left(\beta_0 \frac{m_0}{m} \frac{\mu_S}{r_S^2} \right) \cos \alpha \left[\left(\beta_0 \frac{m_0}{m} \frac{\mu_S}{r_S^2} \right) \cos^2 \alpha - \left(\frac{\mu h}{r_{GEO}^3} \right) \cos \alpha_S \right]$$
$$\cos \psi \sin \alpha_S \cos \delta_S = 0 \tag{8 - 58}$$

上式对于任意的 α_S 都成立，并且 $\beta_0 \dfrac{m_0}{m} \dfrac{\mu_S}{r_S^2} > 0$，所以 $\cos \delta_S = 0$，

$\delta_S^* = \pm \dfrac{\pi}{2}$。将 $\delta_S^* = \pm \dfrac{\pi}{2}$ 代入式（8 - 52）可以发现 $a_{SEP, Y_E} = 0$，说明太阳能电推进的加速度始终保持在 $X_E O Z_E$ 平面内。从图 8 - 14 可以看出，太阳帆加速度 $\boldsymbol{a}_S$ 在 X_E 轴的分量不可能为负值，所以 $\boldsymbol{a}_{SEP}$ 在 X_E 轴的分量不可能为正值，则

$$\delta_S^* = \frac{\pi}{2} \tag{8 - 59}$$

将式（8-59）代入式（8-57），并对 α_S 求偏导数得

$$\frac{1}{2a_{SEP}}(4c_1^2\sin^3(\psi+\alpha_S)-4c_1c_2\sin(\psi+\alpha_S)\cos\alpha_S+$$

$$2c_1c_2\sin^2(\psi+\alpha_S)\sin\alpha_S)=0 \qquad (8-60)$$

可以通过一维搜索方法求解上述方程的解得到 α_S^*。得到最优太阳帆俯仰角 α_S 和偏航角 δ_S 后，可以计算出需求的太阳能电推进加速度的大小和方向，太阳能电推进加速度的俯仰角和偏航角为

$$\alpha_{SEP}=\cos^{-1}\left(\frac{a_{SEP,Z_E}}{a_{SEP}}\right) \qquad (8-61)$$

$$\delta_{SEP}=\arctan\left(\frac{a_{SEP,X_E}}{a_{SEP,Y_E}}\right)=-\frac{\pi}{2} \qquad (8-62)$$

根据前面的推导，对于航天器在轨道上不同的位置，可以进行优化得到太阳帆的姿态角，从而得到电推进控制的相关信息。将 $\chi\in[0,2\pi]$ 离散成很多个点 χ_1、χ_2、…、χ_i、…、χ_n，由于地球静止悬浮轨道的周期为 1 年，取 2 个点间的时间间隔 Δt 足够小。同时每个点处的质量为

$$m_i=m_{i-1}-\frac{T_{i-1}}{I_{sp}g_0} \qquad (8-63)$$

对于每一个 χ，求解太阳帆电推进加速度就可以得到相应的控制历程。

图 8-16～图 8-19 显示了位于地球静止悬浮轨道上的航天器在不同的初始光压因子 β_0 状态下运行 1 周各个变量的变化历程，取初始质量为 $m_0=1\,500$ kg，发动机比冲 $I_{sp}=3\,200$ s。

从图 8-16 可以看出控制角的变化历程整体来说比较光滑，随着光压因子 β_0 的增大，太阳帆俯仰角最优值变小。图中显示 1 年内控制角的波动并不大，并且在 $\beta_0=0.2$ 时经过半年的变化幅度最大（40° 左右），姿态角的控制将比较容易。

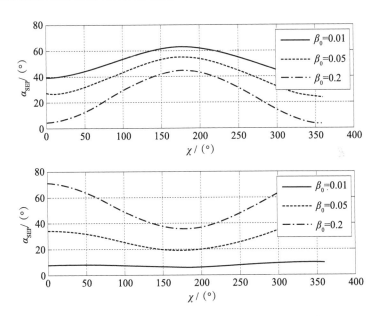

图 8 - 16　最优太阳帆俯仰角和太阳能推进俯仰角的变化历程

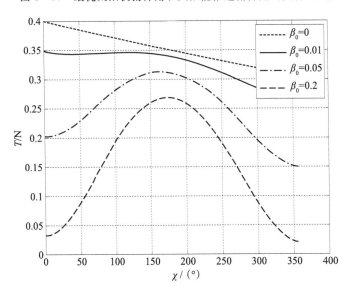

图 8 - 17　太阳能电推进器推力大小变化历程

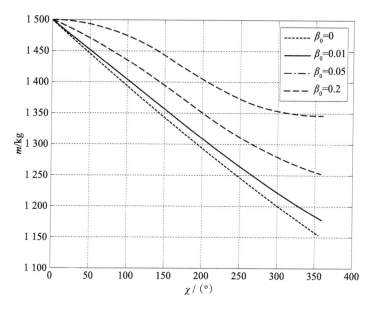

图 8-18　航天器质量变化历程

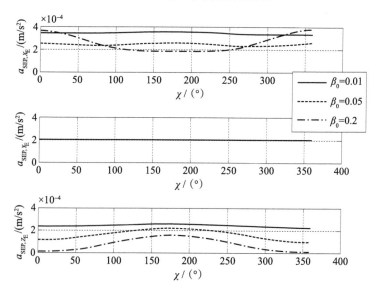

图 8-19　太阳能电推进器加速度三轴分量变化历程

图 8-17 显示了推力大小的变化曲线，虚线表示悬浮轨道高度 h $=-35$ km 时（即在赤道平面下方 35 km 处）推力的变化，实线表示悬浮轨道高度 $h=35$ km 时推力的变化。图 8-17 所示的推力大小变化曲线同样光滑且变化缓慢，减小了控制的难度，进一步证明采用混合小推力推进策略的可行性。图 8-19 显示的电推进加速度的三轴分量同样说明了这一点。

图 8-18 给出了不同初始光压因子下航天器在地球静止悬浮轨道上运行 1 周的质量变化，初始光压因子 $\beta_0=0$ 时，即仅仅通过太阳能电推进作为动力，可以看出采用混合动力确实能够节省推进剂以提高寿命，或者在保持寿命不变的情况下提高有效载荷。初始太阳帆光压因子越大，太阳帆的效率越高，越利于节省推进剂。单纯采用太阳能电推进，1 年大概消耗了 250 kg 推进剂，而采用混合动力时，若初始太阳帆光压因子 $\beta_0=0.2$，1 年仅消耗了 100 kg 推进剂，节省了 150 kg 推进剂。

8.3.4 针对任务的地球静止悬浮轨道的优化

通过图 8-17 可以发现，在赤道面上方悬浮轨道上的航天器，在春分时转移到赤道面下方的悬浮轨道，秋分时再回到原来的轨道，可以使推力的需求减小，从而节省推进剂。由于即使是使用混合推进策略，航天器长期位于悬浮轨道上的代价仍然过高，因此使航天器位于赤道上的停泊轨道，当有任务需要时航天器从停泊轨道出发，到达悬浮轨道，完成任务后再返回停泊轨道，为此需要研究悬浮轨道与停泊轨道间的轨道转移问题。

转移时航天器仅采用太阳能电推进，该轨道转移问题可以看成最优控制问题，即以最优的性能指标完成转移。本书采用伪谱法来解决这个最优控制问题。

8.3.4.1 轨道优化数学模型的建立

（1）状态量和控制量选择

通过建立以地球为中心的球参考坐标系研究转移轨道的优化问

题，如图 8 - 20 所示。

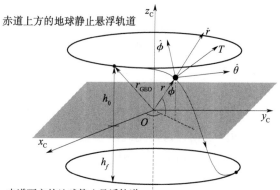

赤道上方的地球静止悬浮轨道

图 8 - 20　以地球为中心的球坐标系

　　航天器发动机比冲 $I_{sp} = 3\,200\,s$，轨道机动过程中，发动机提供变推力，则状态变量构成了以下七维状态空间

$$\boldsymbol{x} = \{(r, \theta, \phi, V_r, V_\theta, V_\phi, m) \in \mathbf{R}^7 : x_i^{\mathrm{L}} \leqslant x_{1.7} \leqslant x_i^{\mathrm{U}}\}$$

式中　　V_r, V_θ, V_ϕ ——r、θ 和 ϕ 三个方向的速度分量。

　　通过下面的动力学方程描述轨道转移过程

$$\begin{cases} \dfrac{\mathrm{d}r}{\mathrm{d}t} = V_r \\[2mm] \dfrac{\mathrm{d}\theta}{\mathrm{d}t} = V_\theta / (r\cos\phi) \\[2mm] \dfrac{\mathrm{d}\phi}{\mathrm{d}t} = V_\phi / r \\[2mm] \dfrac{\mathrm{d}V_r}{\mathrm{d}t} = V_\theta^2/r + V_\phi^2/r - \mu/r^2 + T_r/m \\[2mm] \dfrac{\mathrm{d}V_\theta}{\mathrm{d}t} = -V_r V_\theta/r + V_\theta V_\phi \tan\phi/r + T_\theta/m \\[2mm] \dfrac{\mathrm{d}V_\phi}{\mathrm{d}t} = -V_r V_\phi/r - V_\theta^2 \tan\phi/r + T_\phi/m \\[2mm] \dfrac{\mathrm{d}m}{\mathrm{d}t} = -T/(I_{sp}g_0) \end{cases} \qquad (8-64)$$

状态量的边界设定为

$$\boldsymbol{x}_{\mathrm{L}} = r_{\mathrm{e}} + 100\ 000,\ 0,\ -\frac{\pi}{2},\ -10\ 000,\ -10\ 000,\ 10\ 000,\ 0]^{\mathrm{T}}$$

$$(8-65)$$

$$\boldsymbol{x}_{\mathrm{U}} = [r_{\mathrm{e}} + 100\ 000\ 000,\ 2\pi,\ \frac{\pi}{2},\ 10\ 000,\ 10\ 000,\ 10\ 000,\ m_0]^{\mathrm{T}}$$

$$(8-66)$$

转移时间边界设定为

$$t_{\mathrm{L}} = 0\ ,\ t_{\mathrm{U}} = t_{\mathrm{day}} \qquad (8-67)$$

控制空间为

$$\boldsymbol{u}_{\mathrm{c}} = \{(T_r, T_\theta, T_\phi) \in \mathbf{R}^3 : u_{ci}^{\mathrm{L}} \leqslant u_{c1..c3} \leqslant u_{ci}^{\mathrm{U}}\} \qquad (8-68)$$

式中　T_r, T_θ, T_ϕ ——推力在球坐标系 3 个方向的分量。

控制量的边界设定为

$$\boldsymbol{u}_{\mathrm{L}} = [-T_{\max}\quad -T_{\max}\quad -T_{\max}]\ ,\ \boldsymbol{u}_{\mathrm{U}} = [T_{\max}\quad T_{\max}\quad T_{\max}]$$

$$(8-69)$$

（2）轨迹内点约束

考虑到推力方向余弦矢量 $\boldsymbol{u}$ 为一单位矢量，因此需要满足以下内点路径约束

$$\sqrt{T_r^2 + T_\theta^2 + T_\phi^2} \leqslant T_{\max} \qquad (8-70)$$

（3）优化目标和端点条件

根据不同的任务要求，优化性能指标可以有许多不同的选择方案。常见的优化指标可以选择为推进剂受限的变轨时间最短，或时间受限的推进剂消耗最少，或二者的加权等。

若性能指标选择为机动时间最短，则有指标函数

$$J = \int_{t_0}^{t_f} \mathrm{d}t = t_f - t_0 \to \min \qquad (8-71)$$

若性能指标选择为推进剂消耗最少，则等价于终端时刻的质量最大或总冲最小，此处选择

$$J = -m_f \to \min \qquad (8-72)$$

8.3.4.2　仿真计算与结果分析

　　针对 3 种轨道转移任务进行数值仿真，均选取推进剂最省为性能指标，仿真中航天器初始质量 $m_0 = 1\,500$ kg，发动机比冲 $I_{sp} = 3\,200$ s，最大推力 $T_{max} = 0.2$ N。

　　（1）悬浮轨道之间的轨道转移

　　当航天器从赤道上方的悬浮轨道转移到赤道面下方的悬浮轨道时，初始状态和终端状态为

$$\boldsymbol{x}_0 = \begin{bmatrix} r_{GEO} & 0 & \phi_0 & 0 & \sqrt{\mu/r_{GEO}}\cos\phi_0 & 0 & m_0 \end{bmatrix}^T$$

$$\boldsymbol{x}_f = \begin{bmatrix} r_{GEO} & \theta_f & \phi_f & 0 & \sqrt{\mu/r_{GEO}}\cos\phi_f & 0 & m_f \end{bmatrix}^T \quad (8-73)$$

其中
$$\theta_f = \omega_{GEO} t_f$$
$$\phi_0 = \sin^{-1}(h_0/r_{GEO})$$
$$\phi_f = \sin^{-1}(h_f/r_{GEO})$$

　　任务取 $h_0 = 35$ km，$h_f = -35$ km，终端质量 m_f 自由。仿真得到下面的曲线，图 8-21 为航天器转移轨道三维视图，图 8-22 为航天器质量和推力大小变化曲线，图 8-23 和图 8-24 分别为航天器推力矢量和速度矢量在球坐标系下三轴分量变化曲线。结果显示航天器在转移的初始时间段和终端时间段施加小推力，中间转移过程的推力为零，因为在悬浮轨道上的航天器一开始转移就进入 1 个开普勒轨道，航天器的初始状态与开普勒轨道的近地点相吻合，开普勒轨道的远地点接近赤道面里边的悬浮轨道，转移时只需在终端时刻施加比较小的推力，使其补偿开普勒轨道的远地点与悬浮轨道间的偏差就可以了，控制类似于 bang - bang 控制。

　　（2）悬浮轨道转移到停泊轨道

　　当航天器从赤道上方的悬浮轨道转移到停泊轨道时，这里的停泊轨道指的是在赤道平面内的开普勒轨道，轨道半径大小为 $r_{GEO} - |h|$，这样航天器位于停泊轨道时既不会占用地球静止轨道的空间，而且从停泊轨道转移到悬浮轨道执行任务的成本也不高。从悬浮轨道转移到停泊轨道的初始状态和终端状态为

$$\boldsymbol{x}_0 = \begin{bmatrix} r_{GEO} & 0 & \phi_0 & 0 & \sqrt{\mu/r_{GEO}}\cos\phi_0 & 0 & m_0 \end{bmatrix}^T$$

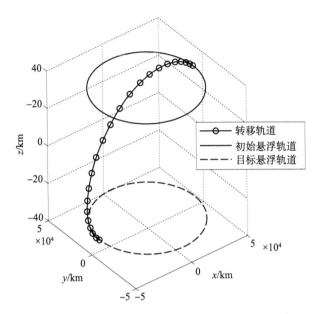

图 8-21　航天器转移轨道三维视图

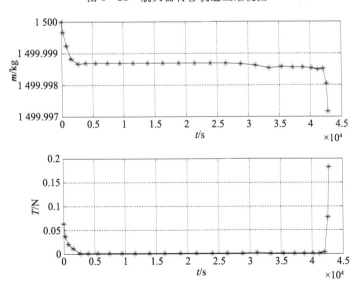

图 8-22　航天器质量和推力大小变化曲线

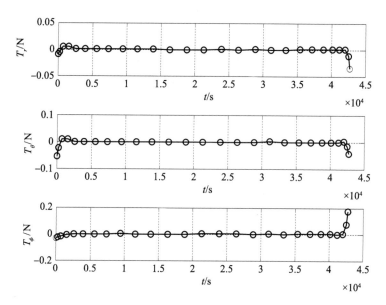

图 8 - 23　航天器推力矢量在球坐标下三轴分量变化曲线

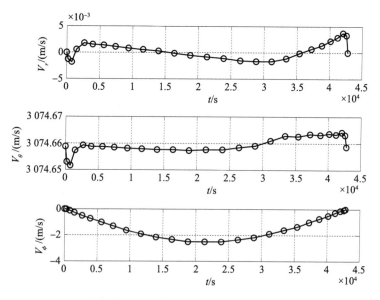

图 8 - 24　航天器速度矢量在球坐标系下三轴分量变化曲线

$$\boldsymbol{x}_f = \begin{bmatrix} r_{\mathrm{GEO}} - |h_0| & \theta_f & 0 & 0 & \sqrt{\mu/(r_{\mathrm{GEO}} - |h_0|)} & 0 & m_f \end{bmatrix}^{\mathrm{T}}$$

取 $h_0 = 35\,\mathrm{km}$ 进行仿真得到如下曲线，如图 8-25～图 8-28 所示。通过推力变化曲线可以发现从悬浮轨道到停泊轨道的转移可以近似通过 2 次发动机开机实现，可以将控制简化为 bang-bang 控制。

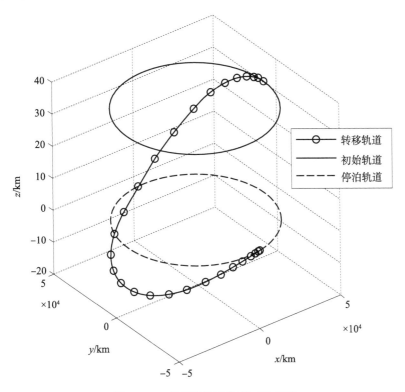

图 8-25　航天器转移轨道三维视图

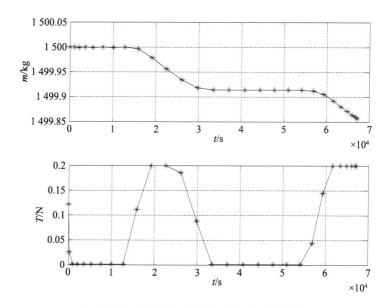

图 8 - 26　航天器质量和推力大小变化曲线

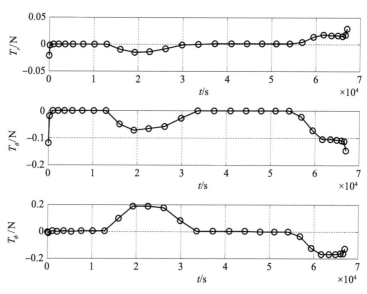

图 8 - 27　航天器推力矢量在球坐标下三轴分量变化曲线

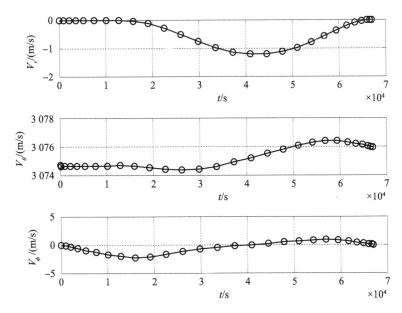

图 8-28 航天器速度矢量在球坐标系下三轴分量的变化曲线

（3）停泊轨道转移到悬浮轨道

当航天器从停泊轨道转移到赤道上方的悬浮轨道时，初始状态和终端状态为

$$\boldsymbol{x}_0 = \begin{bmatrix} r_{\text{GEO}} - |h_f| & 0 & 0 & 0 & \sqrt{\mu/(r_{\text{GEO}} - |h_f|)} & 0 & m_0 \end{bmatrix}^{\text{T}}$$

$$\boldsymbol{x}_f = \begin{bmatrix} r_{\text{GEO}} & \theta_f & \phi_f & 0 & \sqrt{\mu/r_{\text{GEO}}}\cos\varphi_f & 0 & m_f \end{bmatrix}^{\text{T}}$$

取 $h_f = 35$ km 进行仿真，结果如图 8-29～图 8-32 所示。通过质量和推力大小变化曲线可以发现，从停泊轨道到悬浮轨道的转移需要通过 3 次发动机开机才能实现，并且消耗的推进剂质量大于从悬浮轨道转移到停泊轨道消耗的推进剂质量，这是因为从停泊轨道到悬浮轨道涉及到轨道倾角的提升。该控制同样可以简化为 bang-bang 控制。

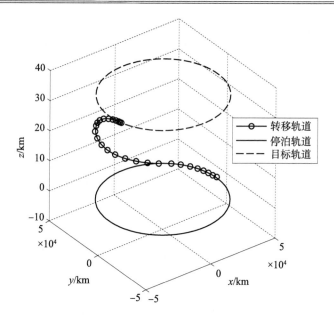

图 8-29　航天器转移轨道三维视图

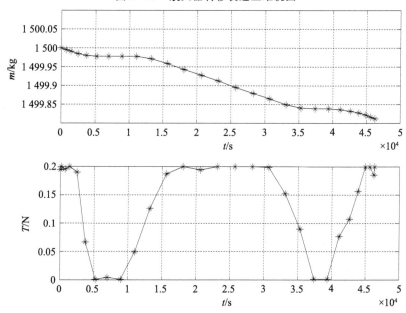

图 8-30　航天器质量和推力大小变化曲线

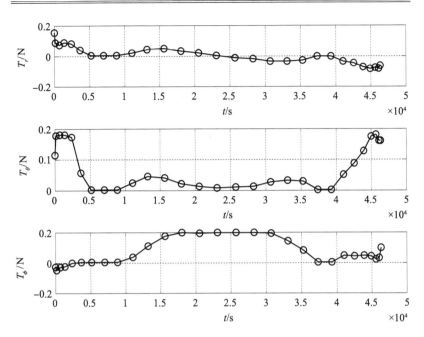

图 8 - 31 航天器推力矢量在球坐标下三轴分量变化曲线

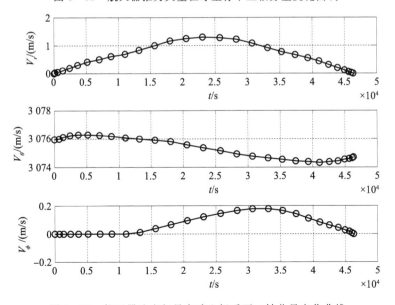

图 8 - 32 航天器速度矢量在球坐标系下三轴分量变化曲线

8.4　拼接轨道生成与优化

8.4.1　轨道的拼接点及多段轨道生成

以图 8-33 所示的日心悬浮轨道为例，通过适当的帆姿切换，可以很方便地实现太阳帆航天器在非开普勒轨道与开普勒轨道间、非开普勒轨道间的轨道转移[1,14]，从而实现多个悬浮轨道之间的拼接。通过确定轨道上的能量和轨道角动量的连续性条件，形成了复杂的拼接轨道。

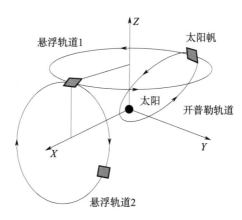

图 8-33　多个悬浮轨道之间的拼接

8.4.1.1　非开普勒轨道与开普勒轨道间的拼接

以一悬浮高度 z、轨道半径 ρ 的日心悬浮轨道为例，当在轨道中的某点将太阳帆帆面法矢量调为与太阳光线垂直，也即将光压移除，该悬浮轨道将自动跌落为一日心开普勒轨道。显然，悬浮轨道不同以及光压移除时间的不同，相应获得的开普勒轨道朝向也将不同，但轨道倾角均为 $\tan^{-1}(z/\rho)$。

由于太阳光压力方向总是垂直于速度矢量，因此总能量 E 为 1 个常数，即

$$E = \frac{1}{2}\omega^2\rho^2 - \frac{\mu}{\sqrt{\rho^2 + z^2}} \qquad (8-74)$$

另外，轨道的总能量可以表示为 $-\mu/2a$ ，因此相应开普勒轨道的长半轴 a 为

$$a = \left[\frac{2}{\sqrt{\rho^2 + z^2}} - \frac{\omega^2\rho^2}{\mu}\right] \qquad (8-75)$$

同样，由于切换点总是为开普勒轨道的远地点，即有

$$a(1+e) = \sqrt{\rho^2 + z^2} \qquad (8-76)$$

从而，相应开普勒轨道的偏心率为

$$e = 1 - \frac{\omega^2\rho^2}{\mu}\sqrt{\rho^2 + z^2} \qquad (8-77)$$

综上可知，对于任一给定的非开普勒轨道，帆姿切换时间、其"跌落"的开普勒轨道的各轨道要素均可相应推知，反之亦然。值得注意的是，由于太阳帆轨道角速度的限制，轨道转移得到的开普勒轨道偏心率 $0 < e \leqslant 1$ 也不可能转移为一正圆轨道。特别地，当 $e = 1$ 时，$\rho = 0$，太阳帆相对太阳静止，相应的开普勒轨道为一直线。

8.4.1.2　非开普勒轨道间的轨道拼接

同样以日心悬浮轨道为例，考察两非开普勒轨道间的转移。由能量守恒[1]，可得如下关系

$$\rho_1\omega_1 = \rho_2\omega_2 \qquad (8-78)$$

由于轨道转移前、后，太阳帆的光因子并未改变，由日心悬浮轨道光因子等式可推知以下关系

$$z_1^2\bar{\omega}^4 + \rho_1^2\omega_1^2(\omega_1^2 - 2\bar{\omega}^2) = z_2^2\bar{\omega}^4 + \rho_2^2\omega_2^2(\omega_2^2 - 2\bar{\omega}^2) \qquad (8-79)$$

其中

$$\bar{\omega}^2 = \frac{\mu}{r^3}$$

因此，如果 $\omega_1 = \omega_2$ ，则可相应导出 $\rho_1 = \rho_2$ 。也就是说转移前、后两轨道形状一致，只是朝向不同。

8.4.2　基于多冲量的悬浮任务的拼接轨道设计

针对悬浮轨道间的转移，利用冲量作用下的开普勒轨道与小推

力作用下的非开普勒悬浮轨道拼接来实现轨道转移任务，如图 8 - 34 所示，航天器初始时刻在赤道平面上方的悬浮轨道上 A 点处，航天器需要转移到赤道平面下方的悬浮轨道上运行一段时间（即 BC 段），然后返回停泊轨道（D 点）。

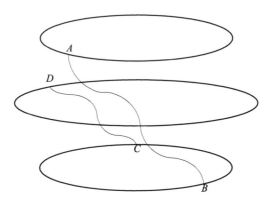

图 8 - 34　轨道转移任务示意图

航天器在 A、B、C、D 处施加脉冲完成变轨，航天器在 BC 段通过连续推力实现轨道悬浮，所以 AB、CD 段轨道为开普勒轨道，BC 段轨道为非开普勒轨道。我们通过优化轨道拼接点 B、D 的位置以及轨道 AB 段和 CD 段的耗时来实现整个轨道拼接任务的推进剂最省。

8.4.2.1　基于数值解法的拼接轨道最优变轨模型

为了更好地处理终端约束，引入 Lambert 算法用于终端条件的自动满足，使得迭代过程中所产生的每一个解均为可行解。针对前面所述的拼接问题，选择优化变量为

$$\boldsymbol{X} = (\theta_B, \theta_D, \Delta t_{AB}, \Delta t_{CD})^{\mathrm{T}} \tag{8-80}$$

由于 B、D 两点均在特定的轨道上，所以只需要知道球坐标中 B、D 点的 θ 坐标就可以确定 B、D 点的位置，Δt_{AB}、Δt_{CD} 为轨道 AB 段和 CD 段的耗时。

多冲量拼接轨道性能指标函数为

$$J = \sum_{i=1}^{4} \Delta v_i \to \min \qquad (8-81)$$

式中　　Δv_i —— t_i 时刻的第 i 次冲量大小。

若考虑拦截问题，则价值函数不包括最后一次冲量 Δv_n。

为了确定极小推进剂消耗解或极小时间解，需要求解一个在时间区间 $[t_0, t_f]$ 的最优控制问题，并满足约束条件。

冲量施加时，有如下表达式

$$\begin{cases} \boldsymbol{r}_i^+ = \boldsymbol{r}_i^- \\ t_i^+ = t_i^- \\ \Delta \boldsymbol{v}_i = \boldsymbol{v}_i^+ - \boldsymbol{v}_i^- \end{cases} \qquad (8-82)$$

其中，"−"、"+"分别表示冲量施加前、后瞬间的状态。

在下文中，不加区别地令 $\boldsymbol{r}_i = \boldsymbol{r}_i^+ = \boldsymbol{r}_i^-$，$t_i = t_i^+ = t_i^-$。这里 $i = 1, 2, 3, 4$ 分别对应 A、B、C、D 四个点。

假设 A 点处 $\theta_A = 0$，首先通过求解 AB 段的 Lambert 问题获得 v_1^+ 和 v_2^-，由于 Δt_{BC} 给定，通过悬浮轨道动力学可以得到 C 点位置，然后求解 CD 段的 Lambert 问题获得 v_3^+ 和 v_4^-。这样就可以计算出 A、B、C、D 四个点处的速度增量，从而得到性能指标。于是多冲量拼接轨道设计问题可以转化为上述的参数优化问题，采用非线性规划算法或智能优化算法，便可以有效地解决上述多约束的轨迹优化问题。

8.4.2.2　仿真计算与结果分析

采用序列二次规划（SQP）算法求解该轨迹优化问题，任务中 A 点所在的轨道为 35 km 高度悬浮轨道，B、C 点所在的轨道为 −35 km 高度悬浮轨道。得到的最优解见表 8 − 1，最优解对应的各点位置矢量与速度增量矢量见表 8 − 2。

表 8 − 1　序列二次规划算法得到的多冲量拼接轨道设计最优解

$\theta_B / $ rad	$\theta_D / $ rad	$\Delta t_{AB} / $ s	$\Delta t_{CD} / $ s
3.141 601	9.248 833	43 083.989 660	62 187.778 582

表 8 - 2　　最优解对应的各点位置矢量与速度增量矢量

脉冲点	位置矢量/m	速度增量矢量/（m/s）
A	[42 164 158. 612 760, 0. 000 000, 35 000. 000 0]	[−0. 000 055, −0. 000 008, 0. 000 011]
B	[−42 164 158. 611 128, −370. 917 035, −35 000. 000 000]	[0. 000 055, −0. 000 008, −0. 000 011]
C	[369. 787 251, −42 164 158. 611 138, −35 000. 000 000]	[−0. 761 496, −0. 773 815, 0. 453 014]
D	[414 787 65. 430 822, 7 374 228. 619 799, 0. 000 000]	[1. 435 044, 0. 266 110, 7. 593 775]

　　从表 8 - 2 中可以看出从 A 点到 B 点的转移所需的速度增量特别小，是由于 A、B 两点所在的轨道对称，转移所需能量改变不大。于是，拼接轨道所需的速度增量并不大，符合航天器的设计要求。

　　图 8 - 35～图 8 - 36 给出了航天器多冲量拼接轨道的转移过程三维视图和速度矢量变化曲线。结果显示，所设计的拼接轨道策略很好地满足要求，实现了开普勒轨道与非开普勒轨道的拼接，符合悬浮轨道间转移的任务要求。

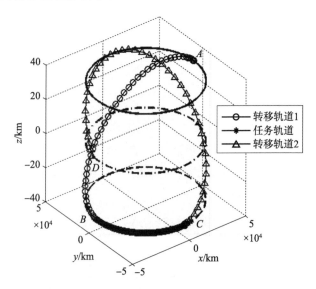

图 8 - 35　航天器多冲量拼接轨道转移三维视图

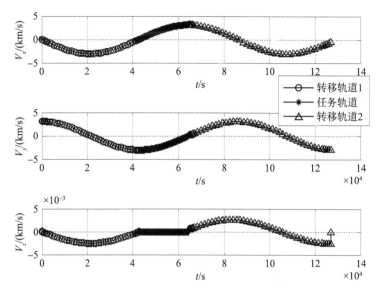

图 8－36　航天器多冲量拼接轨道速度矢量变化曲线

参 考 文 献

[1] McInnes C R. Dynamics, Stability, and Control of Displaced Non—Kepler-ian Orbits [J] . Journal of Guidance, Control, and Dynamics, 1998, 21 (5): 799 – 805.

[2] Diedrich B, Mulligan P. Solar Sails and Artificial Lagrange Orbits for Re-mote Sensing, Tele – communications, and Space Weather Applications [C] . Third Symposium on Future National Operational Environmental Satellites, American Meteorological Society, San Antonio, TX, Jan 2007.

[3] Baig S, McInnes C R. Light – Levitated Geostationary Orbits Are Feasible [J]. Journal of Guidance, Control, and Dynamics, 2010, 33 (3): 782 – 793.

[4] McKay R J, Macdonald M, Bosquillon de Frescheville F, Vasile M, McInnes C R, Biggs J D. Non – Keplerian Orbits Using Low Thrust, High ISP Propulsion Systems [C] . The 60th International Astronautical Con-gress, IAC Paper 09. C1. 2. 8, Daejeon, ROK, 2009.

[5] Ozimek M T, Grebow D J, Howell K C. Designs of Solar Sail Trajectories with Applications to Lunar South Pole Coverage [J] . Journal of Guidance, Con-trol, and Dynamics, 2009, 32 (6): 1184 – 1197.

[6] Matloff G L. The Solar Photon Thruster as a Terrestrial Pole Sitter [J] . Annals of the New York Academy of Sciences, 2004, 1017: 468 – 474.

[7] Angel R. Feasibility of Cooling the Earth with a Cloud of Small Spacecraft Near the Inner Lagrange Point (L1) [J] . Proceedings of the National A-cademy of Sciences of the United States of America, 2006, 103 (46): 17184 – 17189.

[8] Spilker T R. Saturn Ring Observer [J] . Acta Astronautica, 2003, 52: 259 – 265.

[9] West J L. The GeoStorm Warning Mission: Enhanced Opportunities Based on New Technology [C]. The 14th AAS/AIAA Spaceflight Mechanics

Conference, AAS Paper 04 - 102, Maui, HI, 2004.

[10] Sauer C G, Jr. The L1 Diamond Affair [C]. Spaceflight Mechanics Conference, AAS Paper 04 - 278, Maui, HI, 2004.

[11] McInnes C R. Solar Sailing: Technology, Dynamics and Mission Applications [M]. Praxis, Chichester, England, U K, 1999.

[12] 龚胜平. 太阳帆航天器动力学与控制研究 [D]. 北京：清华大学, 2009.

[13] Heiligers J, McInnes C R, Biggs J D, et al. Displaced geostationary orbits using hybrid low—thrust propulsion [J]. Acta Astronautica, 2012, 71：51 - 67.

[14] Bookless J, McInnes C R. Dynamics and Control of Displaced Periodic Orbits Using Solar Sail Propulsion [J]. Journal of Guidance, Control, and Dynamics, 2006, 29 (3)：527 - 537.

第 9 章　航天器轨道机动可达范围研究

9.1　概述

9.1.1　可达性的定义

航天器轨道机动的可达性，实质上是反映航天器在给定约束条件下所能完成给定轨道机动任务的能力。而可达范围是航天器在给定约束条件下所能完成任务的集合。

根据任务描述方式、推力器类型、机动方式的不同，可达范围可以有不同的定义方式。

按照机动任务是否涉及目标航天器，可以把可达范围分为面向自身的可达范围和面向目标的可达范围两种。

面向自身的可达范围指的是具有机动能力的航天器在给定约束条件（推进剂、时间等）下所有可能达到位置或状态构成的集合。这一概念主要描述航天器自身潜在的服务范围、攻击范围、时间响应等指标，仅受航天器自身推进剂、飞行时间、轨道机动时刻、控制施加方式的限制。

面向目标的可达范围指的是已知追踪航天器初始状态、轨道机动能力和机动时间等约束条件下，可达成机动任务的目标航天器初始状态的集合；或者是已知轨道机动能力、机动时间和目标航天器初始状态等条件下，可实现机动任务的追踪航天器初始状态的集合。这两种定义分别可称为火力可达范围和部署可达范围。这一概念主要用于描述追踪航天器针对目标航天器而言完成具体轨道机动任务的能力，不仅受自身状态的约束，同时也受目标相对状态的约束。

有时候，把面向自身的可达范围称为绝对可达范围，面向目标的可达范围称为相对可达范围。按照推力器类型不同，可以把可达范围分为脉冲机动可达范围和连续推力机动可达范围。对于脉冲机动可达范围，按照机动方式不同，又可以分为单脉冲机动可达范围、双脉冲机动可达范围和多脉冲机动可达范围等。

9.1.2　可达性的研究进展

随着航天技术的发展，具有较强的、自主的轨道机动能力成为各类新型航天器的共性要求。如美国 2007 年发射的轨道快车（Orbit Express）、欧洲空间局研制的自动转移飞行器（ATV）、日本研制的 H - II 转移飞行器（HTV）等都以轨道机动能力作为重要的技术指标。轨道机动可达范围反映了轨道机动能力的大小，对其展开研究具有很重要的意义，也是各种航天任务的需求。

可达范围的概念是由导弹的攻击区发展而来。导弹的攻击区用来描述导弹攻击目标的可能范围，其大小受导弹武器系统各方面因素的影响，如导弹的飞行特性、目标的飞行性能、导弹制导系统的特性等[2]。随着现代战场向太空延伸，天基平台的导弹成为一种新的发展方向。1994 年，Vinh N X [4]等人首先提出了可达范围的概念来描述天基导弹对地面弹道导弹的拦截区域。这一研究的军事意图十分明显，并获得了美国军方的支持。天基拦截导弹可达范围的一个应用是实现最终阶段对目标的拦截可能性的评估，另一个应用是从多个天基发射站选取最佳的拦截策略，同时还可用于设计天基防御系统发射站的数目和轨道特性。

在航天动力学方面，可达范围的概念得到进一步推广。Battin R H[5]基于二体轨道边值理论给出了单脉冲轨道机动的可达性包络，并基于终端速度矢量关系分析了双脉冲平面轨道机动的能量要求；Prussing J E[6]在研究多脉冲轨道机动规避问题时，基于 C - W 方程给出了轨道面法向的最大机动范围；Xue D[7-8]、Wen C[9]等研究了脉冲作用下卫星轨道的可达范围问题，给出了圆和椭圆停泊轨道的可达包络描述；在此基础上，赵育善给出了空间脉冲作用下考虑时间约束的可达范围描述模型。

在面向自身可达范围研究的同时，面向拦截、交会等任务的可达范围研究也进入了人们的视野。向开恒[11]等基于 C - W 方程研究了轨道交会问题的不可达点及附近的高耗能区。郑伟[12]从完成空间机动任务出发，给出了面向目标可达范围的定义和初步描述方法。

总的来说，关于航天器轨道机动可达范围的研究尚处于探索阶段，还有大量的内容有待深入挖掘和研究。

9.1.3　研究意义与应用前景

轨道机动可达性研究实际上是要给出航天器完成机动任务的能力边界，具有重要的研究意义和应用前景。

（1）提升轨道机动任务的设计效率

传统的轨道机动任务设计，是首先基于任务可行的假设，对控制策略和转移轨道进行求解，然后按照约束条件对求解结果进行检验，一旦约束条件满足则任务可行，否则将对任务进行重新设计。而在可达性研究的基础上，首先对任务的可行性进行判断，在此基础上再进行任务规划，可减少反复，提高设计效率。

（2）提升在轨平台的快速响应能力

基于可达性分析的结果，可以明确每个在轨平台提供服务能力的范围。因此一旦需要，可以调度最佳的平台提供服务。另一方面，也可以为在轨平台布置方案优化提供支持。这些都可以提升在轨平台的快速响应能力。

（3）提升在轨平台的安全性

基于可达性分析的结果，可以为在轨平台提供预警信息，告知其是否处于非合作航天器的可达范围之内，从而进行必要的规避或采取其他应对措施，提高自身的安全性。

（4）提升行星际转移轨道的设计能力

对深空轨道可达性和可达范围进行研究，对受约束条件下行星际飞行器的任务能力进行总体判断，并对到达给定目标天体所需的推进剂进行估计，为星际轨道的优化问题限定优化区间，从而提升行星际转移轨道的设计能力。

（5）为其他相关工作提供支持

轨道机动可达性的研究也可以为其他相关工作提供支持。如本章给出的空间碎片云演化的模拟。

轨道机动可达性研究的范围很广，本章主要讨论面向自身的单脉冲轨道机动可达性、面向拦截任务的单脉冲轨道机动可达性和面向交会任务的双脉冲轨道机动可达性 3 个问题。

9.2 面向自身的轨道机动可达性

9.2.1 面向自身的轨道机动可达性描述

面向自身的轨道机动可达性主要反映航天器自身潜在的机动能力。下面以单脉冲机动为例，给出可达范围的描述方式。

单脉冲机动可达范围是航天器在给定变轨能力和时间约束下，沿任意方向施加 1 次脉冲后在空间所能达到位置的集合。显然可达范围 U 在空间中为一个三维区域。设该区域的外包络曲面为 S_U，那么求解可达范围也即求解外包络面 S_U。

尽管包络面 S_U 可以通过数值积分算法求得，但这样得出的结果精度有限且计算量较大。本章中采用了一种全新的几何方法对此包络面进行快速、精确的求解，便于在轨快速决策。

可达范围包络上的点可以由某一方向 p 上目标矢量 r 的端点位置表示，所以确定可达范围的关键即可建立目标矢量 r 的数学模型。

定义原点位于地心的球坐标系（r,v,i_s），其极点方向指向初始轨道角动量方向，角度 v 和 i_s 用于确定球坐标的方向矢量 p，其中 v 表示 p 在初始轨道面内的投影与初始轨道近地点方向的夹角，i_s 表示 p 与初始轨道面的夹角，r 表示在目标在方向 p 上相对于原点的距离。

在该定义下，为了确定可达范围的包络，需要首先考虑空间中某一特定方向矢量 $\boldsymbol{p}$，即首先固定角度 υ 和 i_s。该方向上大小可变的目标矢量记为

$$\boldsymbol{r} = r\boldsymbol{p}$$

式中　r——矢量 $\boldsymbol{r}$ 的大小，是可变的量。

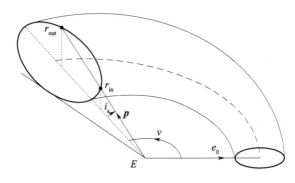

图 9 - 1　球坐标定义和方向矢量

设脉冲施加点为 $\boldsymbol{r}_0$，其对应的真近点角为 f，则由几何关系可知，过 $\boldsymbol{r}_0$ 和 $\boldsymbol{r}$ 的转移轨道面和初始轨道面之间的夹角 i 满足

$$\tan i_s = \sin(\upsilon - f)\tan i \qquad (9 - 1)$$

由于角度 i_s、υ 和 f 均已确定，且 $\tan i$ 的值不受变量 r 的影响，故转移轨道面夹角 i 也是恒定的，这说明在 $\boldsymbol{r}_0$ 处施加脉冲后所有过 $\boldsymbol{p}$ 方向的转移轨道平面也是固定的，记该平面为 M。

另一方面，转移轨道平面由施加脉冲的方向确定。已知任意指向的单次脉冲机动后，所有可能的速度矢量 $\boldsymbol{v}_1$ 矢端落在球 C 上。要使得脉冲机动后形成的转移轨道面为 M，必须要求脉冲机动后速度矢量 $\boldsymbol{v}_1$ 也位于平面 M 内。所以，只有 $\boldsymbol{v}_1$ 矢端落在平面 M 与截球 C 的截面 C_M 上时，才能同时满足脉冲大小约束和轨道倾角约束。

定义坐标系 S_1，原点位于地心 E，x 轴沿着初始位置矢量 $\boldsymbol{r}_0$ 方向，z 轴垂直于初始轨道面指向轨道角动量方向，y 轴在初始轨道面内形成右手笛卡儿坐标系。定义坐标系 S_2，原点位于地心 E，x 轴

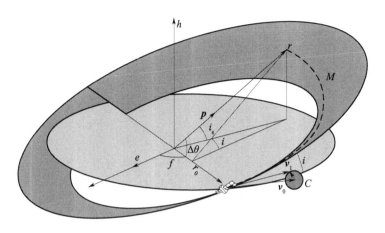

图 9 - 2　球坐标定义

沿着初始位置矢量 $\boldsymbol{r}_0$，z 轴垂直于平面 M，y 轴在平面 M 内形成右手笛卡儿坐标系。显然坐标系 S_2 为坐标系 S_1 绕着 x 轴旋转角度 i 得到，即满足

$$S_1 \xrightarrow{R_x(i)} S_2$$

坐标转换矩阵为

$$\boldsymbol{R} = \boldsymbol{R}_x(i) = \begin{bmatrix} 1 & 0 & 0 \\ 0 & \cos i & \sin i \\ 0 & -\sin i & \cos i \end{bmatrix} \quad (9-2)$$

初始速度矢量 $\boldsymbol{v}_0$ 在坐标系 S_2 中可表示为

$$\boldsymbol{v}_0 = \boldsymbol{R}\sqrt{\frac{\mu}{p_0}}\begin{bmatrix} e_0\sin f \\ 1+e_0\cos f \\ 0 \end{bmatrix} = \sqrt{\frac{\mu}{p_0}}\begin{bmatrix} e_0\sin f \\ (1+e_0\cos f)\cos i \\ -(1+e_0\cos f)\sin i \end{bmatrix}$$

$$(9-3)$$

由于 $\boldsymbol{v}_0$ 矢端为球 C 的球心，故其方程可表示为

$$\left(x - \sqrt{\frac{\mu}{p_0}}e_0\sin f\right)^2 + \left[y - \sqrt{\frac{\mu}{p_0}}(1+e_0\cos f)\cos i\right]^2 +$$

$$\left[z + \sqrt{\frac{\mu}{p_0}}(1+e_0\cos f)\sin i\right]^2 = \Delta v^2 \quad (9-4)$$

由于平面 M 为坐标系 S_2 的 x-y 平面，故该截面 C_M 的方程表示为

$$
\begin{cases}
\left(x - \sqrt{\dfrac{\mu}{p_0}}e_0\sin f\right)^2 + \left[y - \sqrt{\dfrac{\mu}{p_0}}(1 + e_0\cos f)\cos i\right]^2 \\[2mm]
= \Delta v^2 - \dfrac{\mu}{p_0}(1 + e_0\cos f)^2\sin^2 i \\[2mm]
z = 0
\end{cases}
\tag{9-5}
$$

显然，该截面 C_M 为一个圆，且圆心 O_M 所在矢量为

$$
\boldsymbol{v}_M = \left[\sqrt{\dfrac{\mu}{p_0}}e_0\sin f \quad \sqrt{\dfrac{\mu}{p_0}}(1 + e_0\cos f)\cos i \quad 0\right]^{\mathrm{T}}
\tag{9-6}
$$

半径大小为 Δv_M，满足

$$
\Delta v_M = \sqrt{\Delta v^2 - \dfrac{\mu}{p_0}(1 + e_0\cos f)^2\sin^2 i}
\tag{9-7}
$$

矢端落在截面圆 C_M 上的速度矢量 $\boldsymbol{v}_1$ 可表示为

$$
\boldsymbol{v}_1 = \boldsymbol{v}_0 + \Delta\boldsymbol{v} = \boldsymbol{v}_M + \Delta v_M \boldsymbol{l}(\alpha)
\tag{9-8}
$$

其中，方向矢量 $\boldsymbol{l}(\alpha)$ 表示为

$$
\boldsymbol{l}(\alpha) = \begin{bmatrix} \cos\alpha & \sin\alpha & 0 \end{bmatrix}^{\mathrm{T}}
\tag{9-9}
$$

通过式（9-9）确定了矢端落在截面圆 C_M 上的位置。将式（9-9）代入式（9-8），得到 $\boldsymbol{v}_1$ 在坐标系 S_2 的分量表达式为

$$
\boldsymbol{v}_1 = \boldsymbol{v}_M + \Delta v_M \boldsymbol{l}(\alpha)
$$

$$
\Downarrow
$$

$$
\begin{bmatrix} v_r \\ v_u \\ 0 \end{bmatrix} = \sqrt{\dfrac{\mu}{p_0}}\begin{bmatrix} e_0\sin f \\ (1 + e_0\cos f)\cos i \\ 0 \end{bmatrix} + \Delta v_M\begin{bmatrix} \cos\alpha \\ \sin\alpha \\ 0 \end{bmatrix}
\tag{9-10}
$$

式中　v_r——脉冲机动后速度的径向分量；

　　　v_u——脉冲机动后速度的切向分量。

设从 $\boldsymbol{r}_0$ 到 $\boldsymbol{r}$ 的转移角为 $\Delta\theta$，则由几何关系，满足

$$
\cos\Delta\theta = \cos(v - f)\cos i_s
\tag{9-11}
$$

设位置 $\boldsymbol{r}_0$ 在脉冲机动后转移轨道上的真近点角为 θ_1，则目标矢量 $\boldsymbol{r}$ 满足

$$r = |\boldsymbol{r}| = \frac{p}{1 + e\cos(\theta_1 + \Delta\theta)} \tag{9-12}$$

$$= \frac{p}{1 + e\cos\theta_1 \cos\Delta\theta - e\sin\theta_1 \sin\Delta\theta}$$

对开普勒轨道，有如下关系式

$$e\cos\theta_1 = \sqrt{\frac{p}{\mu}} v_u - 1, \quad e\sin\theta_1 = \sqrt{\frac{p}{\mu}} v_r \tag{9-13}$$

将其代入式（9－12）得

$$r = \frac{p}{1 + \left(\sqrt{\dfrac{p}{\mu}} v_u - 1\right)\cos\Delta\theta - \sqrt{\dfrac{p}{\mu}} v_r\sin\Delta\theta} \tag{9-14}$$

$$= \frac{h^2}{\mu(1 - \cos\Delta\theta) + hv_u\cos\Delta\theta - hv_r\sin\Delta\theta}$$

其中 v_u 和 v_r 由式给出，h 是转移轨道的角动量，满足

$$h = r_0 v_u \tag{9-15}$$

至此，得到了 $\boldsymbol{p}$ 方向上目标矢量 $\boldsymbol{r}$ 的计算表达式。可以看出，r 是由脉冲施加点 f 和脉冲施加方向 α 共同决定的函数。

9.2.2　面向自身的轨道机动可达性建模

9.2.2.1　起点固定、单脉冲机动的绝对可达范围

（1）平面脉冲的可达范围

当脉冲施加点固定、脉冲施加方向限制在轨道平面内时，对应可达范围的求解是最简单的情况，如图 9－3 所示。

利用可达目标的数学模型，对定点平面脉冲的情况，满足

$$f = f_0 = \text{const} \tag{9-16}$$

$$i_s = i \equiv 0 \tag{9-17}$$

将式（9－17）分别代入式（9－7）和式（9－11），得到

$$\Delta v_M = \Delta v \tag{9-18}$$

$$v = \Delta\theta + f_0 \tag{9-19}$$

从而，在任意给定截面角度 v 方向上，目标矢量 $\boldsymbol{r}$ 可表示为脉

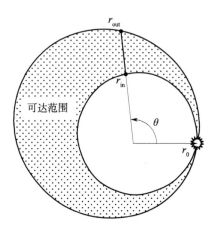

图 9 - 3　平面可达范围示意图

冲施加方向角 α 的函数，即

$$r_v = r(\alpha) = \frac{h^2}{\mu(1 - \cos\Delta\theta) + hv_u\cos\Delta\theta - hv_r\sin\Delta\theta} \qquad (9-20)$$

其中

$$\begin{cases} v_u = v_{u0} + \Delta v\sin\alpha \\ v_r = v_{r0} + \Delta v\cos\alpha \\ h = r_0 v_u \end{cases}$$

利用上述关系式（9 - 20），将 r_v 对自变量 α 求导，得到

$$\frac{\partial r}{\partial \alpha} = \frac{2\mu r^3}{h^3}\Delta v\sin\Delta\theta\cos\alpha\left[\tan\frac{\Delta\theta}{2} - \frac{h}{2\mu}(v_r + v_u\tan\alpha)\right] \qquad (9-21)$$

对任意给定的 v 方向，可达范围的内外边界对应 $r(\alpha)$ 函数的 2 个极值点，满足

$$\frac{\partial r}{\partial \alpha} = 0 \qquad (9-22)$$

故可达范围内外边界极值条件表示为

$$\tan\frac{\Delta\theta}{2} - \frac{h}{2\mu}(v_r + v_u\tan\alpha) = 0 \qquad (9-23)$$

对任意给定的截面角度 v，由 $\Delta\theta = v - f_0$ 计算转移角度 $\Delta\theta$，并将其代入极值条件，通过求解式（9 - 23）可确定内外边界上对应的

脉冲施加方向角 α ，从而可完成对可达范围的确定。

由几何示意图 9 - 3 可知，极值条件解的存在性取决于选取的方向 υ 是否与实际可达范围相交。由轨道的闭合性可知，对任意角度 $\upsilon \in [0,2\pi)$ ，总能保证极值条件有解。

对给定的 υ 截面上，通过数值方法求解出 2 个极值脉冲施加方向 α_{in} 和 α_{out} ，分别对应内边界和外边界的脉冲施加方向。将求解结果代入 r_υ 的计算式，即可得到 υ 方向上的内外边界 r_{in} 和 r_{out} 。进一步可将极坐标形式下的可达范围内外边界转化到直角坐标系下表示为

$$(x_{in},y_{in}) = (r_{in}\cos\upsilon, r_{in}\cos\upsilon), \upsilon \in [0,2\pi) \qquad (9-24)$$

$$(x_{out},y_{out}) = (r_{out}\cos\upsilon, r_{out}\cos\upsilon), \upsilon \in [0,2\pi) \qquad (9-25)$$

（2）空间脉冲的可达范围

当脉冲施加点固定，脉冲施加方向空间任意时，相对于平面脉冲的情况，$f = f_0 = \text{const}$ 。但由于空间脉冲对应的可达范围不再限定在参考轨道平面内，从而不再满足 $i_s = i \equiv 0$ 。

和平面情况类似，将方向矢量 $\boldsymbol{p}$ 上的矢径 r 相对于自变量 α 求导，得到

$$\frac{\partial r}{\partial \alpha} = \frac{2\mu\sigma^3}{h^3}\Delta v_M \sin\Delta\theta\cos\alpha\left[\tan\frac{\Delta\theta}{2} - \frac{h}{2\mu}(v_r + v_u\tan\alpha)\right]$$

$$(9-26)$$

可达范围内外边界极值条件表示为

$$\tan\frac{\Delta\theta}{2} - \frac{h}{2\mu}(v_r + v_u\tan\alpha) = 0 \qquad (9-27)$$

与平面脉冲相比，由于 $i_s = i \neq 0$ ，故 v_r 和 v_u 有所不同，由式（9 - 27）可知

$$\begin{cases} v_r = \sqrt{\dfrac{\mu}{p_0}}e_0\sin f_0 + \Delta v_M\cos\alpha \\ v_u = \sqrt{\dfrac{\mu}{p_0}}(1 + e_0\cos f_0)\cos i + \Delta v_M\sin\alpha \end{cases} \qquad (9-28)$$

可以看到，空间脉冲的极值条件式和平面情况的极值条件式在形式上完全一样，但实际表示的意义不同。对平面情况，方程中的参数

$\Delta\theta$ 只取决于 υ ，而空间问题则取决于 υ 和 i_s ，且满足关系式

$$\cos\Delta\theta = \cos(\upsilon - f_0)\cos i_s \qquad (9-29)$$

另外对参数 h 、 v_u 和 v_r ，平面情况时仅取决于自变量 α ，而对空间问题还取决于 i_s 和 υ 。

对给定的 $\boldsymbol{p}$ 方向，通过数值方法求解 2 个极值脉冲施加方向 α_{in} 和 α_{out} ，分别对应内边界和外边界的脉冲施加方向。将求解结果代入 r 的计算式，即可得到 $\boldsymbol{p}$ 方向上的内外边界 r_{in} 和 r_{out} 。转化到直角坐标系下，可达范围的内外边界可表示为

$$(x_{\text{in}}, y_{\text{in}}, z_{\text{in}}) = (r_{\text{in}}\cos\upsilon\cos i_s, r_{\text{in}}\sin\upsilon\cos i_s, r_{\text{in}}\sin i_s), \upsilon \in [0, 2\pi)$$
$$(9-30)$$

$$(x_{\text{out}}, y_{\text{out}}, z_{\text{out}}) = (r_{\text{out}}\cos\upsilon\cos i_s, r_{\text{out}}\sin\upsilon\cos i_s, r_{\text{out}}\sin i_s), \upsilon \in [0, 2\pi)$$
$$(9-31)$$

9.2.2.2　起点任意、单脉冲机动的绝对可达范围

在空间 $\boldsymbol{p}$ 方向，可达范围的内外包络面会和该方向的延长线交于内、外两个点，对应着该方向上所有可达矢径 $\boldsymbol{r}$ 的最小值和最大值。由于 r 是 f 和 α 的函数，可通过求解极值点来确定这两个临界点。

由式（9-26）得

$$\frac{\partial r}{\partial \alpha} = \frac{r^2 \Delta v_M}{h} P(f, \alpha) \qquad (9-32)$$

其中

$$P(f, \alpha) = \left[2\frac{\mu}{h v_u}(1 - \cos\Delta\theta) - \frac{v_r}{v_u}\sin\Delta\theta \right]\cos\alpha - \sin\Delta\theta\sin\alpha$$
$$(9-33)$$

其次，将 r 对角度 f 求偏导，得到

$$\frac{\partial r}{\partial f} = \frac{r^2}{h^2}\left\{ \begin{array}{l} \left[2\frac{\mu}{h}(1 - \cos\Delta\theta) + v_u\cos\Delta\theta - v_r\sin\Delta\theta \right]\frac{\partial h}{\partial f} - \\ \left[\mu\sin\Delta\theta - h v_u\sin\Delta\theta \\ - h v_r\cos\Delta\theta \right]\frac{\partial \Delta\theta}{\partial f} - h\cos\Delta\theta\frac{\partial v_u}{\partial f} + h\sin\Delta\theta\frac{\partial v_r}{\partial f} \end{array} \right\}$$
$$(9-34)$$

由式（9-15）可知

$$\frac{\partial h}{\partial f} = \frac{\partial}{\partial f} r_0 v_u = r_0 \frac{\partial v_u}{\partial f} + v_u \frac{\partial r_0}{\partial f} \tag{9-35}$$

将其代入式（9-34）得到

$$\frac{\partial r}{\partial f} = \frac{r^2 v_u}{h} Q(f, \alpha) \tag{9-36}$$

其中

$$Q(f, \alpha) = \left[2\frac{\mu}{hv_u^2}(1 - \cos\Delta\theta) - \frac{v_r}{v_u^2}\sin\Delta\theta \right] \frac{\partial v_u}{\partial f} -$$

$$\left(\frac{\mu}{hv_u}\sin\Delta\theta - \sin\Delta\theta - \frac{v_r}{v_u}\cos\Delta\theta \right) \frac{\partial \Delta\theta}{\partial f} +$$

$$\left[2\frac{\mu}{h^2}(1 - \cos\Delta\theta) + \frac{v_u}{h}\cos\Delta\theta - \frac{v_r}{h}\sin\Delta\theta \right] \frac{\partial r_0}{\partial f} + \frac{\sin\Delta\theta}{v_u} \frac{\partial v_r}{\partial f}$$

$$\tag{9-37}$$

下面推导式（9-37）中各个偏导数的计算表达式。首先由 $\tan i_s = \sin(v - f)\tan i$ 可知

$$\frac{\partial}{\partial f}\tan i_s = \frac{\partial}{\partial f}\sin(v - f)\tan i = 0 \tag{9-38}$$

从而可知

$$\frac{\partial i}{\partial f} = \cot(v - f)\sin i \cos i \tag{9-39}$$

由式（9-7）可知

$$\frac{\partial \Delta v_M}{\partial f} = \frac{\mu}{p_0} \frac{(1 + e_0\cos f)\sin i}{\Delta v_M}\left[e_0\sin i\sin f - (1 + e_0\cos f)\cos i \frac{\partial i}{\partial f} \right] \tag{9-40}$$

将式（9-39）代入式（9-40）得

$$\frac{\partial \Delta v_M}{\partial f} = \frac{\mu(1 + e_0\cos f)\sin^2 i}{p_0 \Delta v_M}\left[e_0\sin f - (1 + e_0\cos f)\cot(v_0 - f)\cos^2 i \right] \tag{9-41}$$

由式（9-28）可知

$$\begin{cases} \dfrac{\partial v_u}{\partial f} = \sqrt{\dfrac{\mu}{p_0}} \left[-e_0 \sin f - (1 + e_0 \cos f) \cot (\upsilon - f) \sin^2 i \right] \cos i + \\ \qquad \sin\alpha \dfrac{\partial \Delta v_M}{\partial f} \\ \dfrac{\partial v_r}{\partial f} = \sqrt{\dfrac{\mu}{p_0}} e_0 \cos f + \cos\alpha \dfrac{\partial \Delta v_M}{\partial f} \end{cases}$$

$$(9-42)$$

最后，由 $r_0 = p_0 / (1 + e_0 \cos f)$ 可知

$$\frac{\partial r_0}{\partial f} = \frac{p_0 e_0 \sin f}{(1 + e_0 \cos f)^2} \qquad (9-43)$$

又由关系式 $\cos\Delta\theta = \cos(\upsilon - f) \cos i_s$ 可得到

$$0 = \frac{\partial}{\partial f}\cos\Delta\theta - \frac{\partial}{\partial f}\cos(\upsilon - f)\cos i_s = -\sin\Delta\theta \frac{\partial \Delta\theta}{\partial f} - \cos i_s \sin(\upsilon - f)$$

$$(9-44)$$

求解得到

$$\frac{\partial \Delta\theta}{\partial f} = \frac{\cos i_s \sin(f - \upsilon)}{\sin\Delta\theta} \qquad (9-45)$$

将上述式（9-42）和式（9-45）代入式（9-37），即可求出 $Q(f,\alpha)$。

若令 $\boldsymbol{x} = \begin{bmatrix} \alpha & f \end{bmatrix}^{\mathrm{T}}$，$\boldsymbol{H}(x) = \begin{bmatrix} P & Q \end{bmatrix}^{\mathrm{T}}$，则

$$\frac{\partial \boldsymbol{r}}{\partial \boldsymbol{x}} = \begin{bmatrix} \dfrac{\partial \boldsymbol{r}}{\partial \alpha} \\ \dfrac{\partial \boldsymbol{r}}{\partial f} \end{bmatrix} = \frac{r^2}{h} \begin{bmatrix} \Delta v_M & 0 \\ 0 & v_u \end{bmatrix} \boldsymbol{H}(\boldsymbol{x}) \qquad (9-46)$$

故矢径 $\boldsymbol{r}$ 的极值当且仅当 $\partial \boldsymbol{r} / \partial \boldsymbol{x} = 0$ 时取到，所要求的极值条件满足如下方程组

$$\boldsymbol{H}(\boldsymbol{x}) = \begin{bmatrix} P \\ Q \end{bmatrix} = 0 \qquad (9-47)$$

该方程组可通过简单的 Newton - Raphson 迭代来求解。

9.3　面向拦截任务的轨道机动可达性

9.3.1　面向拦截任务的轨道机动可达性描述

为了给出轨道拦截任务可达范围的描述方法，首先假设一典型任务想定：拦截器潜伏轨道和目标轨道都假定为圆轨道，两轨道异面，即存在一定的轨道夹角。某时刻给处在潜伏轨道的拦截器施加一速度冲量，从而实现拦截器对目标的逆轨拦截。为节约推进剂、便于控制，假定该速度冲量施加在潜伏轨道面内，即采用共面变轨的方式在潜伏轨道和目标轨道天球上的交点处对目标实施拦截。考虑到改变轨道面需要消耗较多的推进剂，且对缩短拦截时间不会产生明显的影响，因而上述假设与真实任务过程差异不大。

在这一典型想定下，用 3 个概念来具体描述轨道拦截任务的可达范围：命中区、可拦截区和可发射区。

（1）命中区

命中区是指在给定潜伏轨道高度、最大机动能力、完成任务的最长时间、调相等待时间、最大交会角等约束条件下，拦截器通过变轨所能达到的目标轨道与潜伏轨道面交点的对应状态集合。图 9 - 4 中，在某高度目标轨道上用箭头标识端点的弧段就表示运行于潜伏轨道上的某拦截器命中区。

如前所述，轨道拦截任务假定为两圆轨道间的单冲量共面变轨、异面逆轨拦截任务。在这种任务想定下，给定拦截器在初始时刻 t_0 的高度 h_0 和相位 ϕ_{i0} 以及最大变轨能力 $\Delta V_{\max}$、完成任务最大时间 $T_{\max}$、最大拦截交会角 $\theta_{\max}$ 和拦截器调相时间 T_w 等，能够实现拦截任务的拦截时刻 t_f 对应的目标状态集合即为拦截器的命中区，可用目标轨道高度 h_{ob}、两轨道面在天球上交点的相位 ϕ_c、目标轨道面与潜伏轨道面夹角 ξ 来表示。

（2）可拦截区与可发射区

可拦截区是指在潜伏轨道、拦截器状态以及上述各种任务约束条件都给定的情况下，能被拦截器拦截的目标在初始时刻所有状态的集合。可发射区是指在目标轨道、目标状态以及上述各种任务约束条件都给定的情况下，能够对目标实施共面变轨、逆轨拦截的拦截器在潜伏轨道上所有初始状态的集合。

在潜伏轨道和目标轨道以及上述各种任务约束条件都给定的情况下，可拦截区可以用初始时刻目标在目标轨道上的相位区间来表示，刻画的是火力可达范围，属于任务包络；可发射区可以用初始时刻拦截器在潜伏轨道上的相位区间来表示，刻画的是部署可达范围，属于状态包络。图 9-4 和图 9-5 中，目标轨道和潜伏轨道上用箭头标识端点的两弧段分别表示两轨道在给定条件下某拦截器的可发射区与可拦截区。

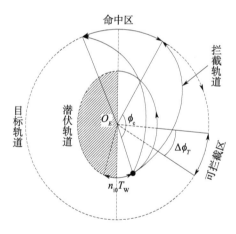

图 9-4　命中区与可拦截区示意图

首先，考虑给定目标轨道情况下的可拦截区和给定潜伏轨道情况下的可发射区。给定初始时刻拦截器状态以及最大变轨能力 $\Delta V_{\max}$、完成任务最大时间 $T_{\max}$、最大交会角 $\theta_{\max}$、拦截器调相时间 t_{w} 等任务约束，可拦截区表示可能被拦截的目标在初始时刻处于

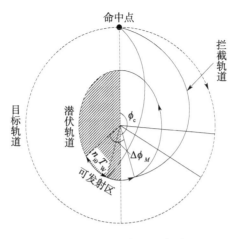

图 9 - 5　可发射区示意图

目标轨道上的特定弧段

$$\Delta \phi_T = \Delta \phi_T (\Delta V_{\max}, T_{\max}, \theta_{\max}; h_{ob}, \xi, \phi_c; t_w) \qquad (9-48)$$

给定初始时刻目标状态以及各种约束，可发射区表示能对目标进行拦截的拦截器初始时刻在潜伏轨道上的特定弧段

$$\Delta \phi_M = \Delta \phi_M (\Delta V_{\max}, T_{\max}, \theta_{\max}; h_i, \xi, \phi_c; t_w) \qquad (9-49)$$

然后，遍历可能的目标轨道和调相时间，可以得到整个可拦截区；遍历可能的潜伏轨道和调相时间，可以得到整个可发射区。

命中区、可拦截区和可发射区的研究，需要综合考虑变轨能量约束、飞行时间约束、相位约束等因素，建立拦截任务的数学模型。轨道拦截实质上属于单冲量轨道改变问题，再综合考虑发射前的等待时间、飞行时间等变量，可将问题转化为多变量优化问题。求解该问题的方法可以分为 2 类，一是数值法，二是解析法。数值法能够获得精确的数值解，并且能够考虑各种复杂的约束条件，但不利于从一般性上把握问题；解析法可以更好地把握问题的本质，掌握问题的规律，但对较复杂的问题很难得到闭合解。因此，本章利用 2 种方法的优势，针对较简单的给定轨道间拦截任务，分析拦截轨道运动的一般规律，从而得到给定轨道间拦截的可达性；而后在此基础上，运用数值方法分析拦截任务的可拦截区和可发射区。

9.3.2　面向拦截任务的轨道机动可达性建模

9.3.2.1　可拦截区/可发射区的计算方法

面向拦截任务的轨道机动可达性，主要任务是求解可发射区、可拦截区的范围。下面分别给出给定目标轨道情况下的可拦截区和给定潜伏轨道情况下的可发射区的计算步骤，再在此基础上进一步给出完整的可拦截区和可发射区。

（1）目标轨道给定情况下的可拦截区计算

潜伏轨道与目标轨道给定，即 h_{i0}、ϕ_{i0}、h_{ob}、ξ、ϕ_c 给定。首先考虑调相时间 t_w 给定的情形，这是 2 个固定点之间的拦截问题，需要确定在给定任务约束条件下拦截器可对目标拦截的飞行时间范围，进而给出目标的可拦截区。计算中涉及到一些特殊的轨道，用 Q_1 表示最小能量拦截轨道，Q_2 表示最短时间拦截轨道，Q_3 表示最长时间拦截轨道，Q_4 表示固定时间拦截轨道，Q_5 表示固定交会角拦截轨道，具体的计算方法在下一小节给出。这种情况下可拦截区计算的具体步骤如下（如图 9 - 6 所示）。

其次，考虑调相时间 $t_w \in [0, t_{wmax}]$ 的情况。以时间间隔 Δt 为步长，按上述 t_w 固定时的计算方法对 $t_w \in [0, t_{wmax}]$ 遍历。求所有可能调相时间 $[t_w^{low}, t_w^{up}]$ 中每一点得到 $[\phi_{ob}^{low}, \phi_{ob}^{up}]$ 的并集 $[\phi_{ob}^{min}, \phi_{ob}^{max}]$，便是拦截器状态对应的可拦截区。

（2）潜伏轨道给定情况下的可发射区计算

由于目标状态已知，因此目标运行到两轨道面交点的时间确定，即任务时间是固定的，假设为 T_{ob}。显然，$T_{ob} > T_{max}$ 时无解。求解潜伏轨道到交点实施霍曼拦截所需的速度增量 Δv_h。如果 $\Delta v_h > \Delta v_{max}$，则该问题无解。

首先假设拦截器调相时间 $t_w = 0$，对应拦截轨道飞行时间 $T_{fly} = T_{ob}$。给定飞行时间 T_{fly}、变轨速度增量 $\Delta v = \Delta v_{max}$，求解潜伏轨道上可实现该拦截任务的相位 ϕ_i^0。在 ϕ_i^0 附近遍历，求解满足能量

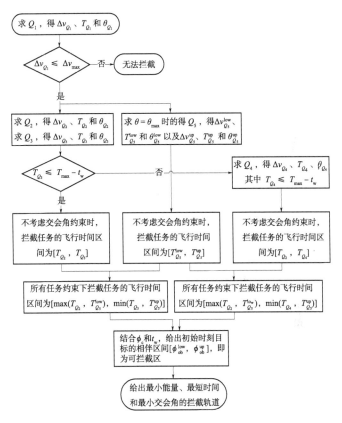

图 9-6 调相时间固定的可拦截区计算流程图

约束的固定时间拦截问题，得到对应的拦截器相位区间 $\left[\phi_{\rm i}^{\rm low},\phi_{\rm i}^{\rm up}\right]$，即为给定调相时间下的可发射区。

而后考虑调相时间 $t_{\rm w} \neq 0$ 的情况。以时间间隔 Δt 为步长，按上述方法求解拦截轨道飞行时间 $T_{\rm fly} = T_{\rm ob} - t_{\rm w}$ 时的可发射区，直到问题无解。求所有可能调相时间 $\left[t_{\rm w}^{\rm low},t_{\rm w}^{\rm up}\right]$ 中每一点得到 $\left[\phi_{\rm i}^{\rm low},\phi_{\rm i}^{\rm up}\right]$ 的并集 $\left[\phi_{\rm i}^{\rm min},\phi_{\rm i}^{\rm max}\right]$，便是拦截器状态对应的可拦截区。

（3）完整可拦截区与可发射区的计算

遍历所有可能的目标轨道参数 $(h_{\rm ob},\xi,\phi_{\rm c})$，可以得到完整的可拦截区。

遍历所有可能的潜伏轨道参数 (h_i, ξ, ϕ_c)，可以得到完整的可发射区。

9.3.2.2 特殊拦截轨道计算模型

显然，以上问题的求解最后可归结为最小能量拦截轨道、最短时间拦截轨道、最长时间拦截轨道、固定时间拦截轨道和固定交会角拦截轨道的计算。给定飞行时间和变轨增量下相位 ϕ_i^0 的计算，可在固定时间拦截问题的基础上由能量反推相位，不再赘述。下面分别给出这些特殊拦截轨道的计算模型。

（1）最小能量拦截轨道

假设潜伏轨道和目标轨道均为圆轨道，如图 9-7 所示，r_1 和 r_2 分别为潜伏轨道和目标轨道的轨道半径，ξ 为拦截轨道和潜伏轨道面的夹角，Δf 是两位置矢量间的夹角，v_1 为变轨前拦截弹速度，这些都是已知量。

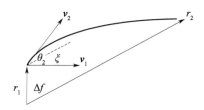

图 9-7　最小能量拦截示意图

由于拦截轨道通过 r_1 和 r_2，故有

$$\begin{cases} p_2 = r_1(1 + e_2\cos f_1) \\ p_2 = r_2(1 + e_2\cos f_2) \end{cases} \tag{9-50}$$

式中　$f_2 = f_1 + \Delta f$；

　　　p_2——拦截轨道半通径。

注意到

$$\cos^2(f_1 + \Delta f) = \cos^2 f_1 \cos^2 \Delta f + \sin^2 f_1 \sin^2 \Delta f -$$
$$2\sin f_1 \cos f_1 \sin \Delta f \cos \Delta f \tag{9-51}$$

将上式右端加减 $\sin^2 \Delta f \cos^2 f_1$，整理后可得三角恒等式

$$\cos^2 f_2 - 2\cos\Delta f \cos f_1 \cos f_2 + \cos^2 f_1 - \sin^2\Delta f = 0 \quad (9-52)$$

将式（9-50）代入式（9-52），然后两端同乘 $e_2^2 r_1^2 r_2^2$，则可得 p_2 和 e_2 之间的函数关系。为了得到无量纲化的表达式，用 r_1 将长度无量纲化，即令

$$\begin{cases} Q_2 = \dfrac{P_2}{r_1} \\[2mm] m = \dfrac{r_2}{r_1} \end{cases} \quad (9-53)$$

则 e_2 与 Q_2 之间的关系为

$$e_2^2 = c_2 Q_2^2 + c_1 Q_2 + c_0 \quad (9-54)$$

其中 c_2、c_1、c_0 为常数，表达式为

$$\begin{cases} c_2 = \left(1 - \dfrac{2\cos\Delta f}{m} + \dfrac{1}{m^2}\right)\csc^2\Delta f \\[3mm] c_1 = -\left(1 + \dfrac{1}{m}\right)\sec^2\dfrac{\Delta f}{2} \\[3mm] c_0 = \sec^2\dfrac{\Delta f}{2} \end{cases} \quad (9-55)$$

现在来讨论由最小能量要求 $\Delta v = \Delta v_{\min}$ 确定拦截轨道半通径 p_2 的方法。

$$\Delta v^2 = v_2^2 + v_1^2 - 2 v_2 \cos\Theta_2 v_1 \cos\xi \quad (9-56)$$

式中　v_1，ξ——已知量 $v_1 = \dfrac{\mu}{r_1}$；

　　　　v_2——变轨后拦截弹的速度，是未知量；

　　　　Θ_2——变轨后拦截弹的速度倾角，是未知量。

根据机械能守恒和动量矩守恒定理，可得

$$\begin{cases} v_2^2 = v_1^2\left(2 - \dfrac{1-e_2^2}{Q_2}\right) \\[3mm] v_2\cos\Theta_2 = v_1\sqrt{Q_2} \end{cases} \quad (9-57)$$

将式（9-57）代入式（9-56），可得

$$\frac{\Delta v}{v_1} = \left(3 - \frac{1-e_2^2}{Q_2} - 2\sqrt{Q_2}\cos\xi\right)^{\frac{1}{2}} \quad (9-58)$$

再将式（9-55）代入式（9-58），则 Δv 可表示为 Q_2 的单变量函数，表达式为

$$\frac{\Delta v}{v_1} = \left(3 + c_1 + c_2 Q_2 + \frac{c_0 - 1}{Q_2} - 2\sqrt{Q_2}\cos\xi\right)^{\frac{1}{2}} \quad (9-59)$$

使 $\Delta v = \Delta v_{\min}$ 的必要条件是 $\dfrac{\mathrm{d}\Delta v}{\mathrm{d}Q_2} = 0$，将式对 Q_2 求导后，求得必要条件为

$$c_2 - \frac{c_0 - 1}{Q_2^2} - \frac{\cos\xi}{\sqrt{Q_2}} = 0 \quad (9-60)$$

令 $Y = \dfrac{1}{\sqrt{Q_2}}$，则有

$$Y^4 + P_1 Y + Q_1 = 0 \quad (9-61)$$

其中

$$\begin{cases} P_1 = \dfrac{\cos\xi}{c_0 - 1} \\ Q_1 = \dfrac{c_2}{1 - c_0} \end{cases} \quad (9-62)$$

由式（9-62）可知，当 $-90° \leqslant \xi \leqslant 90°$ 时，$P_1 \geqslant 0$；当 $90° < \xi < 270°$ 时，$P_1 < 0$。

由于 $\left(1 - \dfrac{1}{m}\right)^2 \leqslant \left(1 - \dfrac{2}{m}\cos\Delta f + \dfrac{1}{m^2}\right) \leqslant \left(1 + \dfrac{1}{m}\right)^2$，因而 $Q_1 < 0$。由笛卡儿符号法则可知，式（9-61）有 1 个正实根，由 Y 的物理意义可知其为正值。考虑到 $90° < \xi < 270°$ 变轨能量过大，故将讨论限于 $-90° \leqslant \xi \leqslant 90°$ 的情况，即 $P_1 \geqslant 0$ 的情况。

先作一个系数与 P_1 和 Q_1 有关的 3 次代数方程如下

$$Z^3 + aZ + b = 0 \quad (9-63)$$

其中，$a = -4Q_1$，$b = -P_1^2$。由于 $a > 0$，$b < 0$，故判别式为

$$\Delta = \left(\frac{b}{2}\right)^2 + \left(\frac{a}{3}\right)^3 > 0 \quad (9-64)$$

因此式（9-63）有 1 个实根和 2 个复根，且由笛卡儿符号法则可知此实根必为正根，注意到

$$\Delta = \left(\frac{b}{2}\right)^2 \left(1 + \frac{4a^3}{27b^2}\right) > \left(\frac{b}{2}\right)^2 \qquad (9-65)$$

因而有 $\sqrt{\Delta} > -\dfrac{b}{2}$ 。

由卡尔丹式可求得此正根 R^* 为

$$R^* = \left(-\frac{b}{2} + \sqrt{\Delta}\right)^{\frac{1}{3}} + \left(-\frac{b}{2} - \sqrt{\Delta}\right)^{\frac{1}{3}} \qquad (9-66)$$

若令

$$\begin{cases} \zeta = \dfrac{R^* - \dfrac{P_1}{\sqrt{R^*}}}{2} \\[4mm] \lambda = \dfrac{R^* + \dfrac{P_1}{\sqrt{R^*}}}{2} \end{cases} \qquad (9-67)$$

则式（9-61）可改写为

$$(Y^2 + \sqrt{R^*}\,Y + \zeta)(Y^2 - \sqrt{R^*}\,Y + \lambda) = 0 \qquad (9-68)$$

注意到 $R^* > 0$ ，而 $\zeta\lambda = Q_1 < 0$ ，因此当 $P_1 \geqslant 0$ 时，因此由式（9-67）可知 $\lambda > 0, \zeta < 0$ ，从而可得

$$\begin{aligned} R^*(4\lambda) < 0 \\ R^*(-4\zeta) > 0 \end{aligned} \qquad (9-69)$$

因此，当 $P_1 \geqslant 0$ 时，式的实根为 $Y^2 + \sqrt{R^*}\,Y + \zeta = 0$ 的解，由于 $Y > 0$ ，故可解得 Y 为

$$Y = \frac{\sqrt{R^*}}{2}\left[\left(1 - \frac{4\zeta}{R^*}\right)^{\frac{1}{2}} - 1\right] \qquad (9-70)$$

式（9-70）求得 Y 值即为满足极值必要条件的解。为判断 Y 值是否满足充分条件，由式（9-59）求出 $\mathrm{d}^2 \Delta v / \mathrm{d}Q_2^2$ ，并将必要条件的解代入后可知，二阶导数的符号与 $(c_0 - 1)Y^3 + \dfrac{\cos\xi}{4}$ 的符号相同，当 Y 为正值时，二阶导数显然为正值，因此由式（9-70）求得的 Y 值满足变轨能量最小的要求。

求出 Y 以后，可按以下步骤求出最小能量变轨的 Δv：

1) 由 $Y = \dfrac{1}{\sqrt{Q_2}}$ 和式（9-53）求出 Q_2 和 p_2 ；

2) 由式（9-54）求出 e_2 ；

3) 由式（9-50）求出 $\sin f_2$ ；

4) 由式（9-71）分别求出 v_2 和 Θ_2

$$v_2 = \left[\mu \left(\frac{2}{r_1} - \frac{1 - e_2^2}{p_2} \right) \right]^{\frac{1}{2}}$$

$$\Theta_2 = \arctan \frac{r_1 e_2 \sin f_2}{p_2}$$

$$(9-71)$$

5) 由式（9-56）求出变轨最小能量 Δv 。

（2）最短时间和最长时间拦截轨道

推进剂消耗约束下的最短时间和最长时间拦截问题最终可以转化为一元四次代数方程求根的问题。

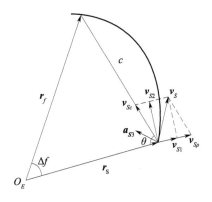

图 9-8　最短时间和最长时间拦截问题的几何关系

假设拦截轨道的起始点和末端点固定，则将始、末点的速度在如图 9-8 所示的坐标系中分解。设地心转移角为 Δf ，由余弦定理易知

$$c = \sqrt{r_S^2 + r_f^2 - 2 r_S r_f \cos \Delta f}$$

$$(9-72)$$

$$\theta = \cos^{-1} \frac{r_S^2 + c^2 - r_f^2}{2 r_S c} \quad (0 < \theta < \pi)$$

$$(9-73)$$

根据拉格朗日系数公式，可知始末点的位置速度存在如下关系

$$\boldsymbol{r}_S = H\boldsymbol{r}_f - G\boldsymbol{v}_f, \quad \boldsymbol{r}_f = F\boldsymbol{r}_S + G\boldsymbol{v}_S \tag{9-74}$$

$$F = 1 - \frac{r_f}{p}(1 - \cos\Delta f), \quad G = \frac{r_S r_f}{\sqrt{\mu p}}\sin\Delta f$$

$$H = 1 - \frac{r_S}{p}(1 - \cos\Delta f)$$

式中　p——转移轨道的半通径。

当 $\Delta f \neq \pi$ 时，整理式（9-74）可得

$$\boldsymbol{v}_S = \frac{\sqrt{\mu p}}{r_S r_f \sin\Delta f}\left[(\boldsymbol{r}_f - \boldsymbol{r}_S) + \frac{r_f}{p}(1 - \cos\Delta f)\boldsymbol{r}_S\right] \tag{9-75}$$

$$\boldsymbol{v}_f = \frac{\sqrt{\mu p}}{r_S r_f \sin\Delta f}\left[(\boldsymbol{r}_f - \boldsymbol{r}_S) - \frac{r_S}{p}(1 - \cos\Delta f)\boldsymbol{r}_f\right] \tag{9-76}$$

在起始点 S 定义坐标系 A_S，各轴的指向定义如下

$$\begin{cases} \boldsymbol{a}_{S1} = \boldsymbol{r}_S/r_S \\ \boldsymbol{a}_{S2} = \boldsymbol{a}_{S3} \times \boldsymbol{a}_{S1} \\ \boldsymbol{a}_{S3} = (\boldsymbol{r}_S \times \boldsymbol{r}_f)/|\boldsymbol{r}_S \times \boldsymbol{r}_f| \end{cases} \tag{9-77}$$

设变轨前航天器的速度为 $\boldsymbol{u}_S$，则变轨后航天器的速度 $\boldsymbol{v}_S$ 可以表示为

$$\boldsymbol{v}_S = (u_{S1} + \Delta v_{S1})\boldsymbol{a}_{S1} + (u_{S2} + \Delta v_{S2})\boldsymbol{a}_{S2} + (u_{S3} + \Delta v_{S3})\boldsymbol{a}_{S3} \tag{9-78}$$

其中，$u_{Sk} = \boldsymbol{u}_S \cdot \boldsymbol{a}_k$，$\Delta v_{Sk} = \Delta \boldsymbol{v}_S \cdot \boldsymbol{a}_k$，$k = 1,2,3$。

若将 $\boldsymbol{v}_S$ 在由 $\boldsymbol{r}_S$ 和 $\boldsymbol{c}$ 构成的斜交坐标系内分解，则可以得到径向分量 $v_{S\rho}$ 与弦向分量 v_{Sc}，根据几何关系可得

$$v_{Sc} = v_{S2}/\sin\theta \tag{9-79}$$

由 $\boldsymbol{r}_S = r_S \boldsymbol{a}_{S1}$，可得转移轨道的角动量为

$$\boldsymbol{h} = \boldsymbol{r}_S \times \boldsymbol{v}_S = r_S(u_{S2} + \Delta v_{S2})\boldsymbol{a}_{S3} \tag{9-80}$$

航天器的半通径 p 与角动量 h 存在如下关系

$$p = h^2/\mu \tag{9-81}$$

将式（9-80）、式（9-81）代入式（9-75）可得

$$\boldsymbol{v}_S = \left(\frac{u_{S2} + \Delta v_{S2}}{r_f \sin\Delta f}\right) \cdot \left\{\boldsymbol{r}_f - \left[1 - \frac{\mu r_f}{r_S^2 (u_{S2} + \Delta v_{S2})^2}(1 - \cos\Delta f)\right]\boldsymbol{r}_S\right\} \tag{9-82}$$

根据式（9-78）、式（9-82）可以得到关于 u_{Si}、Δv_{Si} 的恒等式，将此等式点乘 $\boldsymbol{a}_{S3}$，有

$$u_{S3} + \Delta v_{S3} = 0 \qquad (9-83)$$

将恒等式点乘 $\boldsymbol{a}_{S1}$，可得

$$u_{S1} + \Delta v_{S1} = (u_{S2} + \Delta v_{S2}) \left\{ \frac{\cos\Delta f}{\sin\Delta f} - \frac{r_S/r_f}{\sin\Delta f} + \left(\frac{\mu}{r_S \sin\Delta f} \right) \left[\frac{1 - \cos\Delta f}{(u_{S2} + \Delta v_{S2})^2} \right] \right\} \qquad (9-84)$$

从上式中解出 Δv_{S1}

$$\Delta v_{S1} = a_S (u_{S2} + \Delta v_{S2}) + b_S / (u_{S2} + \Delta v_{S2}) - u_{S1} \qquad (9-85)$$

式中

$$a_S = \cos\Delta f / \sin\Delta f - (r_S/r_f) / \sin\Delta f \qquad (9-86)$$

$$b_S = \mu(1 - \cos\Delta f) / (r_S \sin\Delta f) \qquad (9-87)$$

若设最大拦截能量为 $\Delta V_{\max}$，则变轨冲量的限制条件为

$$\Delta V_{\max}^2 = \Delta v_{S1}^2 + \Delta v_{S2}^2 + \Delta v_{S3}^2 \qquad (9-88)$$

由式（9-83）可以直接求得 Δv_{S3} 的大小，因此将 Δv_{S1}、Δv_{S2} 的限制条件可改写为

$$\rho^2 = \Delta V_{\max}^2 - \Delta v_{S3}^2 = \Delta v_{S1}^2 + \Delta v_{S2}^2 \qquad (9-89)$$

图 9-9 在 $\Delta v_{S1} - \Delta v_{S2}$ 相平面中绘出了式（9-85）、式（9-89）代表的几何图形。可见，式（9-85）表示了一对双曲线，其渐近线为 $\Delta v_{S2} = -u_{S2}$，$\Delta v_{S1} = a(u_{S2} + \Delta v_{S2}) - u_1$；式（9-89）表示了能量限制圆，双曲线与能量限制圆的交点之一即为最短时间和最长时间拦截轨道对应的变轨能量值。若将式（9-85）代入式（9-89），经化简可以得到关于 Δv_{S2} 的一元四次方程，解此方程取其正根即可得到需要的变轨能量值。

关于 ΔV_2 的一元四次方程形式

$$q_4 \Delta V_2^4 + q_3 \Delta V_2^3 + q_2 \Delta V_2^2 + q_1 \Delta V_2 + q_0 = 0 \qquad (9-90)$$

各项系数为

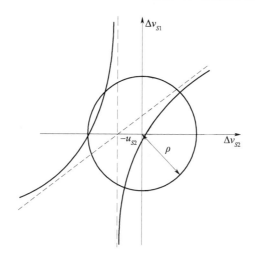

图 9 - 9　变轨能量约束条件的相平面图

$$
\begin{cases}
q_0 = a^2 U_2^4 - 2aU_1U_2^3 - 2bU_1U_2 + U_1^2U_2^2 + b^2 - U_2^2\rho^2 + 2abU_2^2 \\
q_1 = 4a^2U_2^3 - 6aU_1U_2^2 - 2bU_1 + 2U_1^2U_2 + 4abU_2 - 2U_2\rho^2 \\
q_1 = 4a^2U_2^3 - 6aU_1U_2^2 - 2bU_1 + 2U_1^2U_2 + 4abU_2 - 2U_2\rho^2 \\
q_3 = 4a^2U_2 + 2U_2 - 2U_1a \\
q_4 = a^2 + 1
\end{cases}
$$

$$(9 - 91)$$

解代数方程可得到 4 个根，其中所有的实数解都可能是最短时间和最长时间拦截的可行解，对它们一一验证，对应飞行时间最短和最长的拦截轨道即为所求轨道。

（3）固定时间拦截轨道

如图 9 - 8 所示，给定飞行时间 Δt，求变轨所需的能量 Δv。

采用 Godal 迭代方法计算。首先引入变量 Z

$$Z = \frac{E_2 - E_1}{2} \qquad (9 - 92)$$

然后建立 Δt 与 Z 的关系函数，由椭圆轨道公式可以得到

$$a = \frac{r_1 + r_2 - 2\sqrt{r_1 r_2}\cos Z\cos\dfrac{\Delta f}{2}}{2\sin^2 Z} \qquad (9-93)$$

其中 r_1、r_2、Δf 为已知量，故式（9-93）建立了 a 和 Z 的关系，为了简化，在式中令

$$B = \frac{r_1 + r_2}{2\sqrt{r_1 r_2}\cos\dfrac{\Delta f}{2}} \qquad (9-94)$$

则式（9-93）可写为

$$a = (B - \cos Z)\sqrt{r_1 r_2}\,\frac{\cos\dfrac{\Delta f}{2}}{\sin^2 Z} \qquad (9-95)$$

再考虑到开普勒方程，有

$$\Delta t = \left(\frac{a^3}{\mu}\right)^{\frac{1}{2}}\left[(E_2 - E_1) - e(\sin E_2 - \sin E_1)\right]$$

$$= \left(\frac{a^3}{\mu}\right)^{\frac{1}{2}}\left[Z - 2e\cos\left(\frac{E_2 + E_1}{2}\right)\sin Z\right] \qquad (9-96)$$

将式（9-95）代入式（9-96），并令

$$A = 2\mu^{-\frac{1}{2}}(r_1 r_2)^{\frac{3}{4}}\cos^{\frac{3}{2}}\frac{\Delta f}{2} \qquad (9-97)$$

注意到

$$\sqrt{r_1 r_2}\cos\frac{\Delta f}{2} = \left(\sqrt{r_1 r_2}\cos\frac{\Delta f}{2}\right)^{\frac{3}{2}\times\frac{2}{3}} = \left(\mu^{\frac{1}{2}}\frac{A}{2}\right)^{\frac{2}{3}} \quad (9-98)$$

可得

$$\Delta t = A(B - \cos Z)^{\frac{1}{2}}\left[1 + (B - \cos Z)\frac{2Z - \sin 2Z}{2\sin^3 Z}\right] \quad (9-99)$$

式（9-99）即为 Godal 方法需要的 $\Delta t = \Delta t(Z)$，对于给定的 Δt，可用牛顿迭代法求解。求出 Z 后，代入式（9-95）即可求出 a，并根据 $P = \dfrac{\sqrt{r_1 r_2}\sin^2\dfrac{\Delta f}{2}}{(B - \cos Z)\cos\dfrac{\Delta f}{2}}$ 求出 P。

由 a 和 P 求出 e 后，即可按照最小能量拦截轨道给出的步骤，求

出变轨最小所需要能量的 Δv。

（4）固定交会角拦截轨道

假设拦截时当地速度倾角为 Θ_2，潜伏轨道与目标轨道面的夹角为 ξ，而交会角固定为 θ，由三角关系可得

$$\cos\theta = \cos\xi\cos\Theta_2 \tag{9-100}$$

因此可以得到 Θ_2，进而得到终点处 Θ_2 的余角、飞行方向角 γ_2。

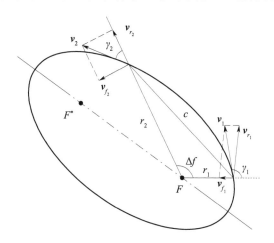

图 9-10　端点速度正交分解

下面建立始、末点飞行方向角的关系式。拦截轨道及始、末点的关系如图 9-10 所示。因为将速度矢量沿径向分解，有

$$v_r = \dot{r} = \frac{\boldsymbol{r} \cdot \boldsymbol{v}}{r} = \frac{h}{p}e\sin f \tag{9-101}$$

因此有

$$
\begin{aligned}
v_{r_1} + v_{r_2} &= \frac{h}{p}e[\sin f_1 + \sin(f_1 + \Delta f)] \\
&= 2\frac{h}{p}e\sin(f_1 + \frac{\Delta f}{2})\cos\frac{\Delta f}{2} \\
&= 2\frac{h}{p}e\sin(f_1 + \frac{\Delta f}{2})\sin\frac{\Delta f}{2}\cot\frac{\Delta f}{2} \\
&= \frac{h}{p}[e\cos f_1 - e\cos(f_1 + \Delta f)]\cot\frac{\Delta f}{2}
\end{aligned}
\tag{9-102}
$$

即

$$v_{r_1} + v_{r_2} = (v_{f_1} - v_{f_2})\cot\frac{\Delta f}{2} \qquad (9-103)$$

可知 $(v_{r_1} + v_{r_2})$ 和 $(v_{f_1} - v_{f_2})$ 成比例。而对 v_r 有

$$v_r = \frac{rv_f}{r}\frac{v_r}{v_f} = \frac{h}{r}\cot\gamma \qquad (9-104)$$

故

$$v_{r_1} + v_{r_2} = \frac{h}{r_1}\cot\gamma_1 + \frac{h}{r_2}\cot\gamma_2 \qquad (9-105)$$

根据 $v_f = \dfrac{h}{r}$ ，有

$$v_{r_1} + v_{r_2} = (v_{f_1} - v_{f_2})\cot\frac{\Delta f}{2} = \left(\frac{h}{r_1} - \frac{h}{r_2}\right)\cot\frac{\Delta f}{2}$$

将式（9-105）代入上式即可得 γ_1 与 γ_2 的关系式

$$r_2\cot\gamma_1 + r_1\cot\gamma_2 = (r_2 - r_1)\cot\frac{\Delta f}{2} \qquad (9-106)$$

即由终点处飞行方向角 γ_2 可以确定起点处飞行方向角 γ_1 。

而拦截轨道的半通径 p 与 γ_1 和 γ_2 满足关系式

$$\begin{cases} \dfrac{p}{p_m} = \dfrac{c\sin\gamma_1}{r_1\sin\gamma_1 + r_2\sin(\Delta f - \gamma_1)} \\[3mm] \dfrac{p}{p_m} = \dfrac{c\sin\gamma_2}{r_2\sin\gamma_2 - r_1\sin(\Delta f + \gamma_2)} \end{cases} \qquad (9-107)$$

式中　p_m——最小能量对应的半通径；

　　　c——弦长。

c 满足

$$c = \sqrt{r_1^2 + r_2^2 - 2r_1r_2\cos\Delta f} \qquad (9-108)$$

通过式（9-107）确定半通径 p 后，可以通过下式确定起点速度矢量 $\boldsymbol{v}_1$

$$\boldsymbol{v}_1 = \frac{\sqrt{\mu p}}{r_1 r_2\sin\Delta f}\left[(\boldsymbol{r}_2 - \boldsymbol{r}_1) + \frac{r_2}{p}(1 - \cos\Delta f)\boldsymbol{r}_1\right] \qquad (9-109)$$

从而确定固定交会角对应的拦截轨道。

9.4　面向交会任务的轨道机动可达性

9.4.1　面向交会任务的轨道机动可达性描述

为了给出轨道交会可达范围的描述方法，首先假设一典型任务想定：追踪器的潜伏轨道和目标轨道为共面圆轨道。某时刻处在潜伏轨道的追踪器施加第 1 次速度冲量，从而进入与目标轨道相交的转移轨道；当追踪器沿转移轨道飞行至目标轨道上的交点处时，追踪器与目标位置相同、速度不同，施加第 2 次速度冲量，最终实现追踪器对目标的顺轨交会。

在这一典型想定下，用 3 个概念来具体描述轨道交会任务的可达范围：交会区、可操控区和可机动区。

（1）交会区

交会区是指在给定潜伏轨道高度、最大机动能力、完成任务的最长时间、调相等待时间、最大交会角、最小近地距等约束条件下，追踪器通过变轨在交会时刻所能达到的目标状态集合。图 9-11 中，在某高度目标轨道上用箭头标识端点的弧段就表示运行于潜伏轨道上的某追踪器交会区。

如前所述，轨道交会任务假定为两共面圆轨道间的多冲量共面变轨、顺轨交会任务。在这种任务想定下，给定追踪器在初始时刻 t_0 的高度为 h_{i0} 和相位 ϕ_{i0} 以及最大变轨能力 $\Delta V_{\max}$、完成任务最大时间 $T_{\max}$、最大交会角 $\theta_{\max}$、调相时间 T_w 和最小近地距 $r_{p,\min}$ 等，能够实现交会任务的交会时刻 t_f 对应的目标状态集合即为追踪器的交会区，用目标轨道高度 h_{ob} 和始末时刻追踪器的相位差 $\Delta\phi_c$ 来表示。

（2）可操控区与可机动区

可操控区是指在目标轨道和上述各种任务约束条件都给定的情况下，能够与追踪器发生共面变轨、顺轨交会的目标在初始时刻所有状态的集合。可机动区是指在潜伏轨道和上述各种任务约束条件都给定的条件下，能够对目标实施共面变轨、顺轨交会的追踪器在潜伏轨道上所有初始状态的集合。

在潜伏轨道和目标轨道以及上述各种任务约束条件都给定的情况下，可操控区可以用初始时刻目标在目标轨道上的相位区间来表示，刻画的是火力可达范围，属于任务包络；可机动区可以用初始时刻追踪器在初始轨道上的相位区间来表示，刻画的是部署可达范围，属于状态包络。图 9-11 和图 9-12 中，目标轨道和潜伏轨道上用箭头标识端点的两弧段分别表示两轨道给定条件下某追踪器的可机动区与可操控区。

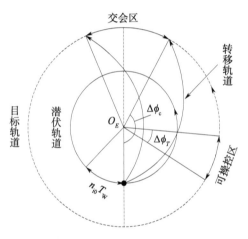

图 9-11 交会区与可操控区示意图

给定初始时刻的追踪器状态以及最大变轨能力 $\Delta V_{\max}$、完成任务最大时间 $T_{\max}$、最大交会角 $\theta_{\max}$、追踪器调相时间 $t_{\rm w}$、最小近地距 $r_{\rm p,min}$ 等任务约束下，可操控区表示可能发生交会的目标在初始时刻处于目标轨道上的特定弧段

$$\Delta \phi_T = \Delta \phi_T (\Delta V_{\max}, T_{\max}, \theta_{\max}; h_{\rm ob}, \phi_{\rm ob}; r_{\rm p,min}, t_{\rm w}) \quad (9-110)$$

给定初始时刻的目标状态和各种任务约束下，可机动区表示追踪器在初始轨道上可能与目标发生交会的特定弧段

$$\Delta \phi_M = \Delta \phi_M (\Delta V_{\max}, T_{\max}, \theta_{\max}; h_{i0}, \phi_{i0}; r_{\rm p,min}, t_{\rm w}) \quad (9-111)$$

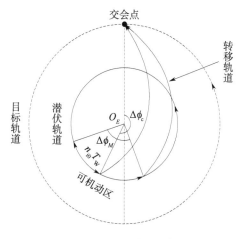

图 9 - 12　可机动区示意图

　　显而易见，可操控区和可机动区存在的前提是在给定任务约束条件下，追踪器能够与目标进行轨道交会。可操控区和可机动区的研究，需要综合考虑变轨能量约束、飞行时间约束、相位约束等因素，建立轨道交会任务的数学模型。轨道交会实质上属于多冲量轨道转移问题，再综合考虑发射前的等待时间、飞行时间等变量，可将问题转化为多变量优化问题。因此，本章针对较简单的固定点间交会任务，研究能量、时间、交会角、近地距等约束下的"点—点"可达性问题；在此基础上，目标的轨道高度和追踪器始末相位差不断变化，运用数值方法分析"点—多点"可达性问题，即确定追踪器的可操控区；同时，追踪器的轨道高度和初始相位不断变化，运用数值方法分析"多点—点"可达性问题，即确定追踪器的可机动区。

9.4.2　面向交会任务的轨道机动可达性建模

　　（1）目标轨道给定情况下的可操控区计算
　　追踪器可操控区的计算采用由简单到复杂的步骤，通过将一些参数固定或约束放宽，先给出较方便计算的可操控区；在此基础上，不断将任务参数范围向给定任务约束条件逼近，最终得到给定任务约束下的可操控区。

1）首先假设调相时间为零，完成任务最大时间不限，则交会区由经过初始时刻追踪器的无数多个椭圆转移轨道与目标轨道的交点构成，是发生交会时刻目标的可能位置点的集合。进一步，由交会时刻目标的可能位置点的集合，考虑转移轨道飞行时间后得到的初始时刻目标的可能位置点的集合，即可操控区。

对于某个给定的目标轨道高度 h_{ob}、始末时刻追踪器的相位差区间 $\Delta\phi_c$ 和转移轨道飞行时间 $T_{\Delta\phi_c}$，由初始时刻追踪器的相位 ϕ_{i0} 和交会轨道确定算法可能得到调相时间为零情况下的 1 条椭圆交会轨道，进一步得到目标在初始时刻的相位 $\phi_{ob}=\phi_{i0}+\Delta\phi_c-T_{\Delta\phi_c}n_{ob}$。在此基础上，对 $\Delta\phi_c$ 和 $T_{\Delta\phi_c}$ 进行搜索，进而得到追踪器的可操控区对应轨道弧段如下

$$\begin{cases} \phi_{ob,min}=\min\limits_{\Delta\phi_c,T_{\Delta\phi_c}}\left(\phi_{i0}+\Delta\phi_c-T_{\Delta\phi_c}n_{ob}\right) \\ \phi_{ob,max}=\max\limits_{\Delta\phi_c,T_{\Delta\phi_c}}\left(\phi_{i0}+\Delta\phi_c-T_{\Delta\phi_c}n_{ob}\right) \end{cases} \tag{9-112}$$

因此，目标轨道高度给定情况下的可操控区 $\Delta\phi_T=\phi_{ob,max}-\phi_{ob,min}$。转移轨道飞行时间为 $[T'_{min},T'_{max}]$，其中 $T'_{min}=\min\limits_{\Delta\phi_c,T_{\Delta\phi_c}}(T_{\Delta\phi_c})$ 和 $T'_{max}=\max\limits_{\Delta\phi_c,T_{\Delta\phi_c}}(T_{\Delta\phi_c})$ 由优化算法搜索得到。当目标轨道高度未给定时，具体可操控区是对目标轨道高度和追踪器始末相位差进行搜索得到的内外包络。

2）增加任务最大时间的限制，此时交会区除内外包络外还包括最大飞行时间对应的追踪器终点所构成的前后端包络。由内外包络和前后端包络共同围成的区域即为该情形下的交会区。考虑转移轨道飞行时间后，即可得到的初始时刻追踪器的可操控区。

对于某个给定的目标轨道高度 h_{ob}，当 $T'_{min}\leqslant T_{max}\leqslant T'_{max}$，且调相时间 t_w 为零时，根据追踪器最大变轨能力 ΔV_{max}、最大交会角 θ_{max} 和最小近地距 $r_{p,min}$，按照前述方法可得追踪器初始时刻的可操控区为 $[\phi_{ob1},\phi_{ob2}]$ 如下

$$\begin{cases} \phi_{ob1} = \min\limits_{\Delta\phi_c, T_{\Delta\phi_c}, \Delta V_{max}, \theta_{max}, r_{p,min}} (\phi_{i0} + \Delta\phi_c - T_{\Delta\phi_c} n_{ob}) \\ \phi_{ob2} = \max\limits_{\Delta\phi_c, T_{\Delta\phi_c}, \Delta V_{max}, \theta_{max}, r_{p,min}} (\phi_{i0} + \Delta\phi_c - T_{\Delta\phi_c} n_{ob}) \end{cases} \quad (9-113)$$

因此，目标高度给定情况下的可操控区 $\Delta\phi_T = \phi_{ob2} - \phi_{ob1}$ ，可交会相位比满足

$$\eta = \frac{\phi_{ob2} - \phi_{ob1}}{2\pi} \times 100\% \quad (9-114)$$

转移轨道飞行时间为 $[T'_{min}, T_{max}]$ ，交会时间同转移轨道飞行时间。当目标轨道高度未给定时，具体可操控区是由内外包络和前后端包络共同围成的区域。

3）考虑调相时间较为充足，但不足以完成全轨交会任务时所对应的可操控区。由于初始轨道为圆形轨道，因而在交会机动的调相时间不同但飞行时间相同的交会任务的可操控区的大小和形状是完全一致的。

对于某个给定的目标轨道高度 h_{ob} ，当 $T'_{max} < T_{max} < T_k$（T_k 为全轨交会时间），且调相时间 t_w 较为充足，但不足以完成全轨交会任务时，进而得到追踪器初始时刻的可操控区为 $[\phi_{ob3}, \phi_{ob4}]$ 如下

$$\begin{cases} \phi_{ob3} = \phi_{ob,min} \\ \phi_{ob4} = \phi_{ob,max} + t_w (n_i - n_{ob}) \end{cases} \quad (9-115)$$

因此，高度给定情况下的可操控区 $\Delta\phi_T = \phi_{ob4} - \phi_{ob3}$ ，可交会相位比 $\eta = (\phi_{ob4} - \phi_{ob3})/2\pi \times 100\%$ ，转移轨道飞行时间为 $[T'_{min}, T'_{max}]$ ，等待时间为 $[T_{w1}, T_{w2}]$ ，$T_{w1} = 0$ 和 $T_{w2} = 2\pi/(n_i - n_{ob})$ ，交会时间等于转移轨道飞行时间与相应等待时间之和。当目标轨道高度未给定时，在 $(h_{ob}, \Delta\phi_c)$ 平面内，具体可操控区可由调相时间为零时的可操控区经一定相位平移而得到，而平移的相位值为这段调相时间内追踪器在初始轨道上所经过的相位。

4）考虑调相时间不设限且恰好完成全轨交会任务时所对应的可操控区。

对于某个给定的目标轨道高度 h_{ob} ，当 $T_{max} = T_k$ ，且调相时间

t_w 不设限时，可得始末时刻追踪器的相位差区间为 $[0,2\pi]$，进而得到追踪器初始时刻的可操控区为 $[0,2\pi]$，可交会相位比 $\eta = 1$，转移轨道飞行时间为 $[T'_{\min}, T'_{\max}]$，等待时间为 $[T_{w1}, T_{w2}]$，交会时间等于转移轨道飞行时间与相应等待时间之和。全轨交会时间即为初始时刻目标相位无限趋近于 $\phi_{ob,\min}$ 且 $\phi_{ob} < \phi_{ob,\min}$ 时，对应的等待时间与相应最大转移轨道飞行时间之和，满足

$$T_k = T(\phi_{ob,\max}) + \frac{2\pi - (\phi_{ob,\max} - \phi_{ob,\min})}{n_i - n_{ob}} \quad (9-116)$$

当目标轨道高度未给定时，具体可操控区是初始轨道到可能目标轨道间的环状区域。

（2）潜伏轨道给定情况下的可机动区计算

追踪器可机动区的计算，也通过将一些参数固定或约束放宽，先给出较方便计算的可机动区，在此基础上不断将任务参数范围向给定任务约束条件逼近，最终得到给定任务约束下的可机动区。具体的计算步骤如下：

1）首先假设调相时间为零，任务最大时间不限，则可机动区由经过交会时刻目标位置的无数多个椭圆转移轨道与初始轨道的交点构成，也是初始时刻追踪器的可能位置点的集合。

对于追踪器某个给定的初始轨道高度 h_{i0}、初始相位 ϕ_{i0} 和转移轨道飞行时间 $T_{\Delta\phi_f}$，由初始时刻的目标相位 ϕ_{ob} 和交会轨道确定算法可得调相时间为零情况下的 1 条椭圆交会轨道。在此基础上，对 ϕ_{i0} 和 $T_{\Delta\phi_f}$ 进行搜索，进而得到追踪器的可机动区对应轨道弧段如下

$$\begin{cases} \phi_{i0,\min} = \min\limits_{\phi_{i0}, T_{\Delta\phi_f}} (\phi_{i0}) \\ \phi_{i0,\max} = \max\limits_{\phi_{i0}, T_{\Delta\phi_f}} (\phi_{i0}) \end{cases} \quad (9-117)$$

因此，追踪器高度给定情况下的可机动区为 $\Delta\phi_M = \phi_{i0,\max} - \phi_{i0,\min}$。转移轨道飞行时间为 $[T'_{\min}, T'_{\max}]$，其中 $T'_{\min} = \min\limits_{\phi_{i0}, T_{\Delta\phi_f}} (T_{\Delta\phi_f})$ 和 $T'_{\max} = \max\limits_{\phi_{i0}, T_{\Delta\phi_f}} (T_{\Delta\phi_f})$ 由优化算法搜索得到。当目标

轨道高度未给定时，具体可机动区是对追踪器轨道高度和初始相位进行搜索得到的内外包络。

2）增加任务最大时间的限制，此时可机动区除内外包络外还包括最大飞行时间对应的追踪器初始位置所构成的前后端包络。

对于某个给定的初始轨道高度 h_{i0}，当 $T'_{min} \leqslant T_{max} \leqslant T'_{max}$，且调相时间 t_w 为零时，根据追踪器最大变轨能力 ΔV_{max}、最大交会角 θ_{max} 和最小近地距 $r_{p,min}$，按照前述方法可得追踪器的初始时刻对应轨道弧段 $[\phi_{i0,1}, \phi_{i0,2}]$，即可机动区为 $\Delta \phi_M = \phi_{i0,2} - \phi_{i0,1}$，可交会相位比满足 $\eta = \dfrac{\phi_{i0,2} - \phi_{i0,1}}{2\pi} \times 100\%$。转移轨道飞行时间为 $[T'_{min}, T_{max}]$，交会时间同转移轨道飞行时间。当目标轨道高度未给定时，具体可机动区是由内外包络和前后端包络共同围成的区域。

3）考虑调相时间较为充足，但不足以完成全轨交会任务时所对应的可机动区。由于目标轨道为圆形轨道，因而在不同的调相时间进行交会机动，但飞行时间相同的交会任务的可机动区的大小和形状是完全一致的。

对于某个给定的初始轨道高度 h_{i0}，当 $T'_{max} < T_{max} < T_k$（T_k 为全轨交会时间），且调相时间 t_w 较为充足，但不足以完成全轨交会任务时，则可得追踪器初始时刻的可机动区对应轨道弧段为 $[\phi_{i0,3}, \phi_{i0,4}]$

$$\begin{cases} \phi_{i0,3} = \phi_{i0,min} - T_w(n_i - n_{ob}) \\ \phi_{i0,4} = \phi_{i0,max} \end{cases} \qquad (9-118)$$

因此，高度给定情况下追踪器的可机动区为 $\Delta \phi_M = \phi_{i0,4} - \phi_{i0,3}$，转移轨道飞行时间为 $[T'_{min}, T'_{max}]$，等待时间为 $[T_{w1}, T_{w2})$，$T_{w1} = 0$ 和 $T_{w2} = 2\pi/(n_i - n_{ob})$，交会时间等于转移轨道飞行时间与相应等待时间之和。当目标轨道高度未给定时，在 $(h_{i0}, \Delta \phi_f)$ 平面内，具体可机动区可由调相时间为零时的可机动区经一定相位的平移而得到。平移的相位值为这段调相时间内追踪器在初始轨道上所经过的相位。

4）考虑调相时间不设限且恰好完成全轨交会任务时所对应的可机动区。

对于某个给定的初始轨道高度 h_{i0}，当 $T_{max} = T_k$，且调相时间 t_w 不设限时，可得始末时刻追踪器的相位差区间为 $[0, 2\pi]$，进而得到追踪器初始时刻的可机动区为 $\Delta\phi_M = 2\pi$，转移轨道飞行时间为 $[T'_{min}, T'_{max}]$，等待时间为 $[T_{w1}, T_{w2}]$，交会时间等于转移轨道飞行时间与相应等待时间之和，满足

$$T_k = T(\phi_{i0,min}) + \frac{2\pi - (\phi_{i0,max} - \phi_{i0,min})}{n_i - n_{ob}} \qquad (9-119)$$

当目标轨道高度未给定时，具体可机动区是目标轨道到可能初始轨道间的环状区域。

（3）基于可操控区的轨道交会任务规划算法

根据以上共面圆轨道可操控区的定义、模型和仿真，提出基于可操控区的轨道交会任务规划思路如图 9-13 所示。

9.5　总　结

本章首先给出了轨道机动可达性的定义，而后针对面向自身的单脉冲机动可达性、面向拦截任务的机动可达性和面向交会任务的机动可达性，分别给出了可达范围的描述和可达范围求解的数学模型以及求解步骤。但对于轨道机动可达性而言，本章的工作仅仅只是一个开头，还有大量的工作需要继续深入开展：

1）面向复杂任务的轨道机动可达性。对于更复杂的问题，如多脉冲轨道交会可达性、异面变轨拦截可达性、椭圆轨道交会可达性等，可以参考本章的基本研究思路，但还有大量的工作需要深入开展，特别是寻求更为方便的解析结果。

2）有限推力和连续小推力情况下的轨道机动可达性。对于有限推力和连续小推力情况，由于无法直接利用二体轨道机动的研究成果，需要在基本模型的建立、求解算法等方面提出新的思路。

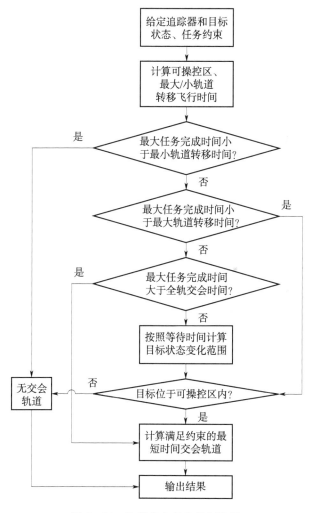

图 9 - 13　轨道交会任务规划流程

3）基于轨道机动可达性的任务规划方法。本章给出了一些可达性应用的算例，但仍需要针对具体的轨道机动任务（如轨道远程和近程交会、抵近详查、绕飞监视等）提出任务规划的方法与步骤。

4）基于可达范围的空间安全区域设计和分析方法。基于可达范围研究，可以提出对周边区域安全性进行数量评估的算法，从而为己方航天器的轨道选择和设计提供合理有效的参考依据。

5）面向行星际转移轨道设计的深空轨道可达范围。本章的研究只局限于近地轨道。对于行星际转移轨道，可达性研究面临的任务需求与力学环境有很大不同，需要在现有二体拼接、限制性三体等模型的基础上，提出可达范围的描述方式和计算模型。

参 考 文 献

［1］ 任萱. 军事航天技术［M］. 北京：国防工业出版社，1999.

［2］ 武凌斯. 有翼导弹引论［M］. 北京：国防工业出版社，1979：53 - 54.

［3］ Beckner F L. Regions Accessible to a Ballistic Weapon［C］. Proceedings of the Fifth AFBMD/STL Aerospace Symposium New York，1960：934 - 942.

［4］ Vinh N X，Gilbert E G，Howe R M，Sheu D L，Lu P. Reachable Domain for Interception at Hyperbolic Speeds［J］. Acta Astronautica，1995，35 (1)：1 - 8.

［5］ Battin R H. An Introduction to the Mathematics and Methods of Astrodynamics［M］. American Institute of Aeronautics and Astronautics，1999.

［6］ Prussing J E. Optimal Impulse Linear Systems：Sufficient Conditions and Maximum Number of Impulses［J］. Journal of the Astronautical Sciences，1995，43 (2)：195 - 206.

［7］ Xue D，Li J，Baoyin H，Jiang F. Reachable Domain for Spacecraft with a Single Impulse［J］. Journalof Gudance，Control，and Dynamics，2010，33 (3)：934 - 942.

［8］ 雪丹，李俊峰，宝音贺西. 平面脉冲作用下卫星轨道的可达范围研究［J］. 宇航学报，2009，30 (1)：88 - 92.

［9］ Wen C，Zhao Y，Shi P. Orbital Accessibility Problem with a Single Impulse［C］. Hawaii the 23rd AAS/AIAA Space Flight Mechanics Winter Meetingnce，2013.

［10］ 徐加瑞，陈勇. 轨道机动的追踪区与机遇区仿真分析［J］. 系统仿真技术及其应用，2009，11 (1)：528 - 531.

［11］ 向开恒，肖业伦. 空间交会中脉冲变轨燃料消耗研究［J］. 中国空间科学技术，1996 (3)：9 - 15.

［12］ 郑伟，蒋小勇. 面向轨道机动任务的可达范围及其应用［J］. 宇航动力学学报，2012，2 (3)：27 - 33.